新兴科技与设计

——走向建筑生态典范

[英] 迈克尔·亨塞尔
[德] 阿希姆·门奇斯　　著
[英] 迈克尔·温斯托克

[新加坡] 陆潇恒　　译

中国建筑工业出版社

著作权合同登记图字：01-2011-5821号

图书在版编目（CIP）数据

新兴科技与设计——走向建筑生态典范 /（英）亨塞尔，（德）门奇斯，（英）温斯托克著；（新加坡）陆潇恒译. —北京：中国建筑工业出版社，2013.2
ISBN 978-7-112-14874-5

Ⅰ. ①新… Ⅱ. ①亨… ②门… ③温… ④陆… Ⅲ. ①生态建筑–建筑设计 Ⅳ. ①TU18

中国版本图书馆CIP数据核字（2013）第041387号

Emergent Technologies and Design: Towards a biological paradigm for architecture / Michael Hensel, Achim Menges and Michael Weinstock

责任编辑：董苏华　段　宁　孙　炼/责任设计：陈　旭/责任校对：张　颖　陈晶晶

新兴科技与设计——走向建筑生态典范
[英] 迈克尔·亨塞尔
[德] 阿希姆·门奇斯　　著
[英] 迈克尔·温斯托克
[新加坡] 陆潇恒　译
*
中国建筑工业出版社出版、发行（北京西郊百万庄）
各地新华书店、建筑书店经销
北京锋尚制版有限公司制版
北京盛通印刷股份有限公司印刷
*
开本：787×1092毫米　1/16　印张：15¾　字数：335千字
2014年1月第一版　2014年1月第一次印刷
定价：128.00元
ISBN 978-7-112-14874-5
（22932）

目　　录

序　言

新兴科技与设计课程并没有一个单一的起点，它是各领域的学者专家在一系列合作之中产生的大量个人兴趣的结晶。1998年11月，迈克尔·亨塞尔（Michael Hensel）和迈克尔·温斯托克（Michael Weinstock）在伦敦建筑联盟学院共同策划了一个叫做“先进科技与智能材料”（Advanced Technologies and Intelligent Materials）的展览。这项展览展出了数个物理和电脑试验的图像、文字和模型。这些试验中的一些热点成为之后新兴科技与设计课程的主要讨论课题。这些热点包括由进化系统和生物系统数学模型产生的电脑计算方法、工具和技巧；为适应性和反应性材料系统与运动员所使用的高级假肢而研发，全新的电脑辅助生产科技、先进的制造技巧和材料科学的研究。迈克尔·亨塞尔和迈克尔·温斯托克在这里的合作对之后的发展起着举足轻重的作用。

迈克尔·温斯托克为这个课程展示了他对生物进化中的数学，及他对航海用具和海事系统、古代民间建筑和现代建筑中材料使用的变迁等方面的个人兴趣。

而迈克尔·亨塞尔则论述了他对建筑功能与人为环境之间的关系、挑战建筑之间的独立性和探索非传统建筑模式等方面课题的极大兴趣。他利用一系列生于好奇的项目展开这方面研究，而这些项目大多起始于他在OCEAN NORTH和第4期文凭课程时所进行的研究。当时，他同鲁道·古德曼（Ludo Grooteman）同时教授第4期文凭课程。高级电脑辅助设计、材料使用逻辑和电脑辅助生产是OCEAN NORTH（今天的OCEAN研究与设计协会）的研究重点。约翰·贝蒂姆（Johann Bettum）和迈克尔·亨塞尔均是OCEAN NORTH的成员，曾在1999年名为《物质性的问题》（Issues of Materiality）的一篇未发表的论文中共同探索利用生物模型重新定义建筑中的材料极限。

将这个影响力极强的展览扩充，并发展成为一项课程的机会在2000年得以实现。穆赫辛·穆斯塔法维（Mohsen Mostafavi），时任建筑联盟学院主席，希望迈克尔·亨塞尔和迈克尔·温斯托克能在建筑联盟学院创立一项新的硕士课程并担任其主任，课程着重于新兴科技。在之后的一年中，同建筑、工程、工业设计、电脑科学和仿生学领域的众多知名学者专家和执业者进行多次商讨之后，新兴科技与设计课程终于成文并开始发展。招收的第一批学生于2001年开始上课。同年，课程得到英国开放大学（Open University）的认证。2002年，阿希姆·门奇斯（Achim Menges）加入新兴科技与设计课程并担任工作室主任，他对各种电脑计算方式（包括联合性建模和参数设计）与高级电脑辅助生产和材料使用逻辑等方面开展研究。之后，课程继续发展并开始注重于探索建筑环境产生的更高层次的功能、算法驱动的电脑辅助分析和实体找形与电子找形相结合。雷丁大学（University of Reading）仿生学中心主任乔治·杰诺米蒂斯（George Jeronimidis）也于2002年加入此课程，并带来了他在生物系统分析和利用中抽取的原理在不同尺度与产业内，结构与材料系统的设计与发展上使用这两方面的相关经验。而这一系列略带共同之处却又有一定差异的兴趣于2003年3月在建筑联盟学院名为“外形：设计中的进化策略”（Contours: Evolutionary Strategy in Design）的展览中得到了完美的统一。新兴科技与设计课程在这之后继续发展壮大，它的研究项目曾在两期客座编辑版的《建筑设计》（Architectural Design）中出版，命名为《涌现：形态生成设计策略》（Emergence: Morphogenetic Design Strategies, AD Wiley，2004）和《形态形成设计——技巧与技术》（Techniques and Technologies in Morphogenetic Design，AD Wiley，2006）。除此之外，新兴科技与设计小组的成员也发表了一系列其他方面的书籍和杂志，其中讨论了新的研究领域并对那些已经进入研究领域的项目作出了进一步的探讨。这包括《形态生态学》（Morpho-Ecologies，迈克尔·亨塞尔和阿希姆·门奇斯合编，AA Publications，2006，迈克尔·温斯托克助编），《多功能性和变迁》（Versatility and Vicissitude，迈克尔·亨塞尔和阿希姆·门奇斯合编，AD Wiley，2008，迈克尔·温斯托克助编），《空间读本：建筑的异构空间》[Space Reader: Heterogeneous Space in Architecture，迈克尔·亨塞尔，C·海特（C. Hight）和阿希姆·门奇斯合编，AD Wiley，2009]，以及迈克尔·温斯托克所著的《建筑的出现：算法、能源及自然和建筑形式的演化》（The Architecture of Emergence: The Evolution of Form in Nature and Civilisation）于2010年由威立出版，书中主要讨论通过对自然与文化复杂系统中的动态进行分析而审查“涌现”理论与其起源。这将突破现存的一些临界点，并加快理论进步的步伐。

本书的目的在于对新兴科技与设计课程中的研究和过去的8年中对建筑界的贡献作出了一个总结。我们希望本书能够到达众多有关学者、研究员、学生和执业者手中，并衷心希望将来当研究领域与设计领域合作时能为建筑环境作出更多的贡献：让人们不再只关注建筑外形的新颖性，而应该更多注重建筑的内在性能。

迈克尔·亨塞尔
阿希姆·门奇斯
迈克尔·温斯托克
伦敦，2009年6月

致　谢

我们在这里对穆赫辛·穆斯塔法维（Mohsen Mostafavi），前任建筑联盟学院主席表达衷心的感谢，他让我们得以在2001年成立新兴科技与设计硕士课程。同时，我们也诚挚地感谢布雷特·斯蒂尔（Brett Steele），现任建筑联盟学院主任对我们的大力支持。

我们非常感谢众多杰出的合作者，首先是乔治·杰诺米蒂斯教授[George Jeronimidis，博士，雷丁大学（University of Reading）仿生学中心主任]、托妮·阿特金斯（Toni Atkins）、马克斯·福德姆教授（Max Fordham）、艾玛·约翰逊博士（Emma Johnson）、雷蒙·佩德里奇教授（Remo Pedreschi，博士）、克里斯蒂娜·谢伊博士（Christina Shea）、克莉丝·威廉斯博士（Chris Williams）、克里斯·怀斯教授（Chris Wise），以及智能几何小组（Smart Geometry Group）和奔特力工程软件有限公司（Bentley Systems）的罗伯特·艾什（Robert Aish），布罗·哈普尔德公司（Buro Happold）的迈克·库克（Mike Cook）和沃尔夫·曼格尔斯多夫（Wolf Mangelsdorf），还有远征工程公司（Expedition Engineering）。我们也要特别感谢现在的与以往的教学人员，包括丹尼尔·科尔|卡普德维拉（Daniel Coll|Capdevila）、克里斯蒂娜·诺俄波提（Christina Doumpioti）、埃文·格林伯格（Evan Greenberg）、利亚诺斯·哲特萨斯（Stylianos Dritsas）、马丁·亨贝格（Martin Hemberg）、尼古拉斯·斯塔索普洛斯（Nikolaos Stathopoulos），还有我们的客座教学人员伯格·赛维德逊教授（Birger Sevaldson，博士）、德弗妮·孙格若格鲁（Defne Sunguroğlu）和智利项目协调者胡安·苏贝尔卡素斯（Juan Subercaseux）和智利项目客户代表马丁·韦斯科特（Martin Westcott）。

衷心感谢弗雷·奥托（Frei Otto）和他在斯图加特的轻型结构研究所的团队在过去的八年中给予我们和我们的学生极大的启发。

我们还要特别感谢的是卡罗琳·马林德（Caroline Mallinder）和她给予我们的不断鼓励与支持，最终让这本书成为现实。我们也要感谢项目编辑凯瑟琳·莫顿（Katherine Morton）。

最后，我们要诚挚地感谢我们的家人和他们对我们曾经由于忘我的工作而忽视照顾家庭时给予的极大谅解。

导论

新兴科技与设计：走向建筑生态典范

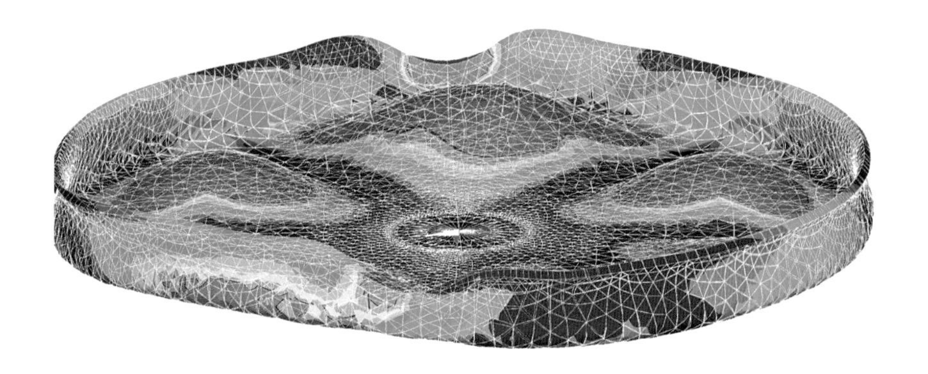

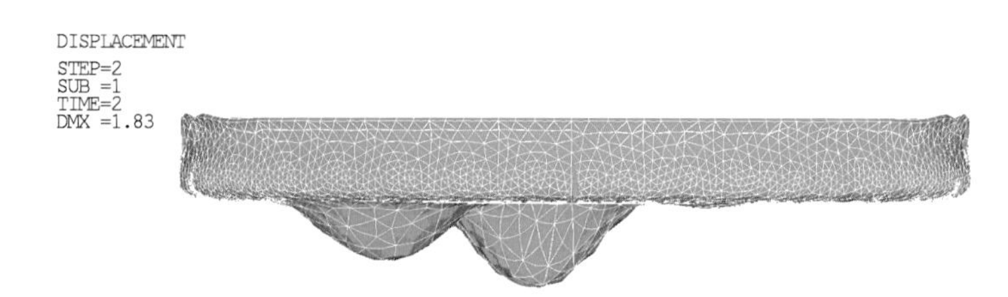
DISPLACEMENT
STEP=2
SUB =1
TIME=2
DMX =1.83

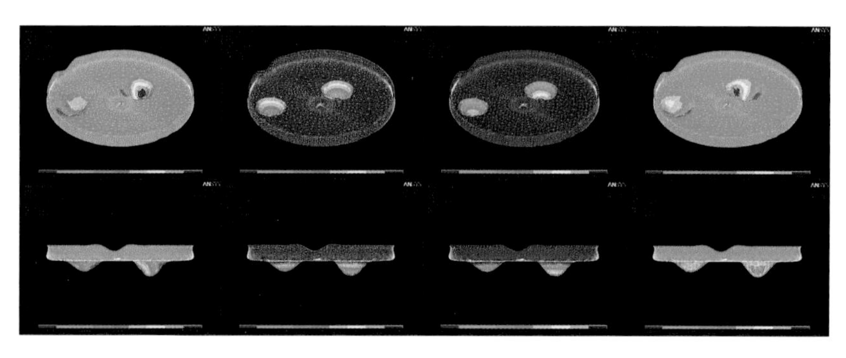

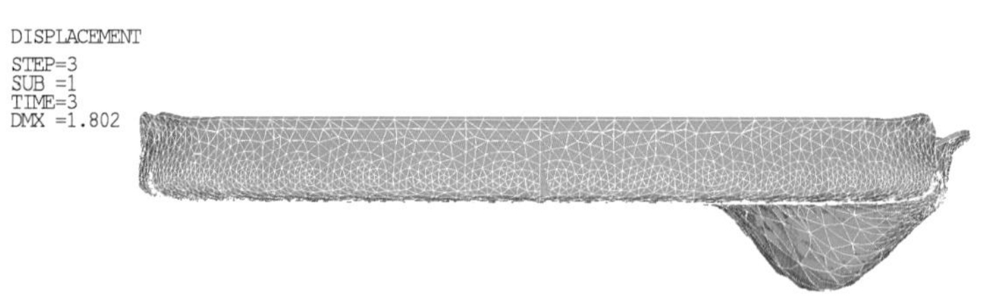
DISPLACEMENT
STEP=3
SUB =1
TIME=3
DMX =1.802

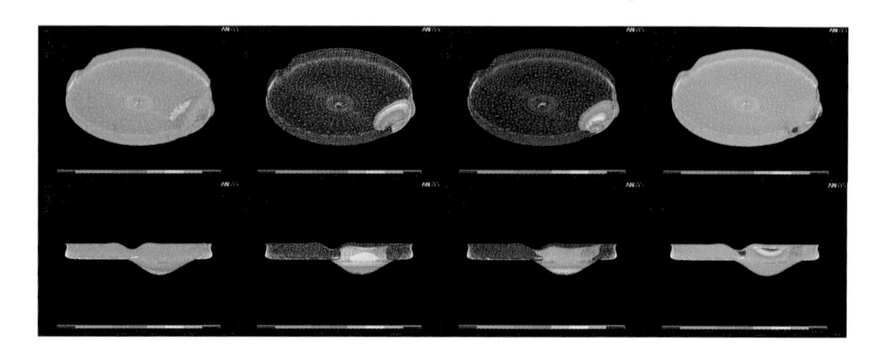

新兴科技与设计并不仅仅是建筑联盟学院所提供的众多学术课程之一的名称。它代表随人类科技进步和在设计创新的进程中，设计必将逐渐成为一个跨越多种学科专业的过程。这个课程其实也可以叫做“涌现现象，技术与设计”，甚至是“生物学，科技与设计”。虽然名称蕴含了新科技的重要性，但是它们同时也强调了设计中的涌现现象。涌现现象是一门新的学科，一个将会大为改变建筑设计文化的新领域。涌现现象所需要的不只是一系列新材料或具有创新性的生产技术，它需要的是对复合体系的特性，进而对其过程中数学模型的了解和如何系统性地将这些知识应用于设计和生产的方法。涌现现象就好像是对不同领域技术进步的整合。它对科学、技术，甚至对我们如何看待和进行建筑设计的方式都将有着深远的影响。涌现现象不仅可为自然系统地进化和维持作出解释，它也能以自然系统为参照物提取其中的例子与过程，供设计和建造拥有复杂性能的建筑使用。它们甚至能让建筑达到真正意义上的智能。近几十年来，涌现现象正在快速改变着前沿科学、数学和工业。在众多领域中，基于此现象的设计方式正在使传统的设计和生产分化现象逐渐减弱。而近些年来，建筑设计与工程中常用的分析工具在近些年中得到了长足的发展。与此同时，这些分析工具也越来越多地将类似于个体寿命和种群世代等时间参数加入考量。新的设计软件允许设计师编写脚本和代码，并模拟动态结构负载和环境负荷。这让设计师有能力将原本单一、静态的产品或建筑转变为一系列可根据环境状况改变的不同形态。而电脑设计和生产则让我们能生产拥有复杂形态和材料组成的产品、非规则形体的建筑，或由多种拓扑组成的基础设施网络和信息网络。涌现现象需要新的设计理念，一种源于生物系统进化过程的设计理念。它必须将生物材料的特性、其随着时间所产生的改变和对环境的适应都加入考虑范围之中。

0.1

自然系统分析：王莲。据说约瑟夫·帕克斯顿（Joseph Paxton）设计的帕克斯水晶宫的灵感来源于王莲巨大叶片的结构。其结构性能与叶片底下一系列可产生浮力的充气筋正在引起人们的关注。而研究过程中所使用的电脑模型包括叶片的形态与其构成的材料，例如其中纤维的刚性和纤维的朝向。通过有限元分析，不同的承重状态得到了分析，分析包括将大范围分散的力施加于结构表面或将力直接施加于结构中的一点。参见2005年新兴科技与设计课程自然系统单元，巴勃罗·卡夫雷拉（Pablo Cabrera），埃弗拉特·科恩（Efrat Cohen）和托马斯·冯·格斯沃德（Thomas von Girsewald）。

生物系统中的动态体系

> 这是一个真实存在的现实问题，生物学和建筑之间的关系急需厘清。环境问题对人类生存从没有现今这样严重的威胁。归根结底，环境是一个生物学问题……现今，生物学已成为建筑学中不可缺少的一部分。不仅如此，建筑学也已经成为生物学中不可或缺的一部分。
>
> （1971年，弗雷·奥托，7—8页）

生物学通常被称为是20世纪科学的主导者。在21世纪，它还会继续作为科学界的焦点存在。近几年，所有的学科都在经历着重大的变革。许多起源于生物学的概念因此在其他的领域也赋予了新的涵义，并为这些领域的研究提供了大量的新见解和新范式。原本看似并不相关的职业和学科间的互动促使新的研究课题、新的分析方法与研发方式和新的工作方法被人们逐渐重视。在生命系统中，它与其他生命系统及其环境间的共存关系是错综复杂的。在过去的一个世纪中，人们在这个领域中进行了大量的研究，因此也导致我们对自然界有了更加深刻的了解。

对环境系统的研究帮助我们了解生物及其环境中复杂的能量转换关系间所蕴含的概念与范例。这包括对单一动、植物新陈代谢特性的研究，对一个环境系统中物种分布规律的研究和这些物种间的能量或物质转换及其未来世代延续或发展的影响。

> 生态系统至少有五个极为有趣的特性：第一，它们由许多部分组成，而绝大多数部分又是由数千万不同物种的数十亿个体组成。第二，生态系统是一个开放式系统。通过能量转换与相互交换有机物或其他物质，生态系统可将其状态维持于一个远超热力学平衡的水准。第三，生态系统有适应性。它可以根据环境的改变作出相应的变化。这包括个体行为上的改变和物种特性（根据达尔文进化论）的变异。第四，生态系统拥有一系列不可逆转的历史。因为所有物种基因均从同一祖先以阶级模式演变而来，物种之间都有不可改变的联系。第五，生态系统拥有复杂且非线性的相互作用方式。
>
> (1994年，布朗，419页)

在自然界的动态系统、生物系统和物质环境中，包括气候和地质形态等等均显示出多种组织和行为上的特征。而这些特征对涌现现象的研究极其重要。随着时间的推移，许多有关进化和发育过程的新定义正逐渐被发现。而其中，一个被广泛引用的是汤姆·德·沃尔夫（Tom de Wolf）和汤姆·霍尔弗特（Tom Holvoet）所提出的以下对涌现现象的定义：

> 当某系统因微观构成部分间的互动而造成一种宏观上的自主且协调的进化（属性、活动方式、结构等等）时，可称为涌现现象。而这种演化对系统的任何单一部分都是前所未见的。
>
> （2005年，德·沃尔夫和霍尔弗特）

他们同时也提出：“自组织行为是一个带有适应能力的动力学过程。系统可自我获取并维持其结构而无须外界控制”（2005年，德·沃尔夫和霍尔弗特）。涌现现象与自组织行为可同时或分别发生并推进其所在系统发展新属性、新活动方式、新组织方式和新结构。随着时间的推移，动态进程形态及性能的复杂程度均会因其基础构成部分间的互动而增加。而这种过程的发展是没有任何中央方向的。

生物可被看做由多个系统所组成。这些系统通过其组件间长时间的互动发展出复杂的形态与行为模式。生物形态发展中的动力学包括个体由单一细胞成长至成年体的过程和新物种经历长时间的进化的过程。这两者间有着很强的联系，并有能力决定生物形态和其活动的方式。它们塑造、演变并维持生物的形态和结构（这也包括非生命体）。而这些过程本身则是由一系列其他生物与其所在环境的复杂交换所构成的。不仅如此，生物本身有能力通过改变自身活动方式来维持其生存与完整。生物形态与其活动方式息息相关，而正是生物的形态决定其在特定环境中的活动方式。同样的活动方式在不同环境中或由不同形态的生物使用会造成不同的结果。因此，活动方式是非线性且取决于环境的。诺伯特·韦纳（Norbert Weiner）开发了第一套形容机械和动物身上自主反应行为的数学描述，并由此创立了他的研究项目——预测、反馈和响应行为的控制论。

控制论、系统论和复杂理论有着同样的理论基础。它们有时在热力学、人工智能、神经网络和动态系统中被统称为“复杂科学”。在数学中，它们的模型与模拟也有相似之处。当代控制论明确说明系统复杂程度会随时间逐渐增加，自然进化系统复杂程度也会随进化次数而逐渐增加。从单细胞生物到多细胞生物，从人类个体到社会和文化。系统论主张自然界中“组织”的概念和原则是不会受到任何单一系统的影响的。其相关近代研究则更倾向于拥有自组织能力的“复杂适应系统”。

生物学家卡尔·路德维希·冯·贝塔朗菲（Kari Ludvig von Bertalanffy，1901—1972年）等人建立了“一般系统论”（General Systems Theory，1969年，贝塔朗菲）的主要理论。欧文·拉兹洛（Ervin Laszlo）在《一般系统论的展望》（Perspectives on General Systems Theory）的前言中写道：“冯·贝塔朗菲所发现的要远多于，也远重要于一个单一的理论……他创造了一个可供新理论发展的全新范式。”（1969年，贝塔朗菲）

复杂理论将产生复杂性的系统过程中所存在的数学结构正规化。它注重于由数千万细小组件（例如原子、分子或细胞）之间互动所造成的集体行为。集合体是多种多样的。它由许多不同部件组成，且部件间也存在大量衔接。不同部件功能不同，但每个部件均不能独立存在。复杂性随多样性（部件所拥有的特质）和依赖性（部件间的衔接）增加而增加。多样性增长的过程被称为分化过程，而衔接数量和强度增加的过程被称为整合过程。进化在不同“规模”上产生分化和整合并促使其相互作用，改变单一生物的排列和结构，甚至影响整个物种，乃至整个生态系统。

系统中分布于各处的多种不同变异模式和物竞天择对于这些模式的选择在多种自组织行为的模型中均有存在。而个体、物种和生态系统的复杂性全部由不同构件间的互动

0.2

自然系统分析：竹子。为了研究竹子外部形体与其内部结构间的联系，我们使用了不同尺度的多个电脑模型。我们首先设定了纤维和其周围基质的密度和强度，之后使用有限元分析对竹子所面对不同应力和重量下的反应进行了模拟。比如对茎部挠度行为（上图）的研究与其横隔板附近的局部形态，不同竹节间水和养分的多种传输方式（中图）和刚性纤维与其周围较软材料基质间的互动（下图）。参见2005年新兴科技与设计课程自然系统单元，阿图尔·辛格拉（Atul Singla），胡安·苏贝尔卡素斯（Juan Subercaseaux），李邹（Li Zou）和尹龙泽（Taek Yong Yoon）。

所组成的一系列“组合体”而来。一些“组合体”生存下来并组成被“物竞天择”所选择的整体。而其他的则被淘汰并继续进行进化。之后，这个过程会在更高层次上重复发生，一个层次的“整体”可能是另一个被淘汰并重组的更复杂层次中的一部分。而一个新整体也能是一个更高层次新兴体的组件之一,一个过程的“系统”也可以是由另一个过程的环境造就的。

进化不光是一个单一的系统。它存在于一系列不同尺度的时间与空间中。多个系统可在拥有部分自治和一定互动的情况下共同进化。

生物材料系统

多种不同生物形态的演化不应被看成是与其结构和材料毫不相干的。自然体系中的复杂材料分级是许多材料强大性能的来源。形态、结构和材料间相互作用，我们无法单独研究其中任何一项。

生物材料系统的自组织行为是一个随着时间流逝而逐渐发生的过程。它可以给予一个系统中秩序与结构以改变的能力，而这些改变则会修改这个系统的特性。自组织行为有三个特点，包括生物个体三维的空间结构，系统的冗余能力和分化能力与系统的阶级性与模块性。而最重要的是几种不同层次上的自主性涌现现象。这种现象是由低层次或局部性的组织方式（例如分子级或细胞级）与高层次或整体性的结构甚至整个生物间的互动所造成的。生物自身系统自组织能力的进化与发展由小且简单的组件开始。而由它们所组成的更大的结构会拥有全新的特性和行为，这些大结构又会更进一步组成更复杂的结构。

所有生物形体均拥有阶级体系，由拥有特性微小却有能力因局部应力而改变性质的材料组成。生物中的材料系统自我组装，使用较弱材料组成坚固结构。它对动能的反应与动力学特性与传统人造建筑非常不同。生物学中的结构只使用少数几种材料，且大部分以复合纤维的形式存在。生物只使用四种生物复合纤维：植物中的纤维素、动物中的胶原质、昆虫和甲壳类生物中的壳质、蜘蛛网中的丝质。这些是生物学的基础材料，它们的密度低于大部分工程材料。对于纤维建筑学，纤维方位与其层次排列对其结构特性有着极大的影响。一个结构的特性都从纤维排列方式而来。同样的胶原蛋白可被用于低模量、覆盖广的结构，如毛细血管，中模量组织如肌腱与高模量、刚性的组织，如骨骼。

复合纤维在承受与本身方向相同的荷载时刚强且稳固。其各向异性使其结构性能远强于各向同性的均质材料。在压力下生长的特性形成了这种材料的排列。生物生长过程中所经历的各种力促进新纤维选择性的沉积于需要它的位置和方向。即使生物成年后，当其所承受的压力或负荷发生改变时，这个过程还会继续发生。而这种现象得到研究最多的例子要属于生长于斜坡或因风而受到偏移负荷时的树木中应力木的形成和骨骼的改型机制。例如，骨骼中不受力处的物质会被移除并重新沉积于受力较大处。而在树木中，一种特殊的木质会被生成，其纤维排列方向与细胞结构均与其他木质不同。根据环境需要，这种木质会在年轮中形成有不同宽度和密度的区域。生物发展出了大量不同的承重纤维体系，每种都来源于一系列不同的承重状况。

所有生物都需要自我组装。他们必须面对地心引力所施加的压力并同时从环境中收集组装所需的材料与能量。生物的自组织行为是在压力下发生的。大部分生物材料有极大的刚度不等性。其延展力、受应力变形后的还原力都远大于人造材料。动植物调整自身结构的方式为人造建筑提供了新的范例。例如植物对临时荷载的承受能力，即使在强风或大风暴中棕榈和竹子一般也只会被连根拔起而非屈曲或折断。通过茎段间的变异和材料层级形式的排列，植物可在每个层级使用少量的“软”材料而无需硬材料的情况下来达到较高的结构强度。变异部分可产生各向异性并沿树干产生一系列由刚硬至柔韧的不同特性。这可帮助抵挡动态、不可预见的负荷。与机械装置不同，自然生物系统中的组件没有特定的界限、轮廓，绝对的起点或终点。如同植物中的纤维组织在连接点处并不断开，甚至从工程学角度来说，这些连接点并不存在。

我们可以从生物中提取这些工程原理，并将其利用在材料、产品和建筑设计上。生物的“结构部件”中相互不同的个体和材料特性与传统工程结构中一致不变的个体相比有着很大的优势。细胞、纤维和束之间高度与细长度的分化为复合纤维材料系统地生产提供了一个非常有趣的例子。这样的分化允许同种材料拥有多种不同的刚性和延展性，使个体与个体间拥有不同之处并产生各向异性。而正是这种沿茎干逐渐改变的刚性和延展性让自然结构非常适合承受动态或无法预见的荷载。纤维最合理的使用方式是承受纯拉张力，如加强膜结构中复合材料所承受的双向张力或在独立结构中使用，例如缆绳或网。纤维对压力的承受能力较低。即使在复合材料中得到侧向支撑，纤维在压力下还是会发生屈曲。对此，生物材料系统有四种对策：[i] 用张力对纤维预加应力，使其不承受压力；[ii] 使用高模量材料与纤维密切联系以承受压力；[iii] 使用大量的交叉连接来增加横向稳定性；[iv] 改变纤维取向，以至于压力荷载不施加于纤维的纵向上。

仿生可结合外形、材料与结构，并将其组合为一个适用于从纳米级到大型建筑设计和建设的单一过程。我们可以生产拥有特定性能特征的人造材料和材料系统。这些新材料已经改变了大量日用品、机动车和飞行器的制造。人造单元式材料，特别是一些新金属和新陶瓷拥有一系列新的性能和材料数值。这让它们有潜力改变我们对建筑工程和施工中材料使用方式的了解，并使这些材料得到关注。

从时间量程较长的进化过程来看，生物系统的复杂程度与多样性是随着环境的压力与不稳定性增长而增长的。而环境适应性中最重要的环节——“设计”过程之中长时间重复性小程度的随机变化却常被传统工程所忽略。通过这种随机性过程，经得起时间考验的系统才可生成。在数学中，“随机性”一般被用于与“确定性”相反的意思。拥有相同起始状态的确定性过程会得出相同的结果，但随机性过程却不会重复相同结果。这是因为随机性过程中存在一个非常小的随机变异值，但在多次循环运行后便可在设计、建筑或工程中形成“进化”。这种“进化”

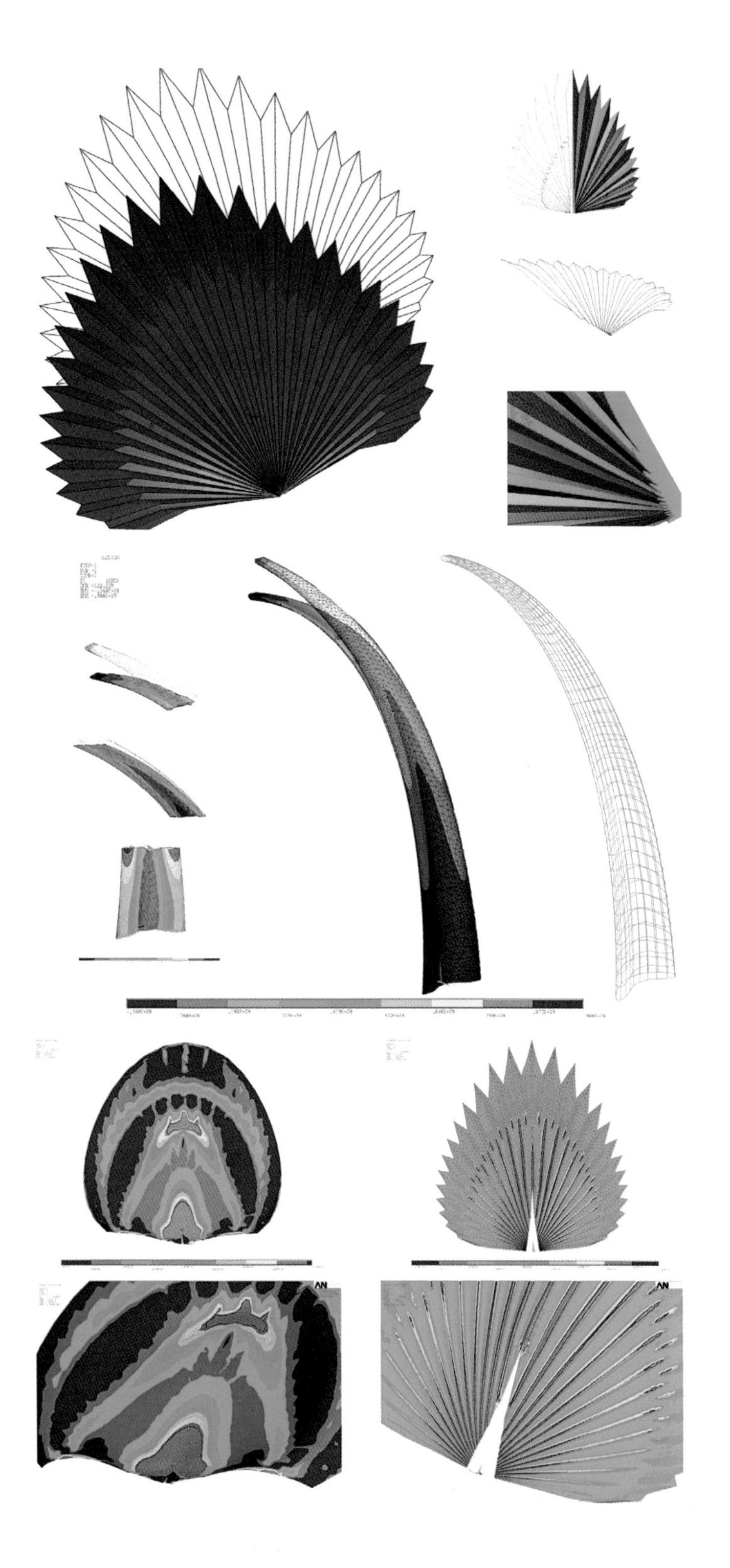

0.3

自然系统分析：棕榈。棕榈对动态负荷有着惊人的承受能力。我们为棕榈树叶形态（上图）和树干形态建立了详细的电脑模型。其后对棕榈树干不同部分弯曲应力的分析（中图）中发现不同部分的弯曲应力不尽相同。这显示出不同部分横截面间的变化会使整个形体拥有高抗弯和高抗扭的特性。而对叶子结构性能的研究则由风压在叶子上产生的应力分布方式（右下图）与受同样应力却没有褶线的平面（左下图）间的比较开始。参见2005年新兴科技与设计课程自然系统单元，佐伊·萨里奇（Zoe Saric），比拉伊·若瓦拉（Biraj Ruvala），米歇尔·德·科斯塔·贡萨尔维斯（Michel de Costa Goncalves）和珍妮弗·伯赫姆（Jennifer Boheim）。

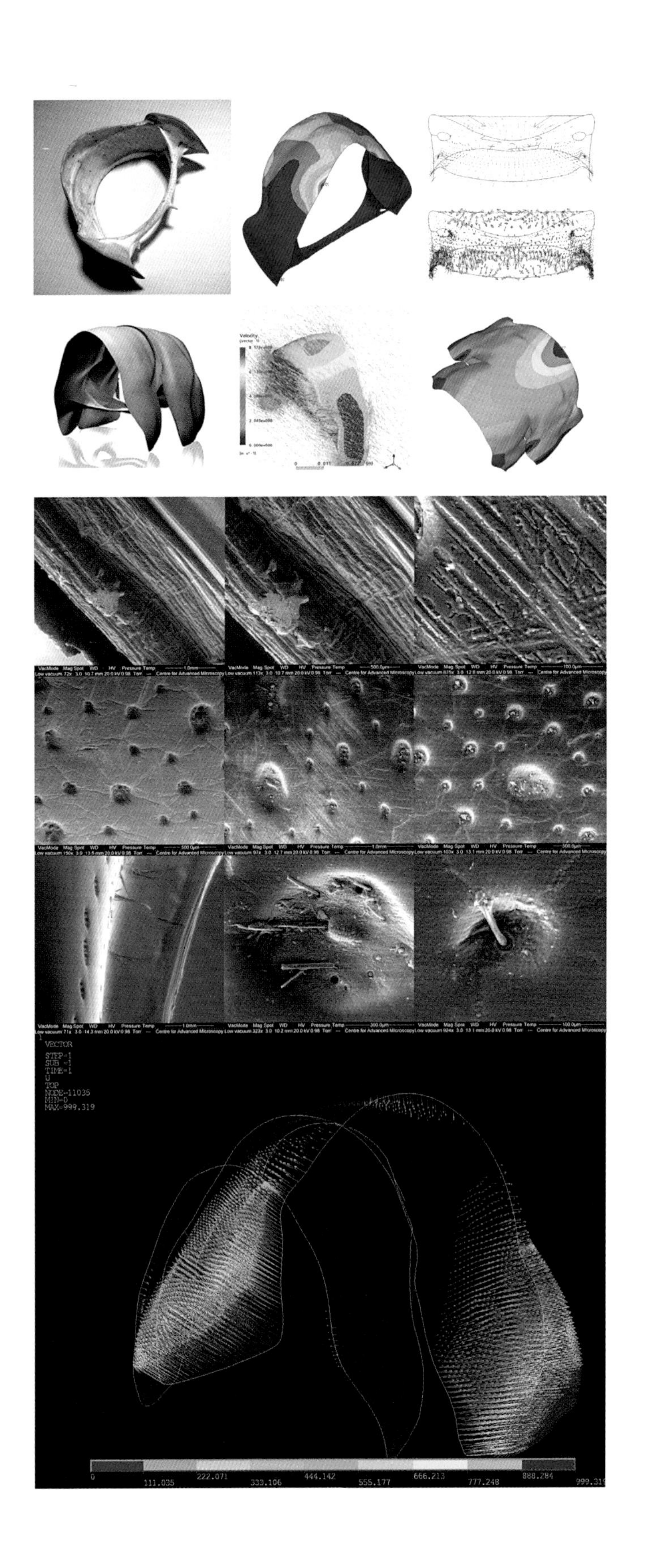
1
VECTOR
STEP=1
SUB =1
TIME=1
U
TOP
NODE=11035
MIN=0
MAX=999.319
0
111.035
222.071
333.106
444.142
555.177
666.213
777.248
888.284
999.319

0.4

自然系统分析：龙虾壳。为了分析龙虾壳承受不同方向负载的能力，我们为一节龙虾腹部的外壳制作了电脑模型。通过有限元分析，我们可推断载荷与其加载方向的信息并将其与龙虾壳本身所有的方向性材料相比较（上图）。为了分析龙虾壳的材料，在雷丁大学仿生工程中心对龙虾壳进行了电子显微镜成像。成像显示两种不同的纤维配置并发现壳内部纤维与孔隙通道的排列均尽可能地加大了对连续机械压力和机械牵张力的承受能力（中图）。这使构建龙虾壳上部的精密解析模型成为可能（下图）。参见2006年“新兴技术”自然系统课程，玛丽亚·贝萨（Maria Bessa），克里斯蒂娜·多皮啼（Christina Doumpioti），查尔斯·帝瑞克斯（Karola Dierichs）和拉瑞尔·索格瑞鲁（Defne Sunguroğlu）。

可超越现有标准材料组件的众多限制。

模型和模拟

在复杂科学中，“模型”不仅仅意味着传统建筑和工程中对一个物体几何形体的形容方式，它也是对一个过程的数学描述。模型可以由简单的一系列规则开始，并随着对过程了解的加深而越加完善。这种模型运行时需要信息的输入，同时也会输出信息。而当输入参数改变时，所输出的形体和特性也会相应地改变。现在，大量物理过程已拥有电脑模型。这允许电脑生成过程针对各种现实中物理现象进行模拟，模拟的范围包括光学效应和光线、弹簧及附加其上的质量、振动体和波、谐波、力学和动量，甚至连核子物理都属于常用的电脑模拟程序之一。

模拟对复杂材料系统的设计和对其长期行为的研究非常重要。对空间设计和材料系统声学效应的模拟，对空气与热在空间和材料中传播的模拟，对结构在附加负荷下的应激反应的模拟，这些在大部分现代工程软件中都已成为标准模块并越来越多地被设计工作室所运用。虽然这曾经属于工业软件的领域，但它们现在已能被应用于生成式设计上。而非线性行为的高等物理分析，和对结构和材料因环境变化所产生的反应等模拟，其实也都可以简单且廉价地运用于建筑设计上。

对原型体的模拟，有时也叫做“虚拟原型”，通常需要通过反复进行多次动力学模拟后才可通过激光快速成形技术生产物理模型。在航空、航海和机动车工程中，机械磨损与疲劳在设计阶段就已经经过模拟。而对数控机床（CNC）、快速成形技术和激光切割机机械过程和工具运行路线的模拟已成为设计和生产过程中必不可少的工序。在许多其他建筑组件的生产工序中，如铸造、铣削、挤压或弯曲中，这也逐渐成为必要的步骤。模拟允许在建构实体模型或原型体前对其进行研究并进行改进。

非线性流体力学的模拟，例如气流模

拟，对电脑生成反应性建筑的“外皮”和建筑的智能环境适应系统极为重要。这种拥有能根据动态负荷状态和环境状态改变自身特性的“反应性”产品和建筑需要结合多种与其相关的模型。“遗传引擎”（genetic engine）源于达尔文演化模型的数学形式和生物进化发展学。而使用这种基于“遗传引擎”的形态形成过程可利用胚胎生长过程和物种进化过程当中的概念来模拟高等结构和材料的试验尚处于起始阶段，但其为建筑设计领域带来进步的潜力是巨大的。这些过程现在主要针对于单个建筑的外形、结构和行为。但它们在更加成熟后完全可被用于设计整个城市。这是许多新型电脑过程争相涉足的新领域。它有能力发展新的，可适应气候、环境变化和新兴经济体的城市形态和系统，而这种新研究是基于将建筑不再作为一个单一且静态的物体为基础的。它所代表的是一个复杂、智能、有新陈代谢且寿命有限的材料系统。此系统是环境中其他系统的一部分，参与自然界的能量和物质交换系统和过程并同它们有着共生的关系。

为了更深一步讨论之前提到的课题，并通过大量的研究对这些领域中的创新作出贡献，一直是新兴科技与设计课程的使命。本书的目的是分享“新兴科技与技术”到现在为止所进行的所有研究——当然，因字数限制，我们只能说到较重要的几个关键点——并结合其他学科中与这有关且有创意的领域。

0.5

自然系统分析：瑞典喜鹊的鸟巢。由于鸟巢结构极其复杂，瑞典喜鹊的巢穴（右上图）需使用X光断层摄影术扫描其不同方向上的断层（左上图）以便将鸟巢的形体数字化：450个断层通过高清空间信息重组被用来形容鸟巢的构造，同时详细地以特征增强技术记录了各处不同的材料密度（中图）。电脑X光断层摄影术扫描的结果则用体素资料组形容（下图上半部）。之后，这个体素资料组会被转换为向量信息，并使用‘切分正方体’（Marching Cube）算法来生成一个拥有多边形表面的模型（下图下半部）。参见2003年莉娜·莫提森（Lina Martinsson），建筑硕士论文。

PHILIPS

第一部分

理论框架

第一章

进化和电脑计算

迈克尔·温斯托克

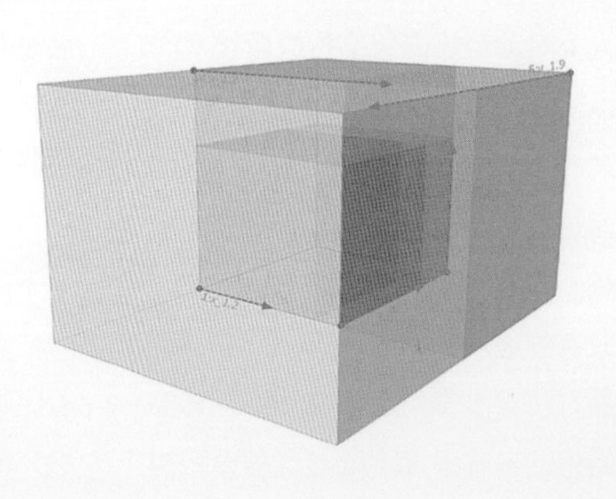

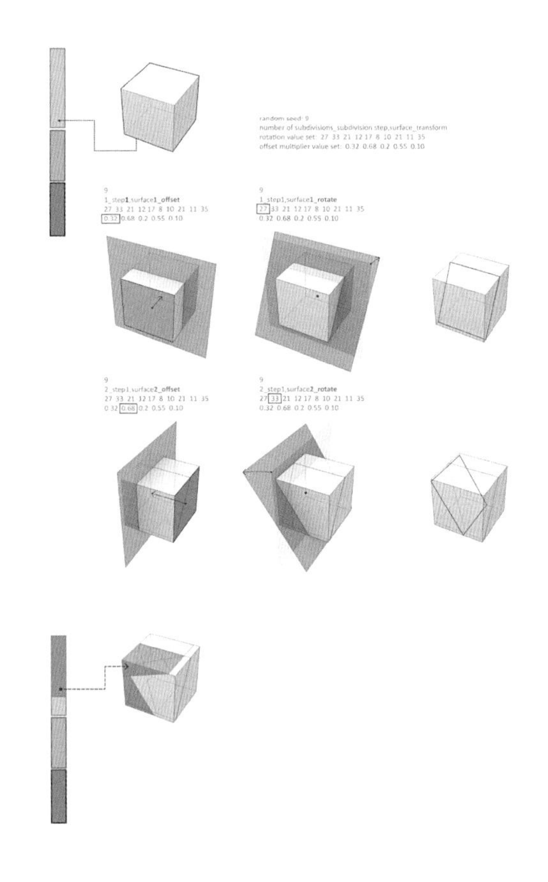

当前，建筑学正在经历着一个系统性的变革。而推动这种变革的正是各种文化、科学、工业和商业领域中的进步。它们正在快速消除自然与人为之间的差异。一直以来，人与自然的关系在建筑学的理论之中有着举足轻重的意义。人体一直被认为是一个和谐比例的来源，而建筑学也经常模仿生物的外形。随着人类对动植物内部结构成像技术的发展，如能观察极其复杂或极其微小结构的电子显微镜成像，让人们越来越对自然的奥妙着迷。而这也加深了我们对生物学中数学概念的了解。新的建筑设计与生产方式正快速替代着原有的建筑设计和工程惯例，而这些所谓的新方法对生产与建设行业来说其实早已不再陌生。当代建筑不能与这种设计构思和建造观念的改变所分离。对自然系统的研究显示，这种设计构思和建造过程能使建筑与材料特性和自然界中各种系统间产生更紧密的联系。

电脑形态形成过程基于“基因引擎”。“基因引擎”是通过由达尔文进化论的数学模型和进化发展过程互相结合形成，而进化发展过程则是由胚胎生长过程与物种进化发展过程所组成。进化计算将使模式与过程、形态与行为乃至空间和文化参数这一切的相互联系成为可能。形态形成过程中的进化计算可以与对结构和材料在地心引力或任何负荷下的模拟相结合。而这正与我们近些年来对“自然”的重新了解相互辉映：从一个起着比喻作用的词汇到一个具体模型；将“自然”作为抄袭形体的模板，转变为将“自然”作为一系列可借鉴的动态过程。这些过程相

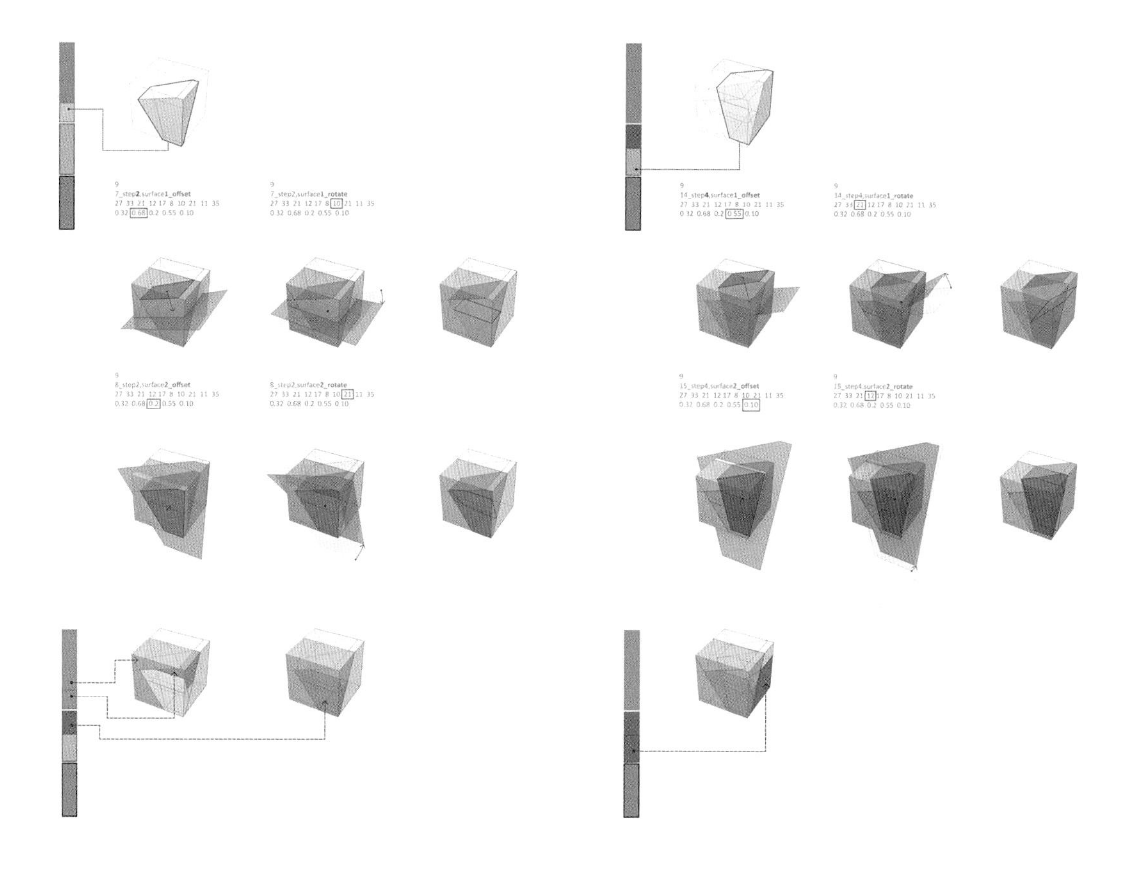

互关联，可被模拟，并能被利用于建筑的设计和生产过程之中。

在建筑设计过程中，计算系统的发展和使用对于新兴科技与设计课程的理论与实验非常重要。“涌现现象”和“仿生学与自然系统”研讨课程介绍了涌现现象的相关科学与技术的起源和工具——从查尔斯·达尔文（Charles Darwin）和达西·汤普森（D’Arcy Thompson）开始，通过对进化过程和生物发展过程中数学逻辑的分析，最终延伸到对进化算法在建筑设计软件有限的编程环境中使用的试验性发展。

1.1

空间分割算法（Spatial Subdivision Algorithm，SSA）：根据预先设定的程序上下等级（二维程序条），利用多个三维多边形（白色）中的表面，将这些表面进行平移（红色部分）。在每个平移后，所生成的切割平面被旋转（灰色二维平面），之后多边形根据旋转后的平面被切割成更小的部分。根据最佳大小和相似程序间的接近度，程序（黄色）被加入空间之中。之后，这个算法重新利用多边体的局部几何定义来分布不同种类的程序。平移和旋转的量通过循环一系列数字决定。每组分割后的空间各不相同，但却只需要9个旋转的量和5个平移的量。参见2008年“涌现现象”研讨课程，肖恩·阿尔奎斯特（Sean Ahlquist）和莫里茨·弗莱希曼（Moritz Fleischmann）。

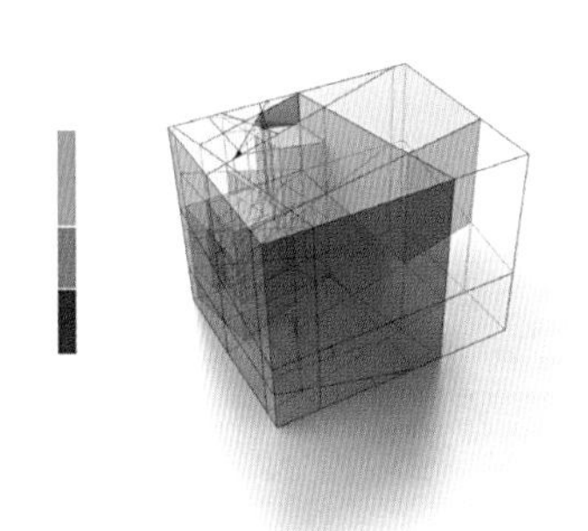

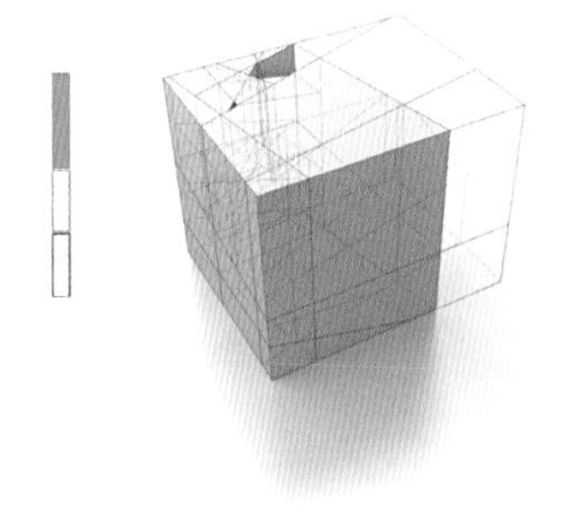

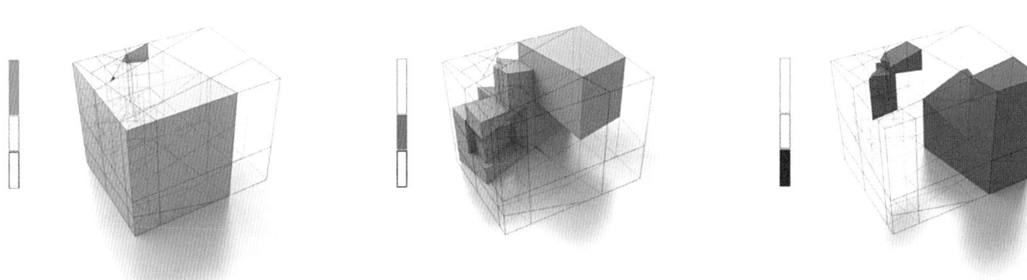

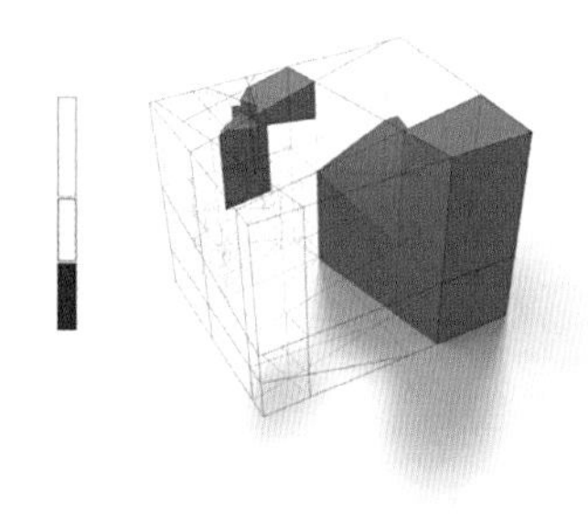

1.2

程序的上下等级根据二维程序条上的位置和大小决定（输入信息1），并施加于一个三维正方体上（输入信息2，白色），这产生了一系列非常多样化的小空间（黄色、绿色、灰色）。因为灰色程序被用来表示“虚无空间”，它并没有出现于最终结果之中。参见2008年“涌现现象”研讨课程，肖恩·阿尔奎斯特和莫里茨·弗莱希曼。

进化和发展

“进化”算法的发展起始于形态形成过程中存在的两个各自不同却相互关联的过程，也就是生物的变异过程和分布过程。所有生物均由这两个相辅相成的流程产生。但这两个过程所需的时间长短极其不同：由单个细胞到成年体的发展成熟过程相对极快，而生物由相同形态分化成多种不同形态的进化过程则相对缓慢。化石显示的生物进化历史是一组连贯的事件，由单细胞生物开始直到更复杂的动植物。查尔斯·达尔文认为所有现存和绝种生物均拥有同一祖先，“由一古老祖先而来”，“所有过去和现代的生物组成了一个宏大的自然系统”。所有生物的增殖和分化，所有物种的历史发展均由变异和择优所发动。“我将这个理论称为自然择优，任何一个对生存有益的变异都会被保留”（1895年，达尔文，61页）。从达尔文的角度来说，变异是随机的细小变化或生物繁殖时所产生的自然改变。随机变异是产生不同形体的素材，而自然择优则会挑选适合生存的形体。如同人类以非自然的择优方式繁殖牲畜和蔬果，有条不紊地造成系统性的变化，野生动植物则通过自然择优缓慢、持续地逐步造成自身变化。虽然有人如此误解，但达尔文并没有将择优看做唯一的进化机制。在《物种起源》（On the Origin of Species）简介的最后一句中，他这样写道：“我认为自然择优是最重要，但非唯一的进化方式。”（1895年，达尔文，6页）

当时，生物由胚胎至成年的过程被认为是一个与进化的“传宗接代”相关却相对独立的过程。达尔文认为，“早期细胞拥有与生俱来的一种能力，在不需要借助任何外来物质的情况下，发展成为全新的、拥有完全不同外形、职责和功能的结构。”（1895年，达尔文，389页）他对细胞特性的描述还包括它们能借助分裂繁殖发展为不同种类的细胞，并组成不同身体组织的能力。将近一百年后，史蒂芬·杰伊·古尔德（Stephen Jay Gould）出版了《个体发生学和系统发生学》（Ontogeny and Phylogeny，1977年，古尔德）一书。其中，他提出所有形体的改变都是由发育过程的时机和发生速度的不同而造成的。他针对胚胎发展过程和物种进化过程的研究注重于发展时机和发展速度的改变。

19世纪末，威廉·贝特森（William

Bateson）发表了一份针对生物变异的详细描述，《变异研究素材》（Materials for the Study of Variation，1894年，贝特森）。贝特森对生物是如何形成的、“如何适应其无法选择的生存环境”、如何拥有不同形体，特别是造成这种不同形体的原因非常感兴趣。虽然他极其崇拜达尔文，但他却认为进化并不是一个持续且缓慢地变化过程。他觉得进化是非连贯的。新的形体和物种不会在小变化的逐渐积累下而最终成形，而不同部分会突然出现或消失。他认为与众不同的形态或全新的形体可以突然出现并已经适应所在环境。他的观点来自他对现有生物形态的分析。他发现“生物的身体大多由许多重复的部件组成”，以双向或以放射性形式分布。而这些部件又是由大量的重复部分组成。这些部件本身已经拥有特定的功能，从某种角度来说已经适应其所在环境。形态变化或变异则是由部件数量或排列方式改变所造成。另一种他经常提到的变异被他称为“同源异型”（homeotic）。同源异型代表着某个身体部件的形态改变，并形成另一个部件或被另一个部件所替换。其中一个例子是昆虫的附属肢体，如腿和触角之间存在着相似的形态特性。他将大部分物种的变异定义为在空间中排列方式的变化。不仅如此，他认为这种变化在胚胎发展过程中便已经开始受到外界“力”的影响。他形容这种“力”为一种节奏性或一种“振动性”的共振，或一种波一样的形态。而这种波会对环境变化做出及时的反映。为此他曾受到许多同行的嘲笑。如今，进化的非连续性已经可以从不同远古生物的化石中看出。这些化石显示长时间进化的相对停滞状态和突然且短暂的新物种出现时期[1995年，尼尔斯·艾崔奇（Niles Eldredge）]。古尔德的“不时中断的平衡状态”即使不是他最为人接受的观点，也应该是他类似理论中最广为人知的版本——长时间持续缺乏变化的时段和因环境大幅变化所造成的短时间快速演化及新物种的出现。

而达西·温特沃斯·汤普森（D'Arcy Wentworth Thompson）则同意达尔文的自然择优是一种有效淘汰“无法适应环境物种”的说法。但他同时也认为所有生物皆受到自然界物理环境的影响。生物的形体就好像是一幅展现所有施加于其上的力的图表（1917年，汤普森），作用于生物上的外力决定其大小、外形并决定成年体的最终形态。而生长过程中的进化和分化则会造成生物最终的物理形态。生物内部的力，如化学反应和细胞的内部压力，与外部的力，如地心引力、气候和可用的能源供应，这些不同的力根据生物本身的特性和大小不同能够产生不同效果。“细胞和组织、外壳和骨骼、叶和花朵，全都是由相似物质组成的不同个体。它们内部分子的移动、变形和整合均遵守物理学定律。”（1917年，汤普森）他将生长看做达到形态多样化的方法，而他的这种看法要比古尔德的理论来得更早。但最重要的是，达西·汤普森提出了“由环境和习性的改变所造成的一个由各种力组成的系统”。假以时日，这个系统可使生物形体产生改变以适应环境。生命体，如同非生命体一样存在于一系列的力场中，而力的改变无可避免地会使形体进行演化以适应环境。不仅如此，这种演化具有系统性，同时作用于整个生物而非单独部分，是一种“或多或少一致或渐进的变化。”（1917年，汤普森）

动物和植物虽各自拥有极为不同的进化路径，但其个体部件的排列却又有惊人的相似性，例如它们的内部结构和器官功能。这些相似性是由多个历时长短不同，且差异极大的过程相互作用所形成的。这包括一些需要几代才可显现其作用的缓慢过程，和一些在胚胎生长期间就会产生结果的快速过程[1996年，贝里尔（Berril）和戈德温（Godwin）]。在第一种流程中，某些生物的形体、结构或代谢过程，比其他类似过程更能承受环境所带来的压力、灾难或竞争。而自然择优便会逐渐针对每种环境压力产生出一个泛化的对策，而这个对策则会在无数个物种身上同时得到显现。经过足够的时间流逝，不同的形体会逐渐趋于相同。但在第二种流程中，基因组对个体的构造产生影响。基因组中所积累的复杂性会使常见的序列中更有可能发生细胞分化。若非如此，常见的生长序列在一个所有生物共享的环境中一般会造成类似结果。

不仅如此，因为大量物种的基因组大致相同，所以它们的生长过程也非常相似。而不同生物有机材料的分子化学也基本相同，所有材料经历相同的外力、相同的压力，并因此也拥有相似对策。但在控制生长速度的基因序列中，细小的改变，或其抑制、加速生长作用持续时间中的微小变化都会在多个层面上改变胚胎的发育。而这种改变一般通过生物组件的重组和再结合来完成。

信息和变异

基因信息是世代相传的。它决定着生物的形体、生物同环境的互动方式和它们需要从环境中所摄取的材料与能量。每当新的一代生物继承其前一代的基因，信息就会在它们之间传播。生命体的所有变化或改变均由变异、“拷贝错误”或现有信息的重组所形成的新序列和新模式组成。这可以通过进化、新物种的出现、新的社会或集体性行为，或昆虫、动物或人为的物质结构中看出。它们是能量和信息在空间中以时间为轴所产生的效果，而它们之间的互动并没有特定的上下顺序。非常明显，自然中的生命体和人造的建筑都是由复杂的各种过程加上同外界信息的交换所形成。

文化信息也一样会随时间推移逐渐传播，而这种信息体现于人类社会活动中的方法便是通过各种人工制品和建筑。从第一群现代人类挖地成坑加以覆盖所形成的原始住所直至古代城市，并继续发展成为现代的建筑形式和人口上百万的大都市。建筑材料文化也会被一个文化的后代继承。建筑也有所谓的“经过改变的继承”。建筑的形体，甚至整个城市都可根据形态分类学归类为不同种类，就如同生物可被归类为不同物种一样。生物可以发生自然变异，在古建筑的“种群”（也就是城市）中也会发生小的变革。理论“错误”和设计的变异导致建筑在其有限的适用形态和互相交汇的一系列可用外形中逐渐演化。但是，材料文化的进化和生物进化在运作模式上也有着根本性的不同。其中最大的不同可能就是对于“择优”过程中优胜者的选择和传承方式。文化的传承可以是横向或斜向的，这是因为建筑材料的使用文化可通过信息的传播在截然不同的社群间扩散，而信息的传播自古以来就是人类文化中重要的一部分。古代信息传递速度缓慢且没有直接的效果。可是近些年来，有关材料使用和建筑形体信息的传递因为大型商业网、数学符号、书写和绘画系统、打印直至近代电脑的逐一发明，而以几何倍数的速度加快着。而材料文化本身也可以说是经历了进化，常常甚至比生物进化更快且能产生出更多的变化。虽然如此，建筑的进化还是需要数十年甚至上百年。但是电脑计算则创造出了一个全新的设计环境，这个设计环境有潜力发展出可以模拟生物进化的算法，并将建筑设计的进化时间极大地缩短。

在生物进化过程中，基因序列的逐个开启就好像是在一段针对生物生长所需的蛋白质和荷尔蒙的“陈述”。而基因开启的顺序则是由基因组中的一个叫做“同源框”（homeobox）的部分决定的。这组基因早在复杂形体出现之前就已经存在，并在所有物种之中均有出现。细胞的分化生长发生于一系列地球生成的和生物材料自组织特性所造成的压力场之中。这组起着管理作用的基因通过加快或减缓不同基因序列的生长改变胚胎的三维组织形式，并将其作为生长过程的反馈。而这时生长速度的微小变化会在自组织过程中产生一个周期性，继而在生物的不同层面上产生更加复杂的空间和结构布局变化。

动物和人类身体形体中的突然变异也可自然发生。例如独眼变异就是一种在多种生物中都有可能出现的变异。鱼的胚胎在受到温度或化学药剂的危害后可能会发生独眼变

1.3

空间分割算法也可用在一个外形更加细腻的图形中，如位于纽约市曼哈顿下城的这个分区的围护（白色多边形）。这个算法需要两种输入（程序条和多边形本身），但我们也可轻松加入有关现场环境的输入。参见2008年“涌现现象”研讨课程，肖恩·阿尔奎斯特和莫里茨·弗莱希曼。

异；怀胎母羊食用加利福尼亚藜芦[veratrum californicum (corn lily)]后也有可能会产出独眼的幼羊；而怀孕期间患有糖尿病，或摄入过量酒精的孕妇也会大大增加胚胎发生独眼变异的可能性。独眼变异是一种非常常见的变异——是一个在胚胎生长发育初期便会发生的生长偏差。而独眼在所有生物中所产生的形态特征也非常相似。这种变异会产生一个未分裂的大脑而非两个半脑，同时胚胎只会拥有一只独眼。一般情况下鼻腔也会位于独眼之上。生物变异显示外形的变异或形体的分化在任何生物中都具有极大的可能性。这种变异体被自然择优淘汰的可能性虽然极大，但在每一代的胚胎发育中却均会产生。这种成年体的形态分化是由生长初期极微小的变化而造成的。发生的原因可能是基因信息错误、环境改变或自然产生的实验性变异。胚胎生长过程决定任何物种中所能产生的所有形态变异或分化，这包括所有可能产生的各种不同的形态。

基因组的变化是由变异造成的。而变异一般是在复制过程中出现的“拷贝错误”。一些序列可能被弄混，一些模块也可能被重复。而基因组中的改变则会造成表型组，也就是物理形态的变化。大部分变异对生物有害或者没有任何意义，极少出现有益的变异。个体生长时的分化则是由同源框基因所控制（在果蝇中首次被发现）。这组基因在发展过程中决定着其他基因的开启和关闭、控制形态形成的顺序和不同身体部分在身体的“蓝图”中的位置。就好像在果蝇身上，一个被称作为触角足基因（Antennapedia）的改变会使果蝇触角的形态和功能产生改变，即原本的触角变成了腿。而这种变化得以发生是因为果蝇身上的所有细胞都拥有变为腿细胞或触角细胞所需的信息。每个细胞都拥有完整的基因组，也就是成长为整个生物所需要的完全信息。触角足基因和其同源染色体控制所有脊椎动物的肢体进化。它能使鸟类的前肢进化为翅膀，人类的前肢进化为手和海豹的前肢进化为脚蹼。同源框序列在进化中一直存在，即使在非近亲的物种中，同源框也有存在。同源框的改变会极大地改变一个个体的形态，而当这些变异个体在自然择优中生存下来时，新的后裔物种便会形成。如果发生变异的个体拥有任何功能上的

1.4

空间分割算法在一个建筑外形中的使用过程，这里显示的是一系列的空间分布，包括连续空间和分散空间。更加详细的二维程序条会形成同图1.2相比更加细腻的空间。灰色部分则作为“虚无空间”，这些区域会被移除。参见2008年“涌现现象”研讨课程，肖恩·阿尔奎斯特和莫里茨·弗莱希曼。

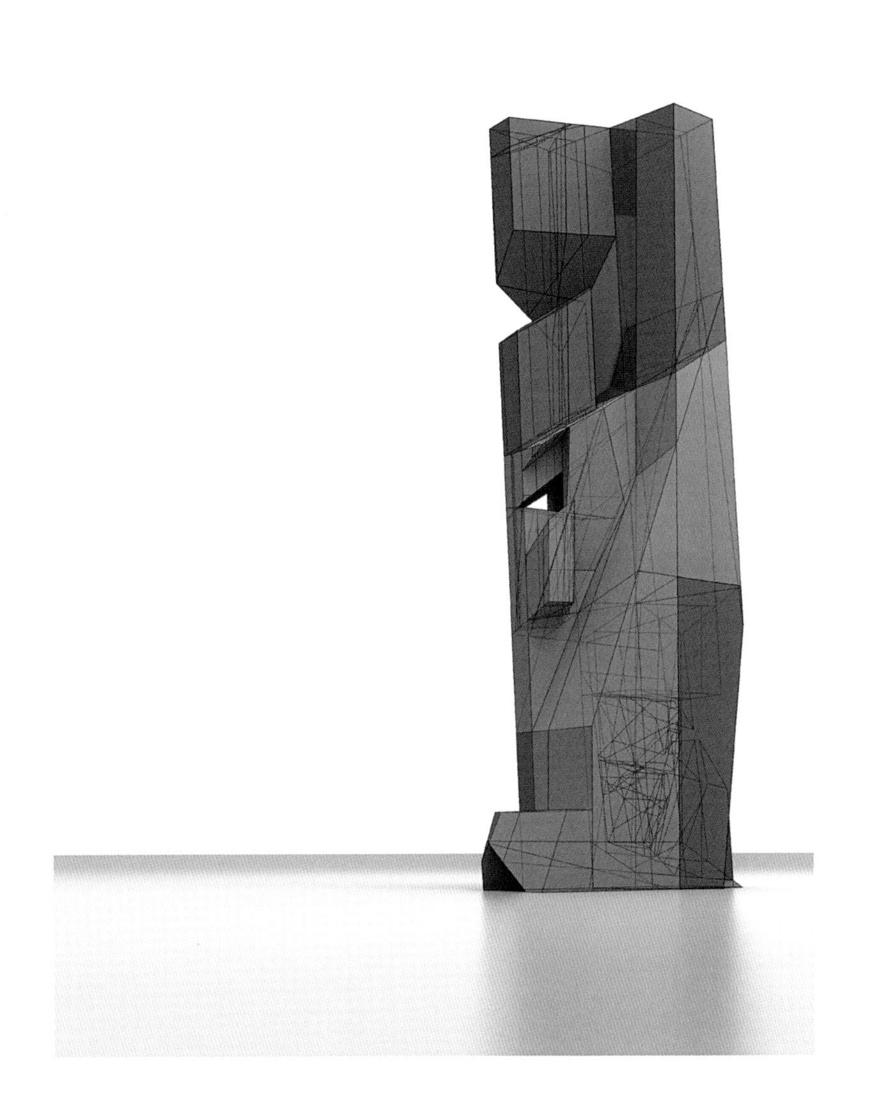

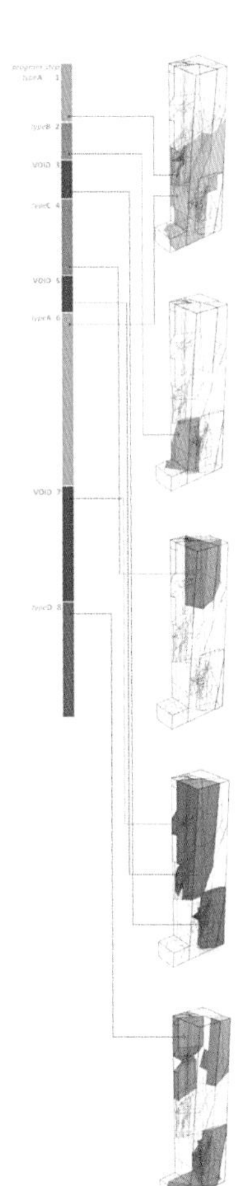

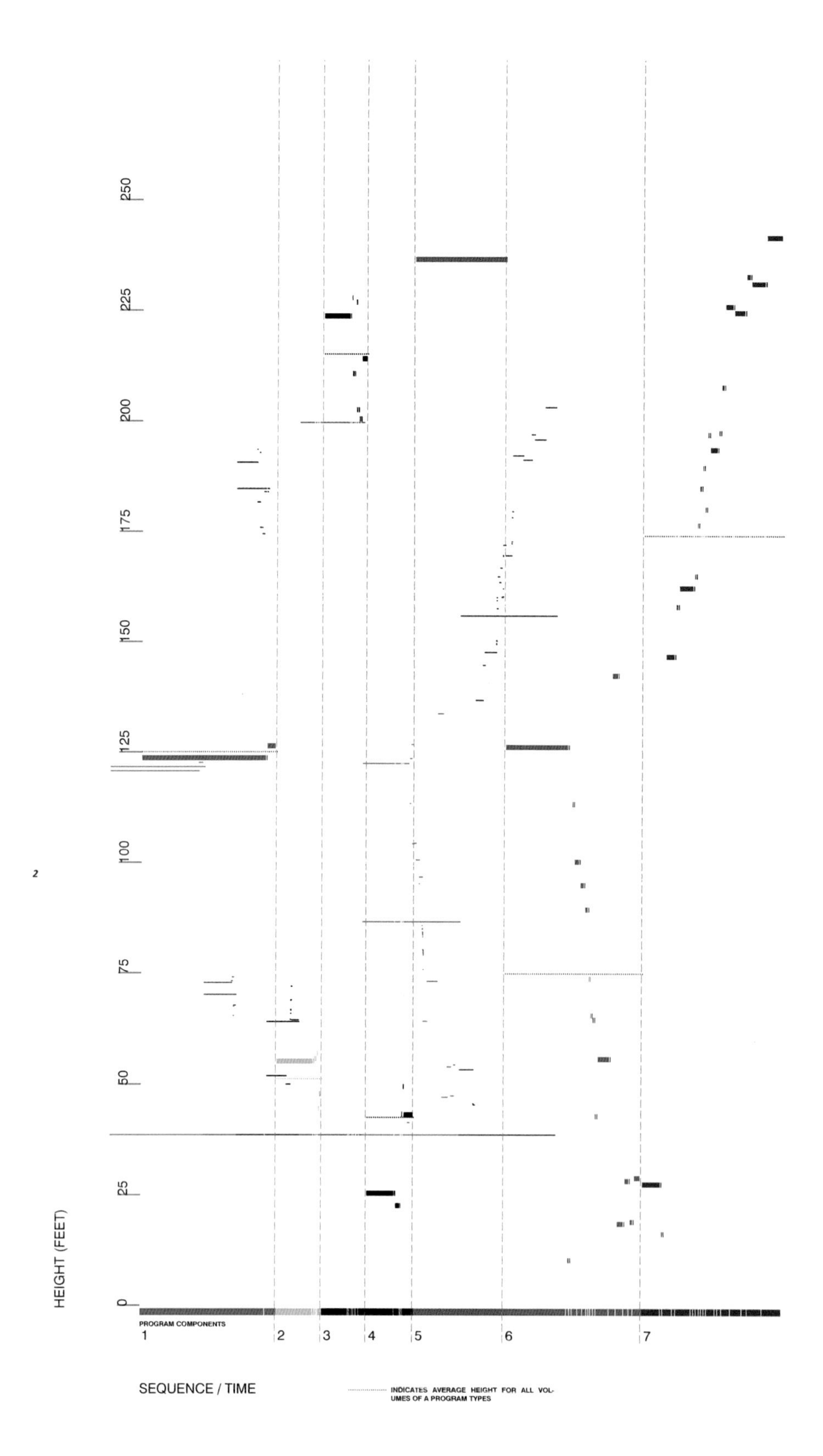
HEIGHT (FEET)
0
25
50
75
100
125
150
175
200
225
250
PROGRAM COMPONENTS
1
2
3
4
5
6
7
SEQUENCE / TIME
INDICATES AVERAGE HEIGHT FOR ALL VOLUMES OF A PROGRAM TYPES
2

优势，变异体就会拥有较大的繁殖优势。如果其后代继承了这个基因组的变化，进化便会发生。这种新物种的形成会造成生物的分化，而对这种同一祖先产生多个新物种的现象，我们一般用系谱图来表示，这种图谱也可被称为生物进化树。其基础逻辑在于绘制出以同一形态祖先发展成为一系列不同形态生物或物种的过程。例如，所有节足动物，包括各种甲壳类动物、蜈蚣、蜘蛛、蝎子和昆虫的共同祖先是一种简单的管状蠕虫。节足动物有超过100万个现存物种，其化石记录了起始于寒武纪前期，占已知生物总量的80%以上。而一系列形态上的分化则产生出其他细节，如分段的身体、外骨骼和有关节的腿。

将已存在基因改变或使用旧基因形成新的组合意味着生物进化不需要新的分子，重复或重组就足以在基因组中产生高层次的复杂性。生命体的结构和空间布局是由不同大小、形状或数量的重复模块所组成。同样，基因组也是模块化的，由多个重复序列排列成的基因小组组成。任何一个基因组均有可能含有一个或多个同时存在于其他基因组中的序列。如果管理基因发生了变化，生物就有可能会发生大小、形态或重复模块数量上的改变。随着进化的发生，基因组的大小和复杂性越来越高。但基因组的大小与生命体的复杂程度却没有任何直接联系。通过观察，拥有较大基因组的大型生物，例如温带的树木，与其他物种相比所产生的不同后裔物种较少。在生物进化漫长的历史中，因生物组织形式的复杂程度逐渐升高，形态小却拥有复杂内部结构的生物逐渐产生。而复杂性则通过现有形体所经历的一系列变异随时间增长。从化石和基因证据来看，脊椎动物的出现与之后向两栖动物、爬行动物、鸟类和哺乳动物等的进化都是这种步骤的体现。

1.5

因空间分割算法于一个随机区域之中每次产生不同的平移和旋转结果并将其施加于输入的外形之中。我们必须考虑对整个过程做出记录，以便在未来重现或交给他人研究时使用。我们利用二维图谱（原基分布图）来达到这个目的。这个图谱记录了某个程序在三维空间中（如图1.3）的纵向位置（y轴的顶端=几何图形的顶端），分布和大小（条的长度）。在把程序条旋转90° 后（原基分布图的底端）右边优先等级较低。我们可以清楚地看到等级较低（红色，x轴右边）形成了分布较大区域中的一系列小空间。根据高度和大小，这个程序条能显示空间的整体分布。它特意避免具体制定确定空间的内部或外部的相对位置。参见2008年“涌现现象”研讨课程，肖恩·阿尔奎斯特和莫里茨·弗莱希曼。

有关进化计算的实验

进化算法是指一个由进化过程中提取出的逻辑，经简化后所构成的一系列迭代过程。它能在许多领域中被用来解决非线性或需要多方面互动的问题。对付这种问题有几种不同的技巧，但它们中的几个源于生物进化过程的运作程序是相似的。这包括每个候选形态所含信息或基因组的择优、繁殖和变异。这个流程一般是由一组随机生成的候选形态开始，其中最符合需求，最“适合”的个体会被择优选择。进化算法在建筑设计中的应用至今非常有限，而利用电脑计算并结合胚胎生长过程和（作用于基因组之上的）进化过程，且包括多个世代的算法甚至还不存在。而新兴科技与设计课程所追求的目标便是利用常用建筑设计软件[如犀牛（Rhino）]和有限电脑资源（如手提电脑）来寻求发展环境敏感且功能明确的建筑形体。

实验是从一系列几何形状的变形（缩放、旋转、移动）开始的。这些变形方式被用于一系列原始形状之上，如正方体、球体、圆锥体和圆环体。第一代变形没有运行任何脚本或编码，它只使用简单的规则以便变异的发生。前几代主要被用于研究“繁殖”的过程、基因组中所允许的随机变异量和形态复杂性之间的关系。而之后的数代则同时包括了不同世代间的进化过程和每个种群中各自的胚胎生长过程。

世代数量和每个世代中个体的数量都对所需的电脑资源有着极大的影响。因此这些都必须被精确计算。而每个种群中变异的分布，同标准偏离的百分比都会影响对适应性的计算。这在此算法的设计过程中产生了一个重大的分歧。一个“适应性强”的种群可能有多个非常相似的个体，因此它拥有一个好的“基因库”。但在没有很强适应能力的种群中却也可能会有一两个出色的个体。给一个种群施加环境压力的方法有许多种，例如限制每个世代的总表面材料面积。环境限制和种群对这种限制的对策间的互动也会被“死亡”——也就是父代所存活的基因数量和可继续进行繁殖的个体数量的改变而改变。

每个模拟个体均由一系列类似同源框基因的监管系统所控制，这种监管系统的作用就如同同源框基因对生物“蓝图”中不同轴向和细部生长的控制一样。而监管基因的“变异”或改变对序列生长的影响越早，在成年体中产生的效果就越大。在同源框基因中产生的随机变化中，每个细部的数量、大小以及形状都有可能改变。通过更改每个世代中的变异量、不同部位的最大变异量和沿不同轴向的生长量都会对整个种群和所有个体造成极大的影响。一个简单的例子是对横向生长和纵向生长比例的控制，一般会生成高且细的塔状形体。而对表面积和内部体积比例的限制则会产生更圆的形体。比例也可被用于个体环境适应能力的分级，例如线性尺寸和横截面间的比例或横截面和表面积的比例。

而当继续加入“蓝图”中不同模块和细部间互动所产生的限制之后，我们便会得到一些不可预见的结果。这在生物当中其实非常常见，如哺乳动物身上磨牙的生长。某些磨牙生长速度的增长会减缓邻近牙齿的生长速度。如此可产生大量不同的牙齿布局和大小不一的磨牙、犬牙和门齿，却不需要大量

1.6

每次运行空间分割算法，它都会输出一个形态细腻的三维空间。这些空间可以被重现或重组。参见2008年“涌现现象”研讨课程，肖恩·阿尔奎斯特和莫里茨·弗莱希曼。

的基因控制每个牙齿。

产生新且多样化的“基因组”需要将各种形态形成过程所需的参数信息、每个生成形体与性能基准的相似度等信息数量化。只有这样，形体才可被分类，而后相互重组并生成后继的世代。在胚胎发育过程中，“同源框”可以在不用持续进化自身的情况下生成不同的个体。用电脑编程语言来说，它可被看作一系列用来控制其他脚本的开关，在电脑生长过程中作用于不同的时间和位置。这种作用于不同时间和位置，控制不同序列开关的方法非常强大，足以生成巨量的变异和分化，却使用数量非常少的电脑指令，且不需要强大的计算能力。

空间分割算法

这个建筑算法是由对进化发展的研究衍生而得出的。它在“涌现现象”研讨课程中由肖恩·阿尔奎斯特和莫里茨·弗莱希曼发明。这个电脑试验探索了对多个设计目的和大量环境条件的整合。因为对进化发展逻辑的使用，这个算法拥有模块化和无等级的特性。使用最简单的工具，也就是局部的互动和反馈来发展更高位的结构、建筑形体和功能。而空间布局和程序配置的进化方法则是根据一个基于麦克尼尔（McNeel）“RhinoScript”的空间分割算法之上发展出来的。在这个实验中，算法先由一个建筑外形开始，递归执行空间分割步骤并形成一系列不同的空间配置。不同建筑程序的上下级别决定分割程序的功能和数量，以适应对空间和布局的需求。而正是这个级别，包括一系列其他参数，决定一个程序是与相似或相关程序聚集还是分散。这种算法只可用于局部。分割是由两个条件的相对平衡或失衡所引起，重点在于寻找相连的空间并加入相同或相关程序种类。如果相连空间对一个程序种类来说过于庞大，这个空间就会被分割。之后，对这种“相连空间”的寻找便会继续。而当分割开始时，它会利用这个空间的形状信息来决定分割的方法。空间的表面变成分割使用的平面。这允许不同形体的生成、拓扑的改变和极高的扩展性。

1.7

空间分割算法的强项在于快速产生一系列可以进行互相比较的设计，并只需要数个且非常开放的输入信息。在同基因信息图（原基分布图）一同使用之后，这个算法便可以在遗传进化策略的框架内运作。适合个体的原基分布图由黑框表示。参见2008年“涌现现象”研讨课程，肖恩·阿尔奎斯特和莫里茨·弗莱希曼。

1.8

这是一些针对编辑基于进化原理算法的初始试验例子。分割方式由三维多边形的一维缩放得出。在这里，我们希望能通过简单的迭代变形来生成详细、相互联系的几何图形。参见2008年“涌现现象”研讨课程，肖恩·阿尔奎斯特和莫里茨·弗莱希曼。

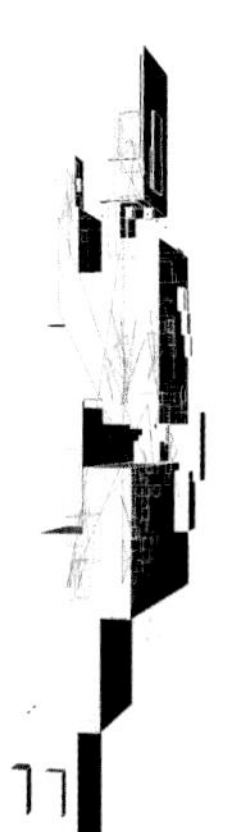

第二章

材料系统、形态计算、性能

阿希姆·门奇斯

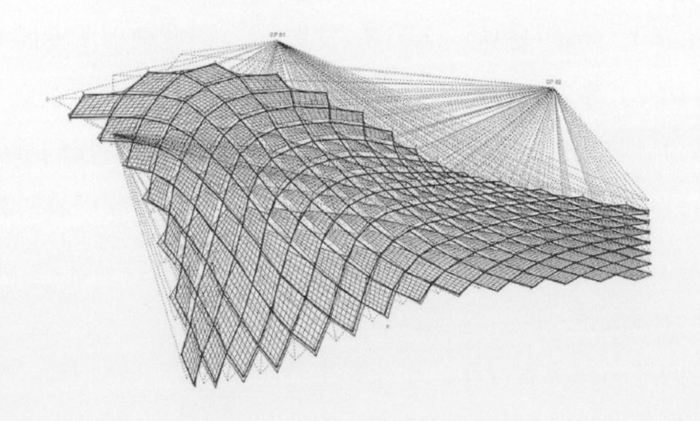

建筑是一门以材料作为媒介的学科，一直以来我们对于设计的态度是将形态设计作为首要目的，而将建造过程作为一个辅助步骤。从文艺复兴时期开始，设计过程就像莱昂·巴蒂斯塔·阿尔伯蒂（Leon Battista Alberti）所预测的一样，开始与建造过程逐渐相分离[2002年，格拉夫顿（Grafton）]。这就造成了如今建筑师对描绘工具和精确标量这种形容方式的发展与依赖，而这种形容方式同时也能将图纸转变为一系列建筑指令。除了少数建筑师，如安东尼·高迪（Antoni Gaudi）、弗雷·奥托、海因茨·艾斯勒（Heinz Isler）等人以外，其他建筑师均接受了形体设计和建造过程相分离的设计方式。在当今的建筑设计业中，电脑工具的主要作用却依然延续着在一系列需求的基础上创建设计方案的这种方法，反倒忽略了材料系统所固有的形态和功能特性。建造和生产的方法则在形体被生成后才会被考虑。这造就了一种自上而下的设计方式和一系列不符合逻辑的材料使用方法。综上所述，本书试图通过一系列研究项目探索一种与众不同的、以材料特性为基础的形态形成设计方式。这种设计过程同建造过程合为一体，并因此可以展现出建筑材料本身形态的复杂性和材料性能的多样性。这需要我们对形体、材料和结构都有所了解。这种了解不是对它们的分别认知，而是通过利用电脑形态形成过程探索存在于三者之间的复杂联系。但是，我们必须记住，这种以设计为出发点的研究项目与传统材料模拟的不同之处。材料模拟需要从一开始便掌握系统的全部变量，而此项目所发展的电脑计算方式能让我们探索由材料系统众多限制所形成的设计空间。这意味着我们所得到的设计结果有时也许完全不在我们最初的预想之中。

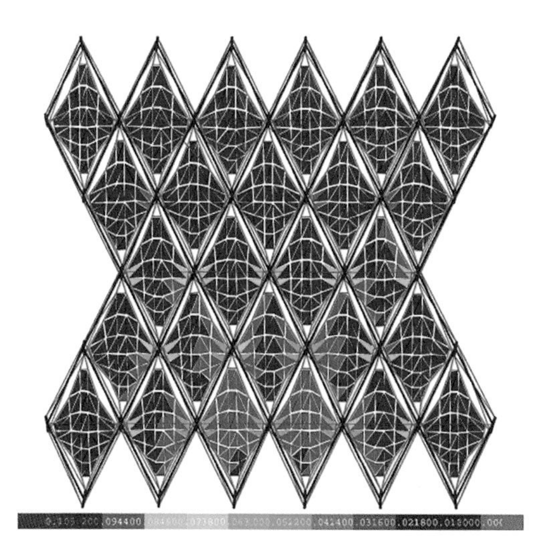

2.1（上）

AA建筑联盟学院膜顶的实物比例模型于布罗·哈普尔德（Buro Happold）公司接受迈克尔·温斯托克和迈克·库克（Mike Cook）的检查。

2.2（左）

AA膜顶中普通组件的设置及其结构分析。分析显示抗张构件和受压构件内的应力分布。2006—2007年，新兴科技与设计小组和布罗·哈普尔德公司合作。

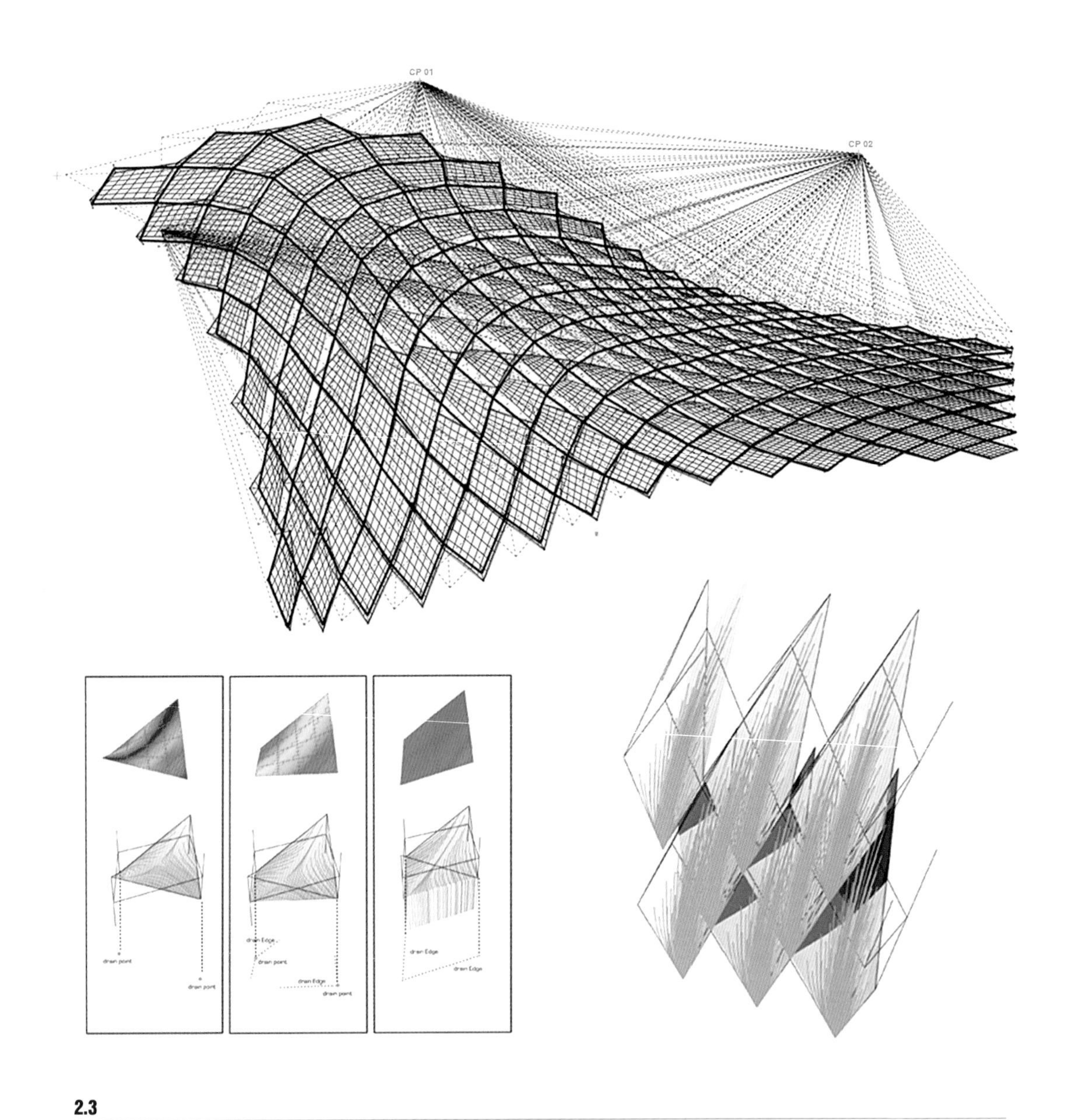

2.3

AA膜顶的电脑模型（见上图）和雨水径流分析（见下图）。2006—2007年，新兴科技与设计小组与布罗·哈普尔德公司合作。

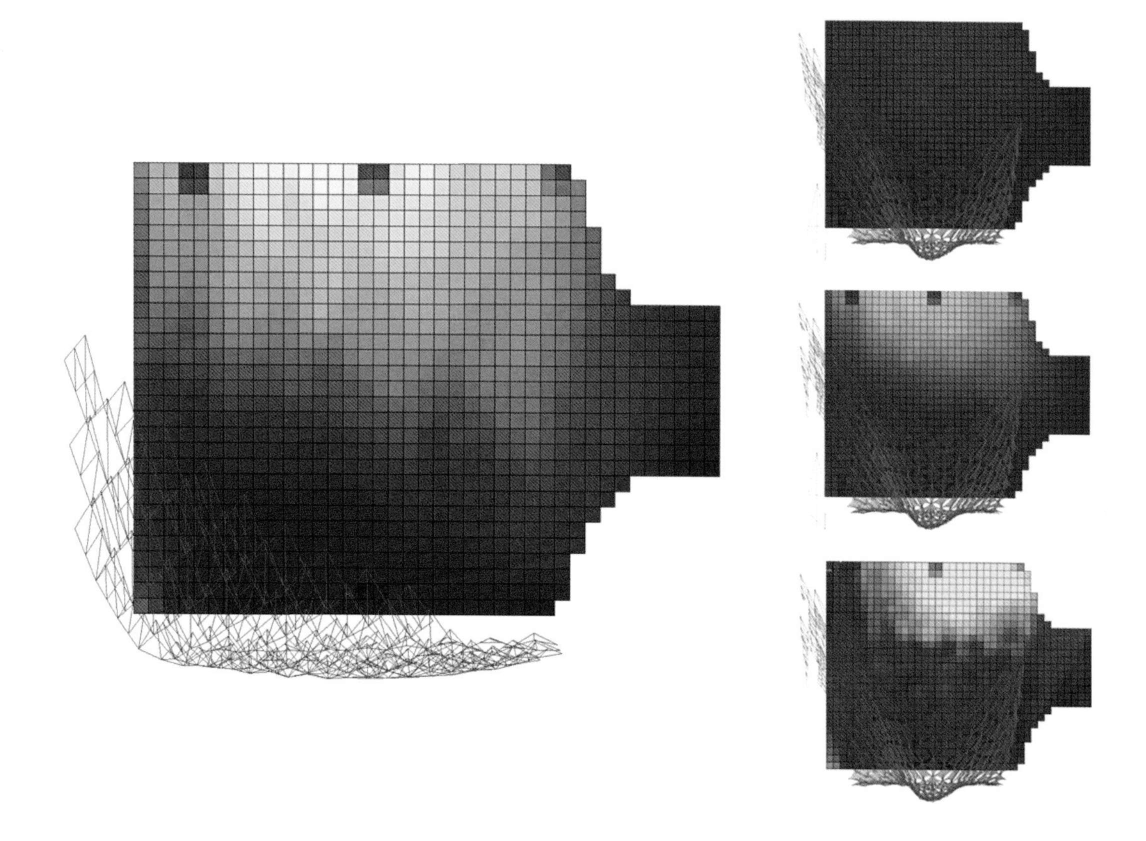

2.4

不同时间和不同季节中不同膜顶外形的阴影分析。2006—2007年，新兴科技与设计小组与布罗·哈普尔德公司合作。

材料系统

材料系统的概念是本书探讨的重点理念之一。虽然一开始，将材料系统放在与建设系统和建筑构造学同等的地位好似理所当然，但我们认为材料系统其实是一个更加深奥的概念。材料系统不仅意味着建筑的组成材料。从系统科学的角度来看，它包括材料的物质性、外形、结构与空间特性、生产过程、组装过程和所处环境互动后所产生的大量效应间的复杂联系。有趣的是，恰恰是材料系统之间的这种复杂关系，为材料系统的概念化和其电脑设计过程的开发铺设了道路。电脑计算有能力同时运行两种过程——在一个固定或随时改变的岳素空间中随机生成并同时系统性处理数据组。这使电脑计算非常适合用来探索系统在自身材料限制下的性能。不仅如此，持续为形体生成过程提供不同的电脑分析信息，让我们能直接将个体发生学——一个生物结构改变的历史过程——同外界的力和能量间的互动建立直接的联系。换句话说，材料特性和形态特点会由迭代反馈回路得出，而这个回路会不断处理材料系统与静力学、热力学、声学、光学与其他学科间的互动。这与现今主要电脑设计方式中不顾建造能力限制，探索所有设计空间，而后再根据经济能力进行合理化的设计方法完全不同。这种设计方式利用电脑识别并利用材料系统的特性，而不是只注重于其形态。这使设计师可以将材料系统看做一个由多个变量和不同设计需求相互平衡、协调的结果。这些设计结果通常都会对系统与外部环境的互动作出考虑，并对系统的环境调节效应和所使用的材料和材料使用方式作出直接联系。因此，人们不必再依赖于通用教科书中有关材料的泛化信息。针对空间、结构和气候环境的设计可以被结合成为一个单一的、全面的设计过程而不是被分割成一个由不同工序或学科组成的多层次工作流程。这种根据材料系统理论的建筑设计方式使设计过程发生了根本的改变，也使我们不得不重新审视一些现有建筑惯例中存在的根深蒂固的理念。

约翰·沃尔夫冈·冯·歌德（Johann Wolfgang von Goethe，1749—1832年）在他有关形态学著作中提出了完形（gestalt，或译作格式塔）——物体特定的形状——与构像（bildung）——一个特定形状的发展过程——间巨大的区别。从某个角度上来说，完形就像是物体在空间和时间上某点的缩影。因此，材料完形的复杂形态必须与其形态形成这个持续不断的成形过程一同研究。我们必须明白，自然系统的完形与其成形过程是天生不可分离的，但目前为止仅有几位建筑师和工程师能够设计和建造这种成形过程和建造过程一体化程度相对较高的建筑。他们的作品与那些表面相似，却在设计方式上有着根本区别，所谓的先锋派设计相比，更像是本书中作品的先例。其中，弗雷·奥托的作品让我们非常感兴趣，特别是他在斯图加特大学的特殊研究小组——“自然建设”（Natürliche Konstruktionen）小组的研究成果。他认为，“通过对形体发展过程条件的了解，我们可以对形态在各个步骤间的分化进行观察，并同时考虑建筑设计——也就是对建筑成品的设想——和建造过程——也就是对物体的制造”（1990年，Gaβ，2—4页）。这在建筑研究历史进程中起着一个转折点的作用。弗雷·奥托提出了“自构像”（Selbstbildung），也就是自我成形的过程。这在他的大多数对膜、壳和其他系统的试验中都有所存在。“自构像”概念是针对系统在外界所施加的力与内部由材料产生的抵抗力共同作用下所自我形成平衡状态时所产生的特定形态。换句话说，设计师只需设定数个关键参数并输入材料特性，之后便可允许材料系统通过转变自身形态自我生成平衡状态。弗雷·奥托将这种设计方式称为找形，与现今的定型设计方式有着天壤之别。

因为弗雷·奥托的主要研究目的在于发展大跨度轻型建筑时提高系统自重与承重能力间的比例，他常用找形来推断结构的整体外形。而本书中的作品希望可在两点上对弗雷·奥托的成果进行更深一步的研究：[i]如何进行更高层次的找形，例如每个局部构件的找形；[ii]如何增加设计条件的数量并最终达到一种多目的、性能多、通过平衡多个功能性需求拥有多个平衡状态的设计。下面几段会解释一个相关的设计过程：材料系统的电脑形态形成过程。

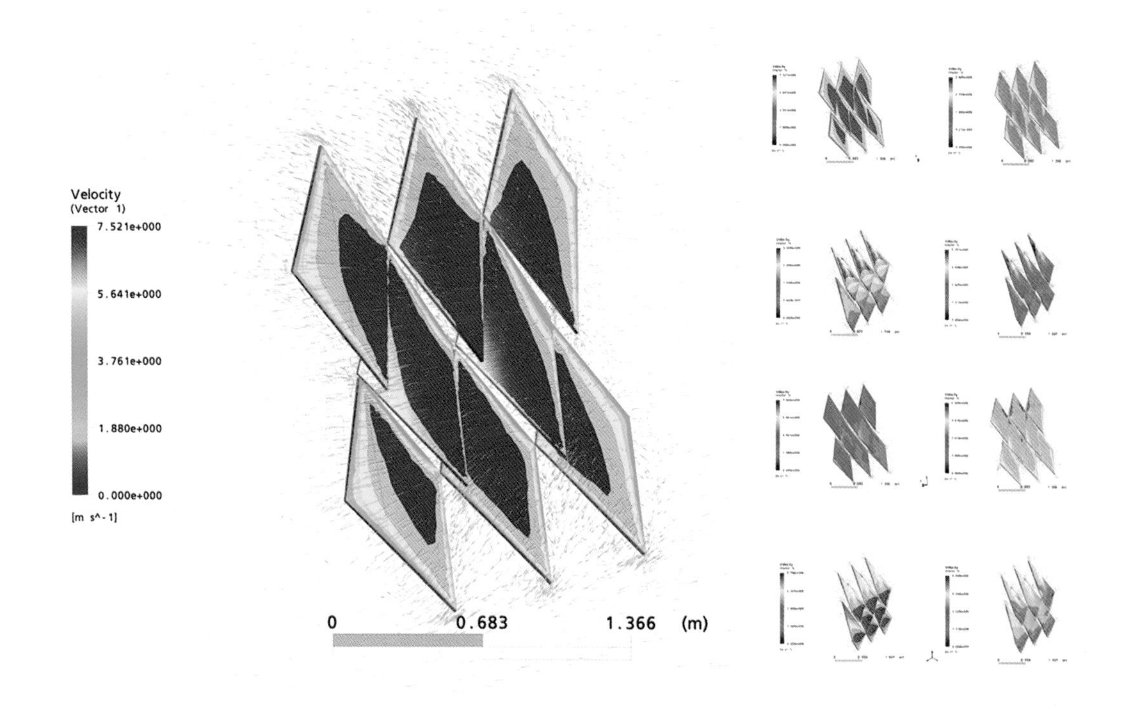

2.5

流体力学分析对膜顶不同区域中的压差和气流加速进行的分析与调查。2006—2007年，新兴科技与设计小组与布罗·哈普尔德公司合作。

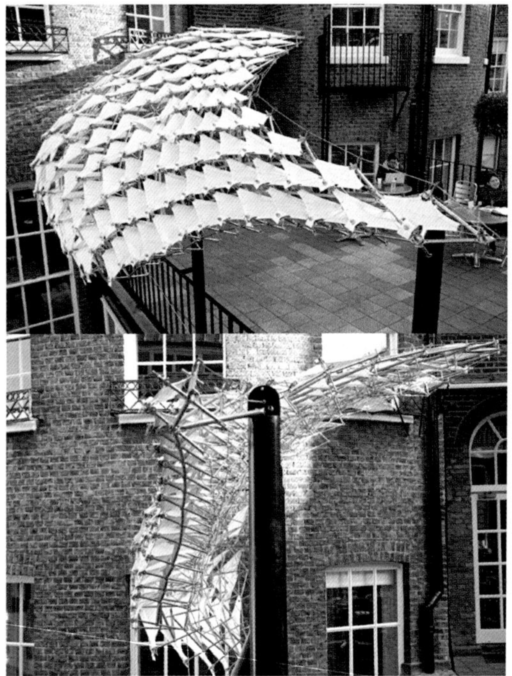

2.6

AA膜顶的组装过程。2006—2007年，新兴科技与设计小组与布罗·哈普尔德公司合作。

2.7

AA膜顶在不同角度下的样子。下图展示的是一个意料之外的功能，对清晨低角度阳光的反射。2006—2007年，新兴科技与设计小组与布罗·哈普尔德公司合作。摄影：2007年，苏·巴尔（Sue Barr）。

2.8（对页）

钢构件和膜构件的近照。2006—2007年，新兴科技与设计小组与布罗·哈普尔德公司合作。

2.9（左）

AA膜顶在2008—2009年冬天大雪中的景象。摄影：2008年，托拜厄斯·克莱因（Tobias Klein）。

电脑形态形成过程

电脑计算设计是一种一体性的设计方式。它允许对材料和结构中各种复杂性能的使用，而并非仅仅建造一个特定的形态。由现今主流的电脑辅助设计（CAD）转变为计算设计的过程让我们对电脑资源的利用方式有了极大改变。电脑辅助设计绝大部分基于非常普及的建筑设计表现技巧，如绘画和建模过程[2006年，特兹蒂斯（Terzidis）]。而电脑辅助设计与计算设计最重要的区别之一在于电脑辅助设计中形体与信息间的关系受到主观控制，但计算设计将这个关系客观化，并因此允许材料特性和相关成形过程的概念化（2006年，亨塞尔和门奇斯）。在计算设计过程中，形体不是通过一系列绘图或建模过程决定而是由一系列算法、规则组成的进程生成。随后，我们必须将算法所处理的信息与生成形态之间的关系客观化，系统化地在过程、信息和形体之间进行区分。这样，任何形态都能被理解为一种由系统自带的信息和外部影响在一个形态形成过程中互动的结果（2008年，门奇斯）。

在电脑建筑设计短暂的历史中，形态形成过程几乎已经变成了陈词滥调。大量设计师只将“形态形成过程”作为一种比喻使用。但这并没有阻止我们深入研究自然形态形成过程所含的强大原理，并逐渐将其转变为一个完整的电脑设计过程。因为我们无法将一个材料系统的特性完全从它的形态形成过程中剥离出来，我们不会将这个设计方式以一种泛化的方式展示。我们会以建筑联盟学院的AA膜组件结构为例。这个项目的目标不仅是要作为一个用来探索和综合数个研究课题的大型试验，它也是一个建筑联盟学院所委托的建设工程。

2.10

位于智利，巴塔哥尼亚，科塔克房地产（Hacienda Quitralco）的观景台和围护的1/10模型。2006—2007年，新兴科技与设计小组与布罗·哈普尔德公司合作。

在2007年夏天，新兴科技与设计课程硕士学生与著名工程公司布罗·哈普尔德伦敦分公司的结构工程师们合作发展、设计并建造AA膜组件结构。这个项目的起始点是一份建筑联盟学院中一个平台天棚所有不同需求的概要。我们针对这份概要、其所在地点建筑环境与建筑过程中可能出现的局限进行了详细的分析，并由此形成了一个包括各种性能基准的列表。这些信息对设计空间造成了以下限制。

所建的天棚与周围建筑间的连接点只限于三个已建成的圆柱。在进一步检测后，我们发现圆柱的基点只可承受极小的弯矩。这对天棚阻挡横风和横向雨水的能力非常不利。除此之外，天棚虽然需要提供足够的防风与防雨效果，但却又需要较多的孔隙以减弱横向风压，同时也为了不阻挡对朗·赫伦（Ron Herron）著名膜顶的观赏。不仅如此，因现有基础结构较弱，天棚的组装不可使用吊车或脚手架。这极大地限制了整体重量和单个构件的尺寸。最终，由于预算的限制，材料系统必须使用常见且廉价的库存材料，并依靠学校车间的非熟练劳动力进行加工，只有膜材料的剪切与钢构件的镀镍由专业生产厂家处理。

为了日后对系统的发展与分化，第一个重要步骤是确定系统的参数、层级以及依赖关系和变量范围，并将其植入用来定义此系统的属型数据库。丹麦基因学先驱维尔赫姆·路德维希·约翰逊（Wilhelm Ludvig Johannsen）发现了属型（Genotype）与表型（Phenotype）在生物发展学中的巨大不同之处[2002年，迈尔（Mayr），624页]。属型由不变的基因信息组成，而表型则是由发展过程中个体与其特定环境互动所形成的完形。而个体的完形与其基因所决定的完形间最大的分化量则被称为表型可塑性（phenotypic plasticity）。

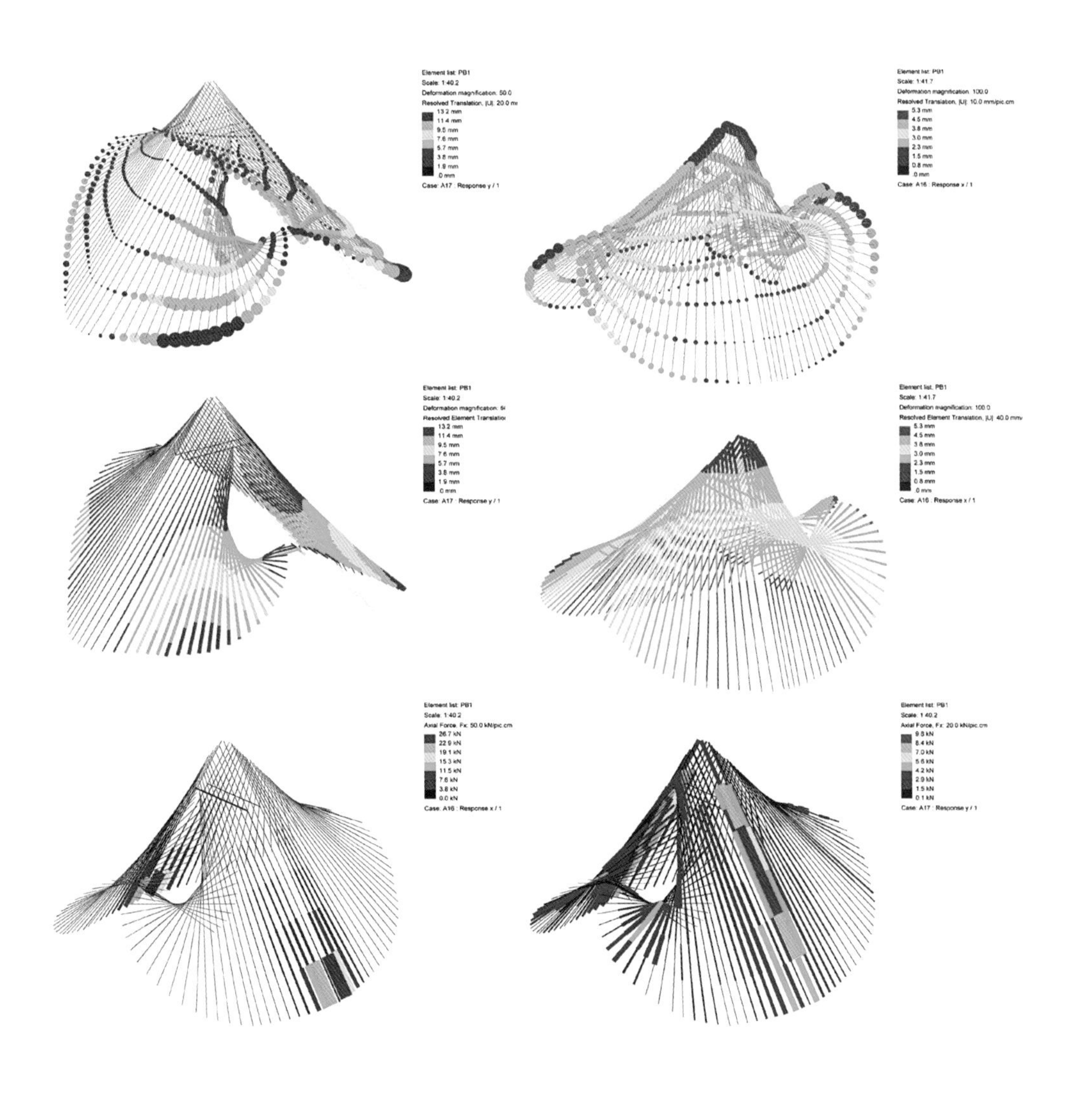

2.11

针对在地震力下的观景台和围护的结构分析。2006—2007年，新兴科技与设计小组与布罗·哈普尔德公司合作。

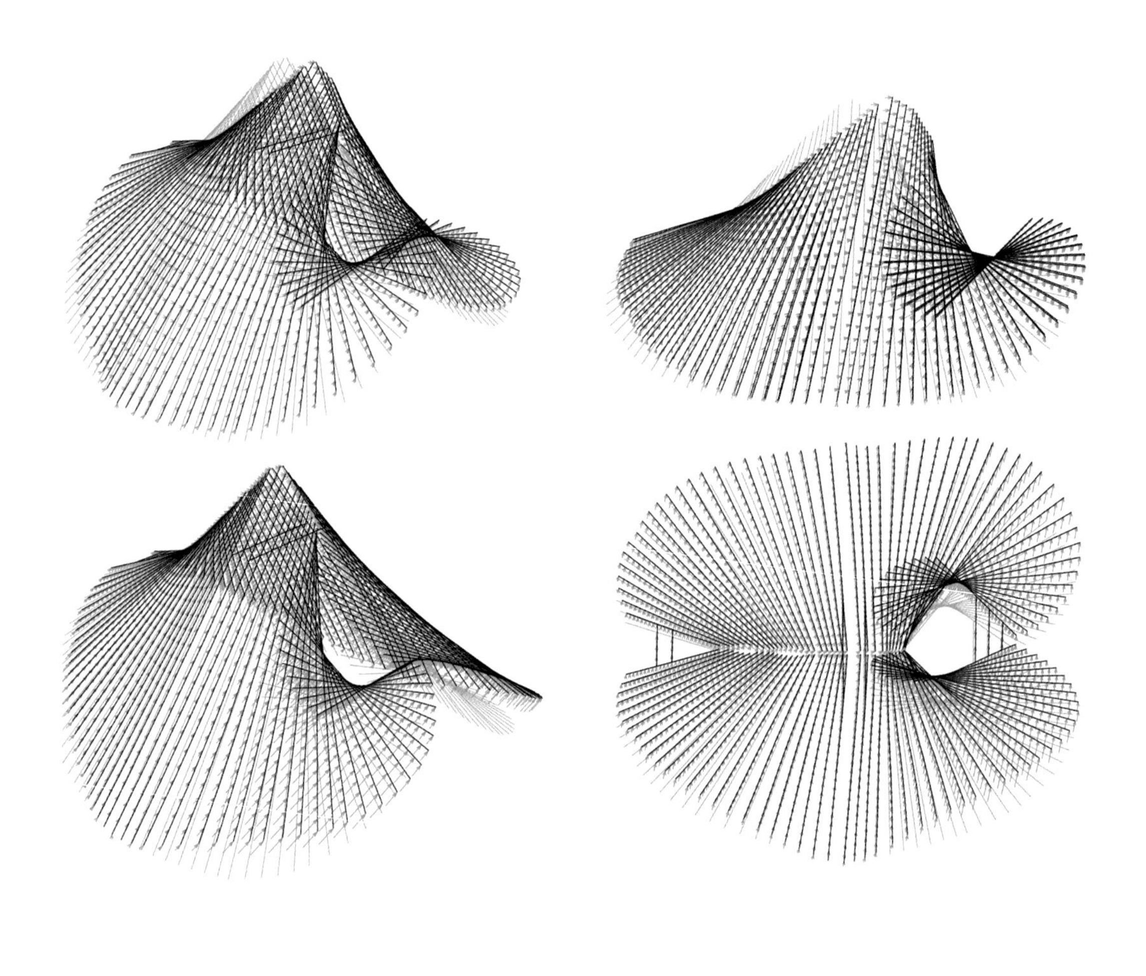

2.12

观景台和围护在地震运动中的位移分析。2006—2007年，新兴科技与设计小组与奥韦·阿鲁普工程顾问公司（Arup and Partners）合作。

首先，系统的基础组成部分和可变系统部分需要被确定。因先前提到的限制，此项目材料系统的基础组件为：[i]一个由简单电镀钢管组成的架构；[ii]边缘上作为抗张构件的钢丝；[iii]膜组件。在整个结构中，膜片作为结构的主要抗张构件提供了相当一部分的承重能力，同时它也是系统的表皮。这里必须重申，材料系统不再是标准建筑系统和其构件的衍生物，而是设计过程中一系列生成过程下的产物。这需要我们理顺一些生成材料系统时所使用的电脑设置。

首先，我们需要设定整个材料系统的几何形态。更准确地说,我们需要设定系统形态中的一些特性。而设计师则需要监督电脑模型的设置过程。这个模型并不是利用笛卡儿坐标（Cartesian coordinates）系统来定义其形态，而是利用一个在与系统特性一致的前提下允许模型进行变异的机制来定义其形态的。所以，膜组件系统在之后的发展步骤中均以测量材料系统的固有特性为目的，特别是由构件的用途和限制所决定的材料性能范围。而这种定义使每个构件可以根据其所在位置的特定需要进行分化。

组件的参数化需要大量对系统固有限制的物理测试。先是针对膜组件的自成形现象与膜组件和框架连接点位置间的关系进行研究。根据锚点的相对位置，经历过预张拉的膜材料会形成不同形状。但是，在一个特定的参数范围中，所有形状中的一些特征是共享的，如：它们全部都是有着负高斯曲率的双曲抛物面。换句话说，定义参数的变化（在这里，定义参数是指由钢框架决定的双曲抛物面最高与最低点坐标间的相对距离）会造成各种作用力和膜材料形状间平衡状态的改变。而钢架的各项参数则根据膜材料的需求而产生。这是因为钢架的形态受到膜材料自成形过程的限制。为保证膜材料对整体结构有所贡献，钢架必须避免膜产生褶皱。也就是说，能确保膜材料承受足够大的拉力。除此之外，受压构件本身也有其他的固有缺陷，例如终端关节角度的最大偏差值。不仅如此，因钢管受生产工艺和重量的限制，直径只允许从16毫米到22毫米。而且为避免局部屈曲的发生，每根管子的最大长度也都要受到其所承受的压缩力限制。

“组件”这个概念不仅结合制造过程中的潜能与限制、自成形的能力和材料所造成的局限，它也需要预见一个集合体的组装过程。这意味着我们必须对这个集合体也作出考虑。与构件的定义相似，构件与构件之间关系的定义将拓扑的精确度[1987年，温夫（Winfree），253页]放在测量精度之上，也就是说，材料系统的装配主要由构件的间隔和邻接这种拓扑关系来定义而非固定尺度，欧几里得几何中的长度、角度和面积。在欧几里得几何中，构件或点间的关系，也就是点与点之间相对间距的大小是通过固定的长度和距离来衡量的。但是，在拓扑空间中距离无法表示间隔，因为间距并非是固定的。这种拓扑可以被延展或缩放，却不影响其点或构件的基本特性。而这些通过大量电脑与物理模型得出并验证的因素综合产生了一个系统基础组件的属型定义。系统构件的相关材料特性、自成形能力、几何特性、生产限制和组装逻辑被形容成一个在特定可变范围内存在的互助共存关系。在这些界限之内，利用联合性几何计算可允许构件的变形。这样，我们便可以编辑出更为复杂且更能适应环境并跨越不同层级的系统联系。

多样一体

在电脑形态形成的过程中，属型的定义展现了一个表型的性能材料系统。这需要通过系统自身构件在多个功能需求下的多样一体化才可实现。这包括单独系统的发展过程和大量系统在经历多世代后的进化过程。电脑模拟生长过程可因系统种类与设计策略的不同而大为不同。无论如何，这种过程最常见也是最适合的使用方式还是针对一组构件在多个生长环节中逐渐增多。在此过程中每个构件在每一步都会被完全重新生成，而非简单地将一个构件放置于另一个构件之上。在这种迭代的构象（buildung）过程中，每个构件和组件根据它在系统中所处的位置来计算和适应性能上的相应需求，并生成自身的形态。为了生成这种表型的性能组件，计算生成过程需要各种不同的模拟与分析工具。这些工具不仅仅是为了为系统互检以不超出自成形能力的极限，它们使得对迭代过程必不可少的分析与评价循环成为可能。如此一来，系统的完形（gestalt）便能在一个模拟环境中于形体、材料和结构间的相互影响中形成。

结构分析的评估与不同的生成模式[2007年，佐佐木（Sasaki）]在这个过程中均扮演着重要的角色。根据系统预期的环境调节能力，形态发展过程需要与适当的分析工具经常进行连接。例如研究热力交换关系和光声分析的多物理场（multi-physics）电脑流体力学分析。但是，必须说明的一点是，电脑流体力学分析只可提供真实环境中复杂热力交换关系的一部分。没有任何电脑模型有能力对热力交换关系进行完全的模拟。尽管如此，模拟的目的并非只是对信息的详细预测。其主要目的在于发现性能的倾向和规律。因此，这种工具对设计的贡献是巨大的。

通过进化过程，我们可以完全探索被表型可塑性中不断变化的变量与界限所圈画出的设计空间和系统性能的发展过程。同参数生长过程相似，进化计算可以提供多种使用生成过程和性能衡量过程的方法。进化过程、参数生长过程，所有类似过程都有几个共同点，如对进化动力学中的组合、繁殖和利用遗传算法对潜在属型数据库的变异，并最终执行挑选步骤。整个系统与其所有构件的持续进化都是通过一种无目的、随机的形态形成过程生成。而每生成一个世代之后，声称结果便会受到排名和筛选。而这种针对适应能力的评估只针对表型这个级别。

根据本书中的设计理念，我们必须强调电脑计算对适应性评估和进化设计过程并非绝对必要。它与使用物理模型或原型体来对材料系统进行定义的方法一样，对系统性能的分析与评估也可用实体实验展开。而我们本身也一直在实物模拟和电脑计算这两个分析模式间进行转换，而不同分析模式的使用可以导致我们重新看待并改变性能分析的标准，甚至改变系统中的一些潜在定义。

性能

电脑形态形成过程可以被形容为是一个持续不断的分化过程。因复杂的环境条件和多样化的功能需求，构件的形态和功能上的分化会逐渐增加，并逐渐展现系统的性能。在建筑联盟学院的AA膜顶项目中，这意味着每个膜组件的特定形态需根据其在整个系统中的所在位置来决定。电脑分化过程在三个不同的等级上运作：[i]组件和依附于其上的其他构件所构成的等级；[ii]由多个组件构成的子系统等级；[iii]整个系统的配置。每个等级的生成均将多种不同分析工具产生的回馈和持续不断同限制的互检加入考虑范围。因此，形态形成过程允许多个不同的甚至相互矛盾的设计基准共存，并能对它们进行平衡与调整。这个过程同时也能利用材料系统所固有的特性。例如，一系列发生在设计过程中的，由布罗·哈普尔德公司工程师所执行

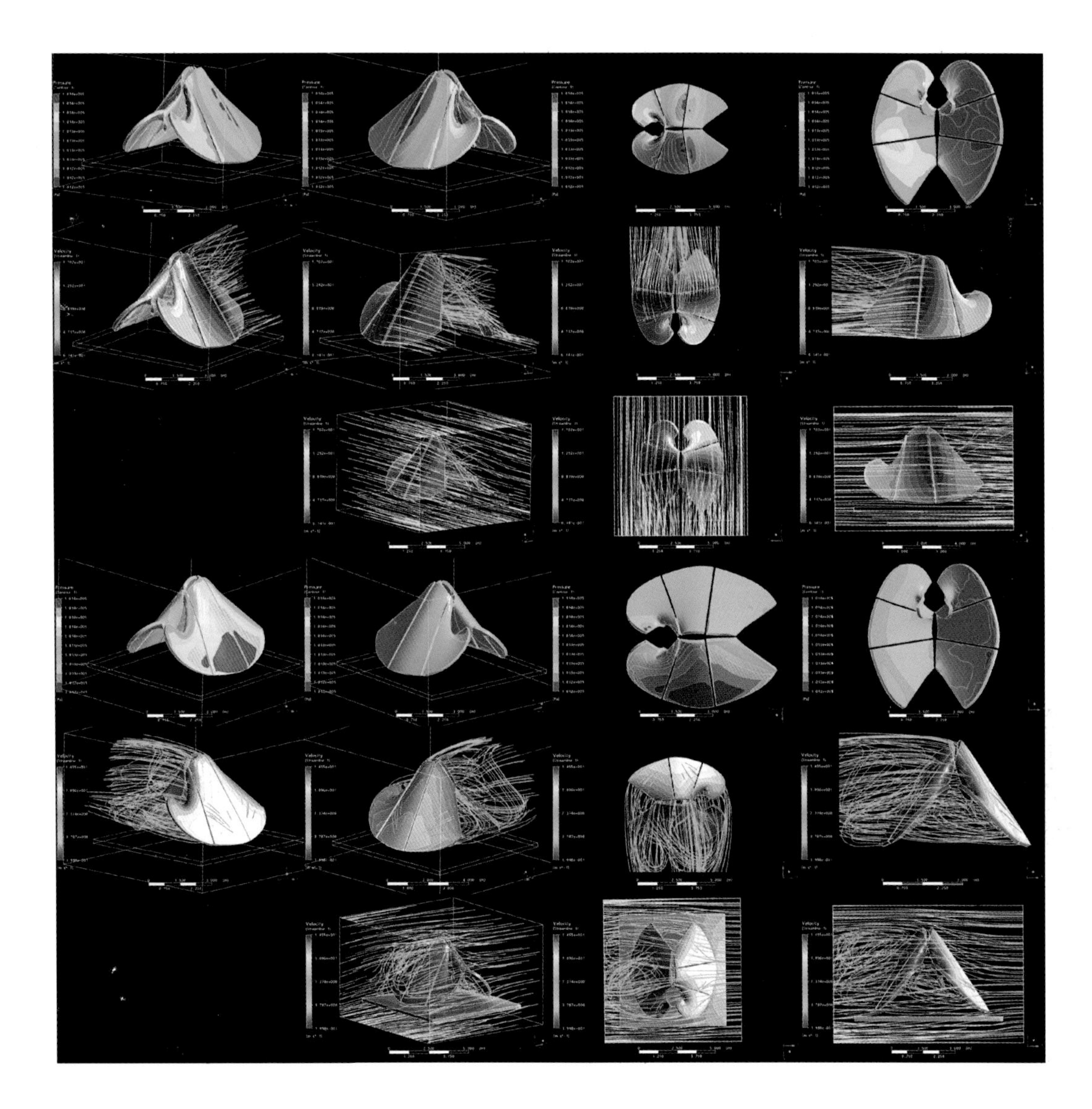

2.13

观景台和围护的流体力学分析。前三行根据南风，下三行根据西风。两种风向之下，第一行是对围护上压力区的分析，第二行是选择性针对一些流线的气流速度图，第三行则是所有流线的气流速度图。这些分析帮助决定横向荷载和围护内部的通风状态并将其作为设计输入。2006—2007年，新兴科技与设计小组与布罗·哈普尔德公司合作。

2.14

建于2007年，位于智利，巴塔哥尼亚，科塔克房地产（Hacienda Quitralco）的观景台和围护的建造过程。2006—2007年，新兴科技与设计小组与布罗·哈普尔德公司合作。

的有限元分析将建筑形态中受到预张拉的膜构件也包括进了系统的承重能力中，而不仅仅是将其作为桁架上的外皮。同时，我们也针对整个系统和局部组件空气动力学特性进行了迭代计算流体力学的测试。根据分析工具对降雨时系统的反应和相关排放过程进行的模拟，程序可根据所有的需求精确调整膜构件间的空隙。这可尽量减小风压，同时避免局部风速因膜构件间的孔隙而增快。而影响系统的另一个重要因素是在不同季节、不同时间膜顶对阳光的遮挡。而这方面的设计目标则是为了让露台的遮挡部分和暴露部分达到由冬至夏不停地互换交替这个目的。

总而言之，真正的形态或功能分化需要相关的设计与评估基准及它们的等级和重要性等信息，并在材料系统逐渐进化的同时对这些信息进行收集和反馈。而同时考虑多个变数的影响（它们在分化过程中需经历取舍和平衡）、灵活可变的重要性分级系统、不断进化的评估基准，这些需求都极大地展现了电脑计算工具的潜力。与其将单目的优化作为目标，电脑计算可以作为一种用来整合不同方面参数的方法：整合系统材料、生产方法与组装过程中的天生限制和系统与各种外力或外部影响间互动的结果。

在AA膜顶这个项目中，这种一体化的方法造成了一系列互不相同，且相互重叠，仅拥有三个支撑点利用悬臂搭建的膜组件结构。生产所需的信息可以从电脑模型中的资料组中直接提取，600个形态各自不同的钢构件由学院工作坊制造，而150件互不相同的膜材料则由专业厂家用机械剪割并标注，其后由伦敦时装学院（London College of Fashion）完成组装。其结果是一个由相互重叠膜组件组成的结构，虽然为露台提供遮掩却又有足够的空隙以避免过大风压或影响对伦敦楼顶景观的欣赏。不仅如此，形态形成过程的一体特性与单目的优化相比使结构极其耐用。从建成开始，这个膜顶已经承受住了蒲福风级（Beaufort wind scale）中烈风级的强风和极大量的降雪。这两点都不在原设计的考量以内。整个结构在短短的七个星期中从发展、设计到生产与组装完成，这充分体现了电脑形态形成过程这种一体性设计固有的优势。

性能

尽管所展示设计的思路需要大量科技技术，但从以上对电脑形态形成过程的描述中亦可以清楚地看出，其使用范围决不限于新型的材料、繁杂的生产过程或昂贵的预算，而以下的项目便可证明。该项目也使用以上所说的电脑计算方法，但使用的却是极其平凡的建筑材料和极其有限的生产科技。建筑地点也是位于世界最偏远的地区之一——巴塔哥尼亚。而其项目主要的花销在于对材料系统的重新定义，和其他类似的智力投资和与其相关的计算过程。这种设计观念可在缺少资源的情况下持续运作。它体现了复杂性和与其相关的性能特性完全能由简单的材料构件与生产过程通过不断的进化和分化而形成。

这个项目包括一个观景平台和屋顶的设计，建造时限是一个星期。工人都是新兴科技与设计课程的学生，而具体位置则是位于智利的巴塔哥尼亚的科塔克峡湾（Quitralco Fjord）中属于科塔克房地产的一片土地上。

偏远的地理环境对材料系统造成了非常严重的限制：现场只有一种当地生产的木板可以作为建筑材料使用，而加工工具也只有一台链锯。项目由一个建于筏式基础之上的通用平台和屋顶组成。屋顶是由两个以等宽直木板形成的直纹面组成。将基础计算的定义限定于所谓的直纹面是为了应对当地生产木板的外形、可用建造方法和现场施工人员对木工建设的了解程度等种种限制因素。直纹面是一个可以通过横向移动一条直线所形成的表面。这意味着这种表面可以用直构件组成，如直木板。但是，木板的宽度与厚度意味着它们需要微微沿纵轴弯曲。其实这并不是一个问题，因为木材拥有天然的纹理，而纹理则会造成木材不同方向的刚性有所不同。这种刚性上的差异对于这个项目尤为重要（与主要纤维方向平行的弹性模量是与纤维方向成90° 角的15倍左右）。这允许直纹面使用同表面并非完全平行的木板建造。根据与毗连木板重叠部分和连接点的位置，每块木板可沿纵轴微微弯曲。与木板组成的共面体不同，这种建筑方式让每一块木板的加入都会使表面产生特定的曲度。

而接下来对系统潜力的探索包括改变引导线、每块木板的长度和木板之间的最大角度。进化设计过程最重要的设计标准均为基础功能上的需求，如表皮面积与其所覆盖容积的比例，生活空间屋顶的最低高度与观赏峡湾和南十字星的方向。考虑到地点毫无遮蔽且气候恶劣，附加的必要条件包括生活空间的防风和防雨。除此之外，结构需求，特别是对于频繁地震的抵抗能力也非常重要。而单一材料的限制与上述众多的性能需求为电脑设计过程提供了重要的信息。多个世代的直纹面配置被生成并被逐个加以分析。分析结果会输入下一轮的形态形成过程中并对其产生影响。

在最终生成的形态中，直纹面的旋转点沿着一条曲线进行平移，这就造成了一个好似包围自身的表面。这使两个平面相交处形成一个凸起的开口，并使向外弯曲的部分形成悬臂。整个结构由一个A形架支撑。A形架由八块木板组成，并形成平台围护的一部分。这能减少平台与表面间的连接点，减缓潮湿对屋顶木板的侵蚀。而A形架中相互对称并彼此依靠的两块木板则成为围护表面的一部分。木表面的重量、木板间灵活的连接点和微微弯曲的木板使完成的最终结构足以抵挡当地的强烈地震。完工的第二天晚上便发生了数次地震，最强时达到了芮氏五级，但该结构在这次地震中没有受到任何伤害。自2007年春天完工至今，它已经经历了数次地震和暴风雨。这个项目展示了这种一体化的电脑设计方法。它可以在只有极其简单的材料和加工方法时使用，并能产生很高的复杂性及强大的性能优势。这显示继续发展这种设计方法的必要性，特别是于材料极为有限的环境中使用。

最终，我们希望能为整个论题，特别是对于一体化形态形成和制造的概念，及与其相关的电脑形态形成过程的理论框架，作出一个概括。同时我们也希望能考虑到之后几章中所讨论的众多相关的试验研究。我们必须申明，电脑形态形成过程并非是一个万能的过程或是一种设计秘诀。它的存在并不意味着我们能以一段简单的编码和与其相关的数据来生成一栋完整的建筑。相反的是，除了我们所说过的基础及共通的技术和方法之外，每个材料系统都需要发展有关其系统的特定技术，及与系统特有的构成、特性和性能需求相互对应的设置。以下数章的论述针对不同材料系统和其相关电脑计算方法。而这些系统还有另外一个相同之处，它们均对现有设计过程的性质和层级顺序进行质疑并推广非传统设计方式。这种非传统的设计方式允许建筑师充分利用并发挥电脑设计的潜能，而不是简单的设计与众不同的形体之后，再根据可建造性和功能需求对形体进行修改。它提倡的是充分利用建筑本身材料系统的性能与空间品质。而这也强调了建筑设计师的另一个非常重要的角色，那就是对一体化设计过程的使用、控制，及考虑所设计的建筑对环境所能产生的影响。这需要新知识以及对环境的高度敏感性。而与学生一同探索这个领域的奥秘一直是本书所有研究和实验的首要教育目的之一。

2.15

智利，巴塔哥尼亚，科塔克房地产的观景台和围护外部与内部景观。2006—2007年，新兴科技与设计小组与布罗·哈普尔德公司合作。摄影：2007年，德弗妮·孙格若格鲁。

第三章

材料系统和环境动力学的反馈

迈克尔·亨塞尔

时至今日，大部分人类生活在城市之中。这种以人类为中心的生物圈正在快速扩张，估计现在有2/3—3/4的地球生态系统已经受到了人类的影响。随着人类对地球表面大量的组成材料和能量流动进行改变，地球的生态环境也发生了极大的变化，包括局部，甚至全球气候。建筑环境对局部气候的影响极其巨大，所以建筑环境应该得到更多的关注和探索。新兴科技与设计课程希望能提供一个新的探索方向，它并不与现代人类对于自然环境的保护或可持续性发展的理念背道而驰。它所要研究的是通过材料的特性，并根据具体情况、数据和材料的特点与极限来调节环境。刚开始我们会致力于对建筑干预环境能力的研究，但是一系列由迈克尔·温斯托克领导的研究项目正在开始尝试以看待生物代谢的方式对快速变化环境中的城市化过程进行分析。

迈克尔·温斯托克将这个过程描述为“一系列新的研究，其不将建筑看做一个单一不变的个体，而是将它看为由一系列有生命极限的复杂能量和材料系统存在于自然界的其他系统中”（2009年，温斯托克）。他继续说道：

> 从自然系统中我们可以提取生物新陈代谢的模型，并将其用来增强某单一建筑的性能。这使得它们的“代谢”系统适应其内部和外部环境。而一群具有环境智能的建筑可以通过材料和能源的流通联网，组织生成氧气、吸收二氧化碳、固定氮气、收集并纯化水源、收集太阳能、地热能和风能，以此对气候变化进行应对。而只有让建筑成品和其所在自然环境产生更密切的共生关系时，我们才能将这种新代谢形式使用于世界各处。能量无论大小，是所有生物系统所不可缺少的，小至细胞大至生态系统都不例外。而能量的交换与建筑及城市的代谢系统对现代城市适应气候变化的能力同样是至关重要的。
>
> (2009年，温斯托克)

接下来，我们要重点讨论区域性的环境调节和不同气候效应和它们由小至大的分布。这需要我们解释一些不同规模的气候和气候变化过程与它们的特点，而系统性地看待不同尺度、不同海拔所发生的不同气候过程尤为重要。从小气候开始，罗森伯格（Rosenberg）等人认为：

> 小气候是指在地面附近，动物和植物身边的气候。它与大气候（离地几米以上）的主要区别在于各种变化发生的海拔与速度。无论地面是荒芜的还是有植被的，因日照所产生的最大温度变化发生在这里。地面附近最初的几十毫米温度改变极大，而这个区域的湿度改变也非常大。大量的能量在水的蒸发和凝结中交换。接近地表时风速也会大幅下降，其中的动能被传入地面。所以，地表附近因时间和海拔的不同所造成的环境变化是最大且最迅速的。这与地表以上几米以外的气候极其不同。那里的空气混合过程更加活跃，所以气候也更为平和。
>
> (1983年，罗森伯格等人，1页)

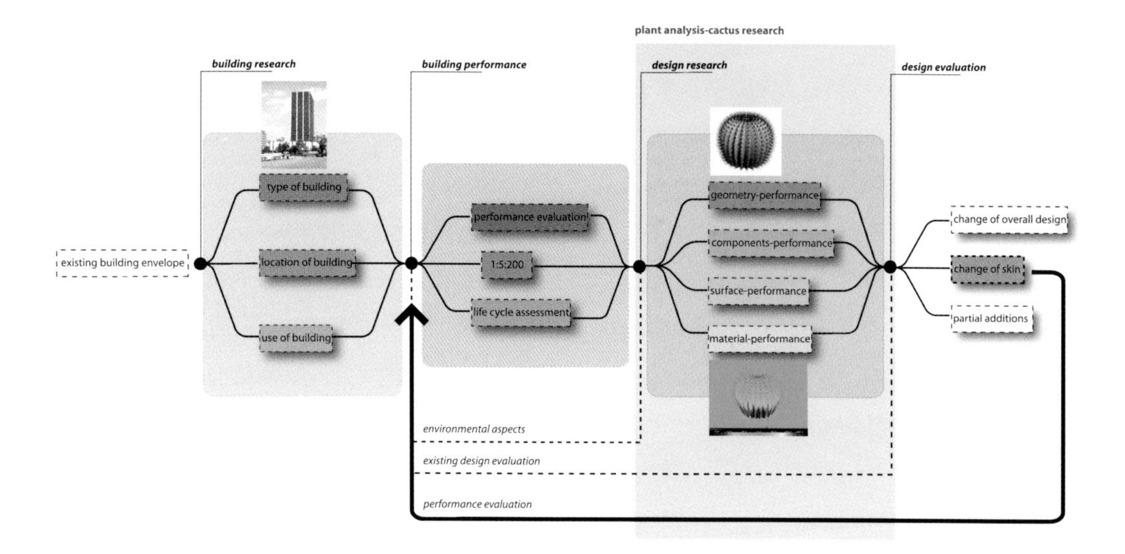

3.1

雅典，比雷埃夫斯大厦（Piraeus Tower）新围护的迭代发展过程流程图。围护设计针对现有建筑的相关功能信息，利用有关设计研究的成果并最终运用于形成一个迭代设计并对其进行评估。参见2005年10月，蒂迪斯·多瑞达斯（Ioannis Douridas），理学硕士论文。

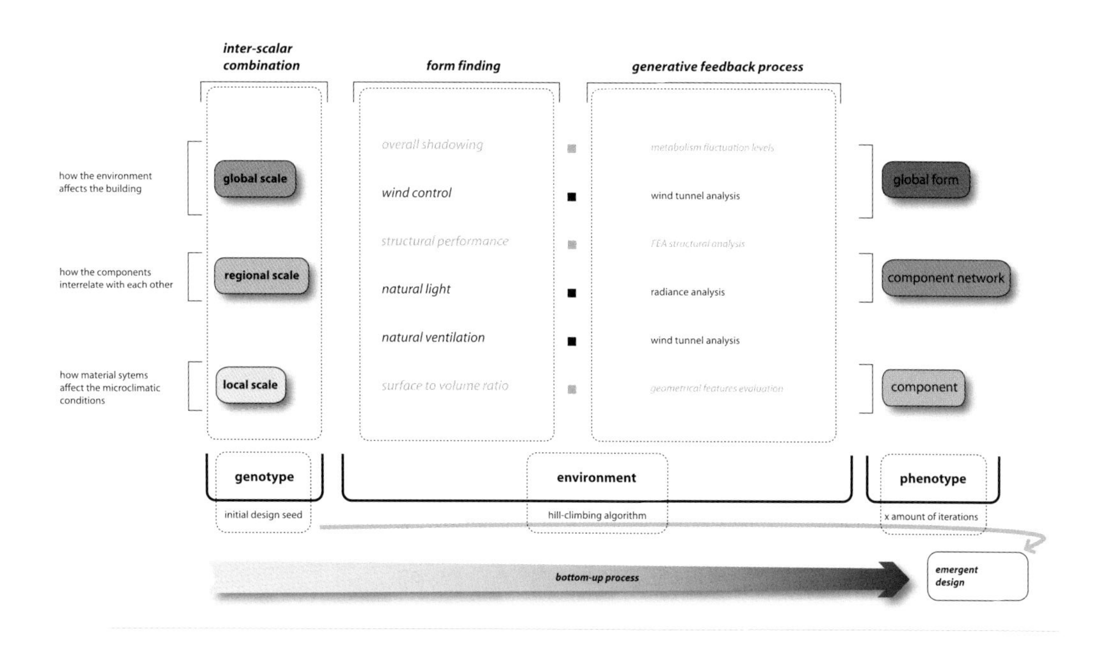

3.2

图表描绘一个基于“爬坡”算法的电脑设计过程和新围护的组件、组件网络和整体形态中的关键参数。参见2005年10月，蒂迪斯·多瑞达斯，理学硕士论文。

小气候受到材料表面特性和材料本身特性的影响。它对建筑环境的重要性能从城市热岛效应中体现出来。因为大面积的地表被热质高的材料封闭，城市局部温度可以比正常温度高出3—4℃。虽然受到空气混合的控制，但其存储和反馈的热能已经超出小环境的控制范围，并对自然环境造成了明显的影响。除此之外，虽然对小环境定义的理解能帮助我们了解不同的横向气候层级和这些层级间的互动，但建筑物一般会高出小环境的影响范围。只有了解其他定义后我们才能使小环境对建筑设计做出帮助。而这些定义需要详细解释各个气候层级之内和之间的各种联系及这些层级在不同时间段的变化。

蒂莫西·奥克（Timothy R. Oke）认为地表与其大气交换能量最远的限制在大约1万米的对流层。但是，这种互动只存在于某些时间并发生在大气边界层的较浅处（1987年，奥克，3—4页）。蒂莫西·奥克认为：

> 这层最大的特点是由地面和空气间摩擦力所造成的空气混合（空气乱流）和地面加热后空气的局部上升。而大气边界层的高度并不是一成不变的，它的高度取决于地表所造成空气混合的强度。白天，地表温度高，空气上升进入较冷的大气。而这种强烈对流会造成边界层向空中延伸至1—2公里。晚上则相反，地表散热快，大气向地表散发热量。这样就会减弱对流的效果，并使边界层收缩至100米以内。这种效果在实际情况中有时会被大范围气候系统所改变，这种大范围气候所产生的风和云纹与地形或热对流并没有什么联系。
>
> （1987年，奥克，4—5页）

奥克继续说明在模与海拔由高至低的各种不同气候层级。[i]表面乱流层，最高50米，“激烈的小型乱流，由表面凹凸和对流造成”；[ii]粗糙层，离物体有一段距离，大约在其本身高度的3倍左右。其特点为“不规则，受到物体本身外形的影响”；[iii]边界层，为“直接与物体接触，无乱流。最高只有几毫米厚，完全贴敷于物体表面，并在表面和其他更具扩散能力的层面之间做隔离作用”。（1987年，奥克）

因高层建筑跨越多个气候层面，这会使其受到更多不同气候层的影响，所造成的气候系统非常复杂。如果建筑围护多孔并能让内部空间与外部空间进行交流，其气候系统复杂程度又会增加。孔洞虽然使气候层对建筑的影响更为复杂，但它同时也给予设计师一个尝试打破传统观念，建筑物必须实施完全封闭的这种根深蒂固想法的机会。使建筑从一种与外部完全隔离的室内气候空间转变为一个由内到外的气候过渡。它同时也要求一个设计师必须充分考虑建筑与其所在地区的局部气候和不同气候层之间相互作用的关系。虽然对孔洞建筑的研究还尚未开始，但是对建筑与气候和不同气候层之间影响的探索却已经逐渐地展开了。新兴科技与设计课程本身就有数个针对此类课题的研究，包括建筑形态、围护、材料系统和组件对环境调节的帮助等等。这种研究也包括材料系统和环境的双方向交流与信息反馈。

此课题的研究方法是由对自然系统和其

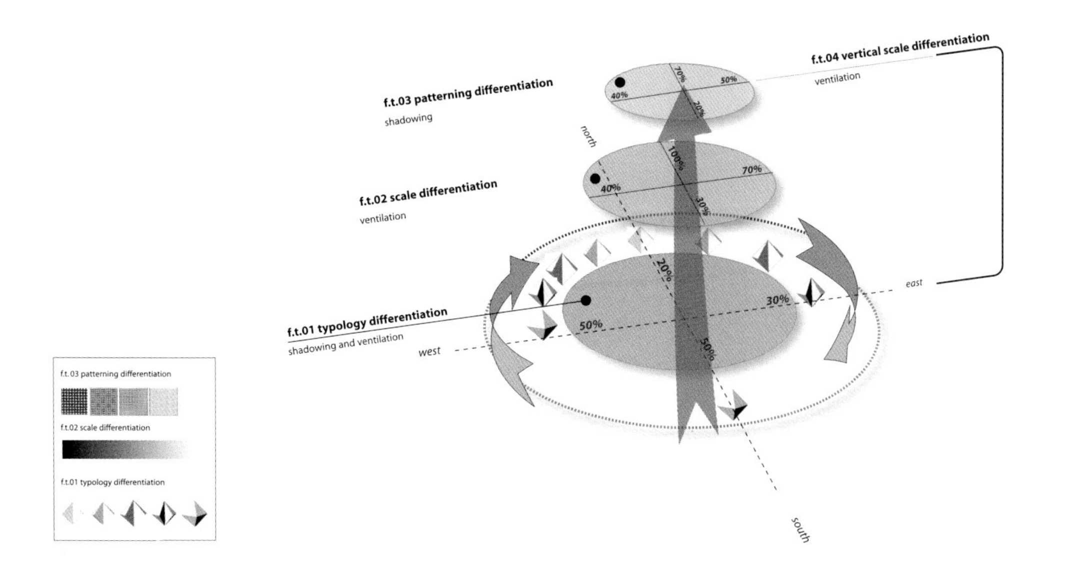

3.3

围护的多样化程度同其朝向和自身遮阳能力与自然通风能力间的联系图。参见2005年10月，蒂迪斯·多瑞达斯（Ioannis Douridas），理学硕士论文。

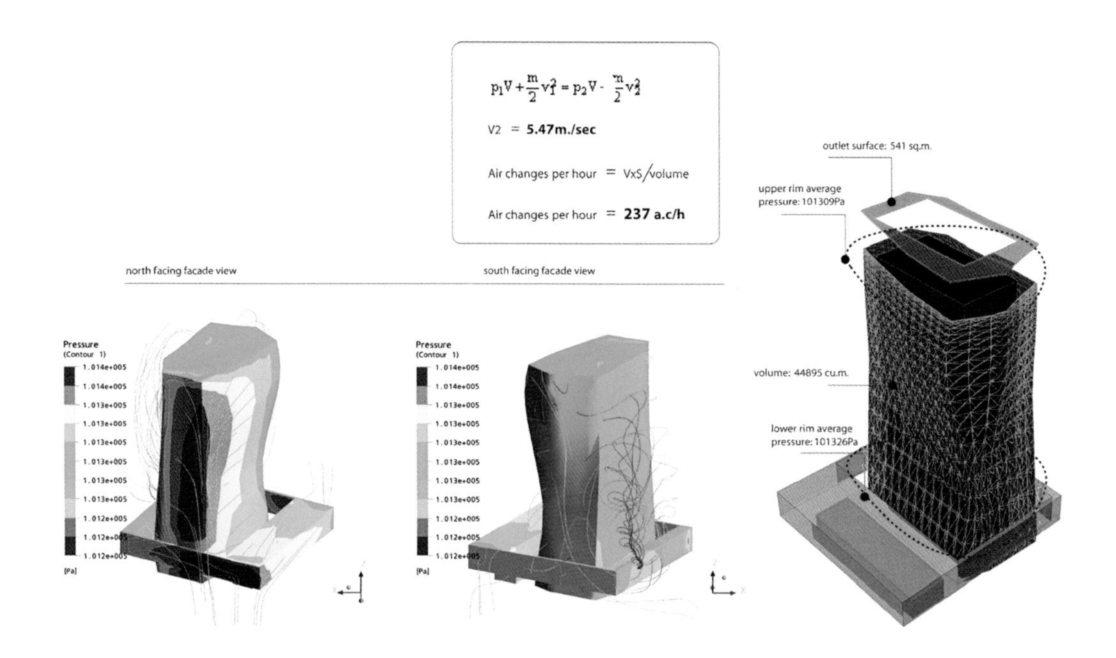

3.4

由迭代算法计算，根据太阳辐射和自然通风能力设计的雅典比雷埃夫斯大厦围护。图表展示生成的多个围护中的一个。参见2005年10月，蒂迪斯·多瑞达斯，理学硕士论文。

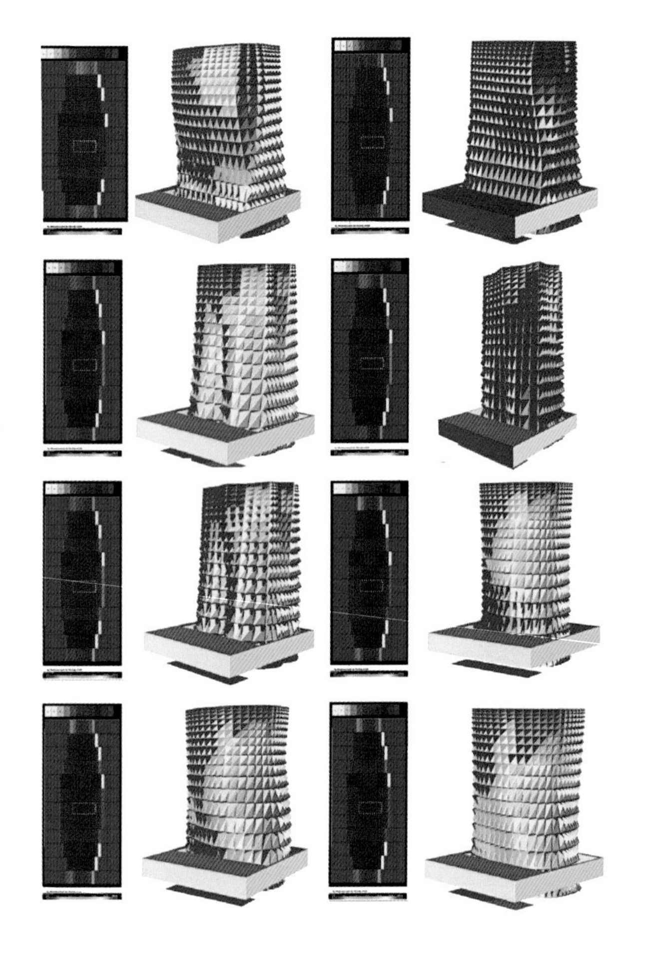

3.5

比雷埃夫斯大厦围护数个世代的电脑生成结果和对结果与一系列环境调节能力基准的对比。这是为了探索整体形态和围护局部细节的自身遮阳能力。参见2005年10月，蒂迪斯·多瑞达斯，理学硕士论文。

与环境交流的研究经验而得来的。这包括对植物形态、其形态对生理机能的影响和形态与环境之间的互动。例如，其中一项研究是关于一种特定的仙人掌，研究的内容包括其所有形态特征，甚至某些极微小的特征。正是这些特征使其通过蒸发和蒸腾作用将流失的水分保持在一个容许范围以内，并达到自身遮阳和改变表面空气的流向的作用。但是，举出这种单一的例子有时也具有很大的误导性。一个生命系统外形并不代表着一个单一目的产物。这种观念只会重复现代建筑和工程上将材料作为独立的子系统，并用其来达成某单一目标的这种错误。与其如此，不如将生物系统的形态和生命系统的材料特性看做一个不能被缩减成一系列单功能构件的功能性系统。这种研究方法让我们从另一个角度去看待建筑的围护——一个用来与环境进行互动的构件。其实，这种想法已经存在一段时间了。

这并不预示着建筑将完全从材料限制中解放出来。多目标的建筑设计是基于材料限制之上的。如同浆细胞作用于包囊细胞组织的细胞膜一样，建筑的围护也是一种多级选择性渗透表面。建筑表面的主要功能在于同施加于其上的动

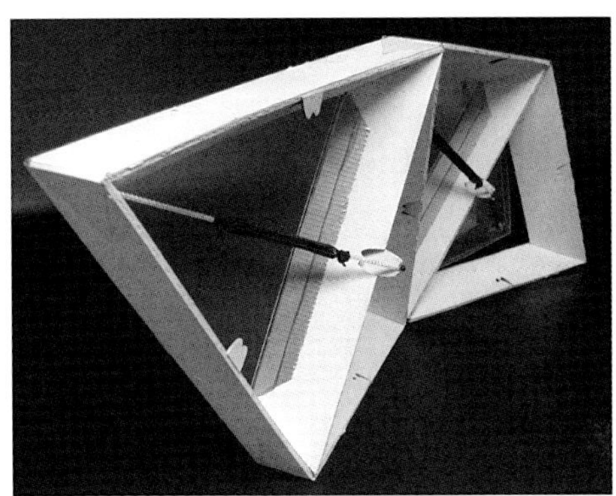
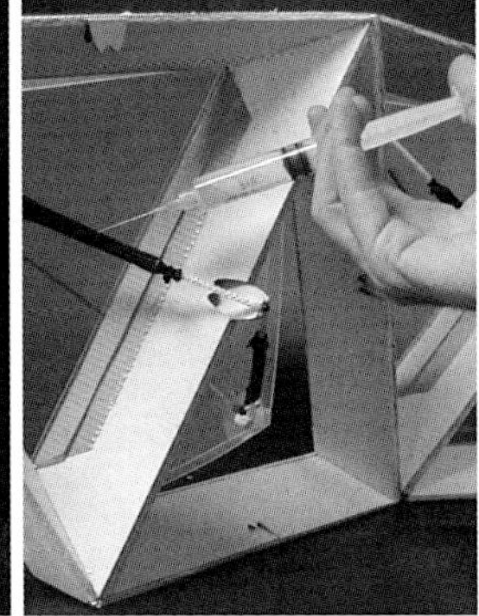

3.6

响应型建筑围护的三个原尺寸组件模型照片。每个组件都有一个对湿度敏感的调节器来控制围护的多孔性，以此避免对附加电子或机械控制系统的依赖。参见2006年2月，胡安·苏贝尔卡素斯（Juan Subercaseaux），建筑硕士论文。

> 能和信息流互动并执行与其相关的特殊功能。不仅如此，简单细胞生物的复杂组织形式提供了一个如何将建筑中的不同功能与其所含组件一同研究的例子。从几何形状与结构开始……通过对材料中的各种变量的理解。
>
> [1999年，贝蒂姆（Bettum）和亨塞尔]

但是，直到本课程与《形态生物学》（Morpho-Ecologies）同心协力在建筑联盟学院的第4期文凭课程（1996—2003年）中展开相关的研究并为建筑环境和气候间的关系提供一个与众不同的理解方式之前，相似的研究课题并不存在。因此，本书在接下来的内容中将着重论述三个针对这个专题的具体研究项目。

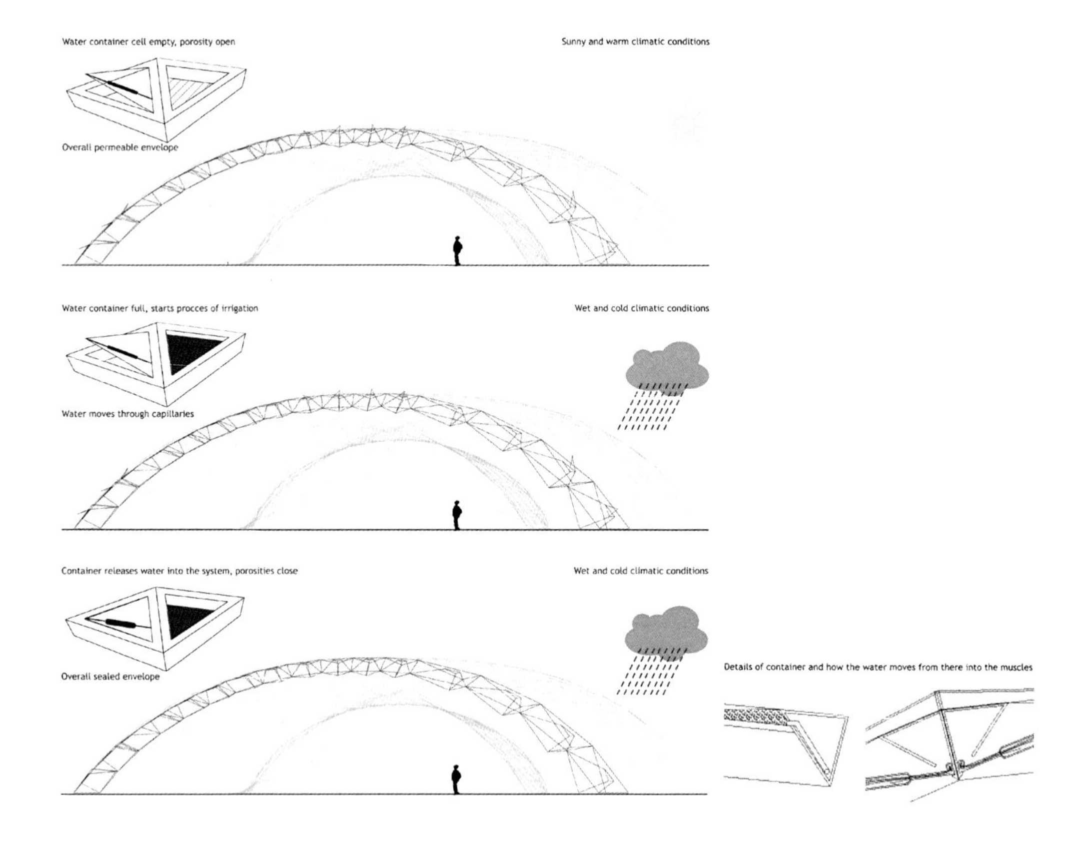

3.7

图表绘制的是响应型建筑围护的三个状态。天气晴朗且温度较高时，储水箱无水，围护为开启状态（见上图）。阴雨天气且温度较低时，储水箱开始蓄水，灌溉过程开始（见中图），灌溉过程最终导致围护关闭（见下图）。参见2006年2月，胡安·苏贝尔卡素斯，建筑硕士论文。

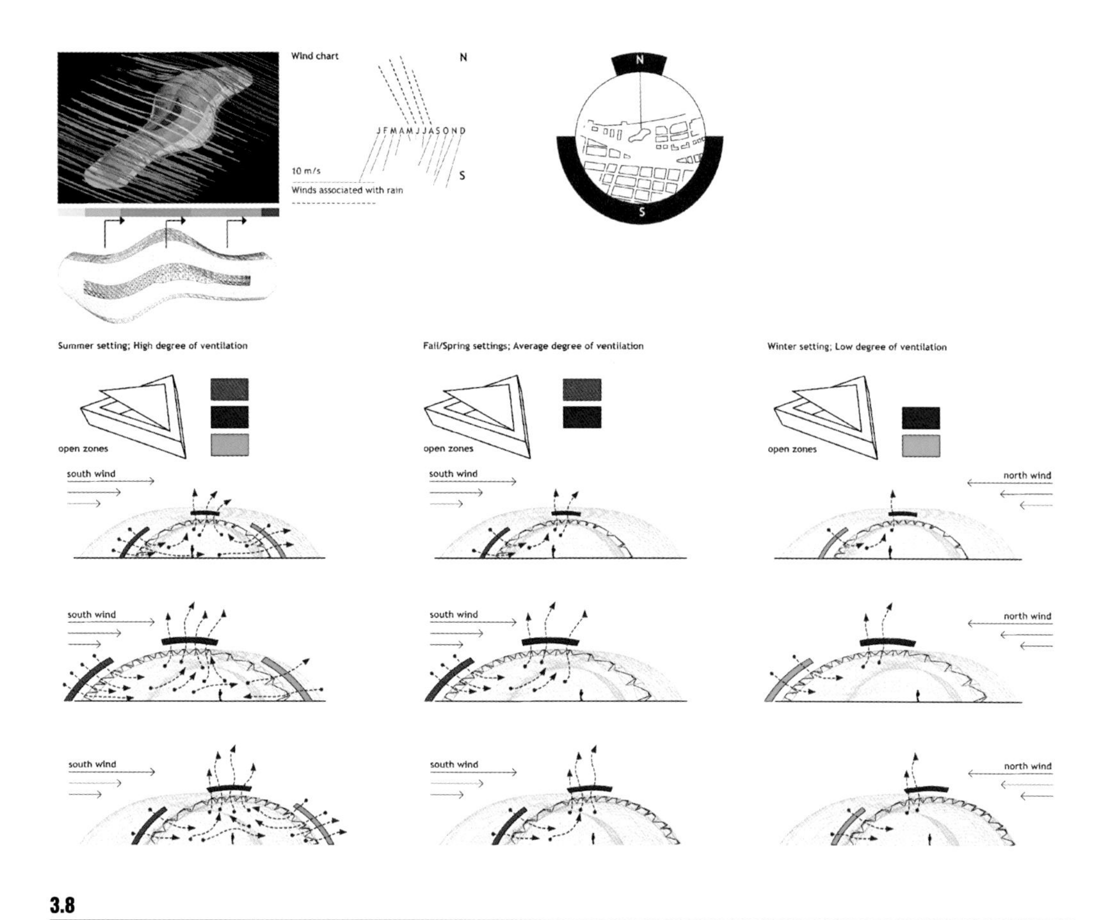

3.8

图表绘制围护在不同季节和不同风向下自然通风的能力。参见2006年2月，胡安·苏贝尔卡素斯，建筑硕士论文。

蒂迪斯·多瑞达斯（Ioannis Douridas）的硕士论文中提到了一种雅典1970年代建造的，无法适应气候的中高层玻璃幕墙写字楼和他为它们所设计的特殊围护。他希望不用过量的电器或机械设备便可让那些建筑更适合居住。这个研究项目使用了一种自下而上，以多目标平衡为目的"爬坡"算法。"爬坡"算法是以一种用在多解问题上的数学优化技巧。它由一个简单的答案开始，依据已有资料对其作出多次改变并以此最终得到一个复杂答案。这个过程会一直继续直到所有资料无法再对结果进行任何更优的修改为止。因此，"爬坡"算法不一定会得出一个真正优化的结果。但是，"爬坡"算法是一种相对容易实现的方法，可用来替换一些更复杂的算法。

研究过程如下：[i]对特定建筑进行分析——类型、位置、用途等；[ii]对建筑环境适应性的分析；[iii]对植物形态进行分析并提取与"[ii]"中建筑信息相对应的性能数据；[iv]设置由下至上的计算设计程序；[v]运行算法，生成一系列设计结果并分析其环境适应能力数据；[vi]将信息输入下一轮算法运行中；[vii]最终选择拥有所需环境适应能力的围护。

因以往的设计缺少热密封，所选择的

建筑经常会存在夏天室内温度过高，而在冬天室内温度又过低的问题。由于夏天制冷和冬天制热的花费极高，因此建筑不适宜居住。通过分析一种名为金琥（Echinocactus grusonii）的仙人掌所拥有的环境适应能力，我们发现因其内部的液体与外部肋状突起物相互结合，可使其通过自身遮阳和改变空气流向以达到减少热量吸收的目的。通过电脑流体力学分析，我们对突起部分进行了更加详细的解析。基于研究，一个表面组件被生成。将这个表面组件作为一个基础构件，一种自下而上的算法能生成所选建筑的表面形态。通过分析表面形态的自身遮阳的能力和光照穿透率，表面组件会得到分析和完善。最终，我们得到了数个针对太阳移动路径，适用于建筑维护不同部分的组件。在第二步，相似的进程在这些组件上形成孔洞并对其规则与不规则部分对空气流动所产生的影响作出分析，包括对风的加速、减速和风压分布的改变。例如，北面组件只将通风效果加入考虑，但在其他面上，通风和自身遮阳都必须在考量的范围之内。随后，整体外壳的形体、区域范围内一组组件的形体和单一组件形体生成时所使用的不同计算逻辑需要被建立。每一个尺度的形体对空气动力学、自身遮阳和光穿透率的基准都有所不同，而整体最终必须达到系统对这三个条件的要求。根据这些数据和要求，形态形成过程可

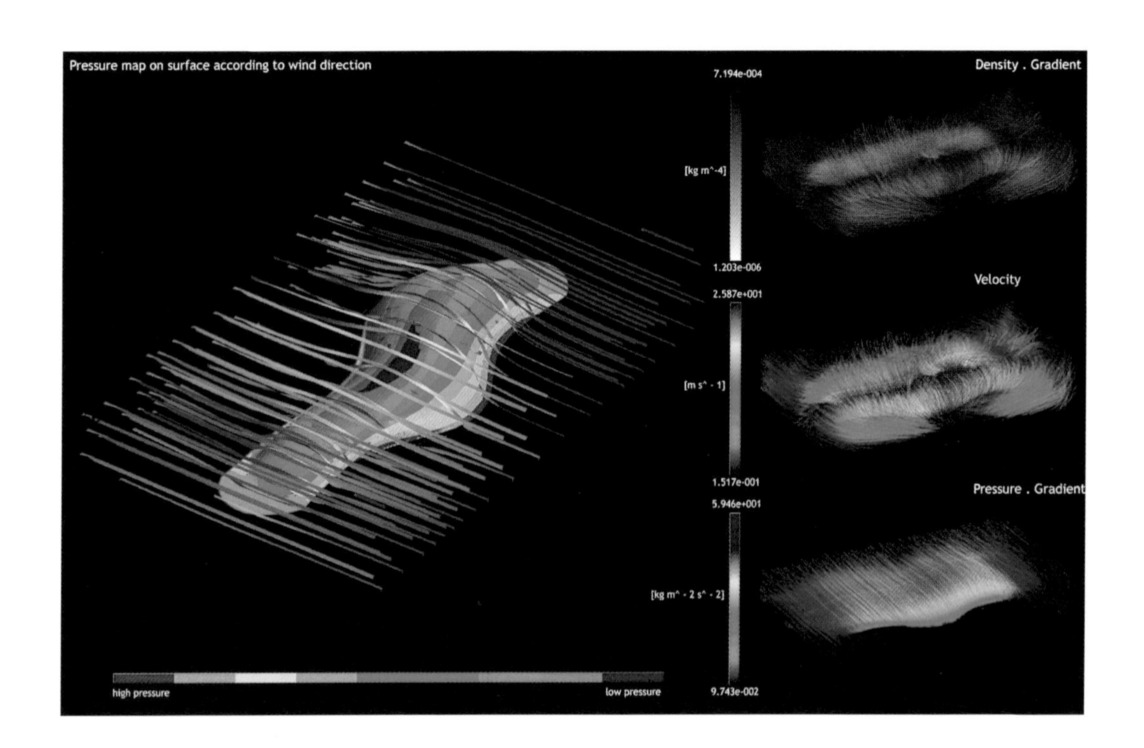

3.9

电脑流体力学模型：用来研究建筑围护的风速流线和压力梯度。参见2006年2月，胡安·苏贝尔卡素斯，建筑硕士论文，由尼古拉斯·斯塔索普洛斯（Nikolaos Stathopoulos）担任模拟和形象化顾问。

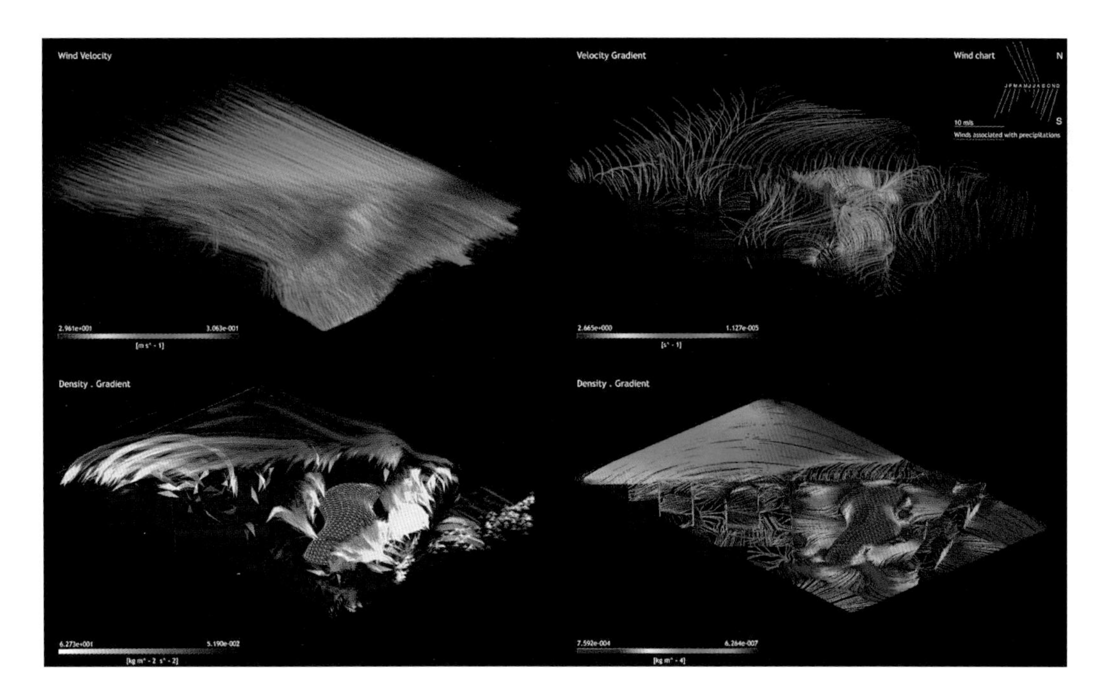

3.10

电脑流体力学模型：位于智利，瓦尔帕莱索（Valparaiso），拟议建筑围护主要气流参数的形象化示意图。示意图重点在于环境所产生风的规律和自然与人造拓扑对气流的影响。箭头表示风度流线的方向，而不同颜色表示压力梯度的高低。参见2006年2月，胡安·苏贝尔卡素斯，建筑硕士论文，由尼古拉斯·斯塔索普洛斯担任模拟和形象化顾问。

以被确立。一种经常被用于人工智能程序的“爬坡”进程被应用于这里。它是以一种非线性的算法流程，以一个启动条件逐渐演变直至最终达到一个特定的整体形态。根据局部和整体性能，大量的系统设定被生成、分析及评估，并渐渐达到一系列可适应多种需求的结果。但这种算法至今还是基于手动施行，并未形成一系列成套的程序或工具。这将会是一个未来可以发展的研究方向。而组件的材料特性及有关的数据也需详述，材料特性对整体性能的影响也需被列入计算过程之中。

胡安·苏贝尔卡素斯的硕士论文阐述了一种嵌入型的三边或四边网壳结构。它的顶部开口可根据雨水流量控制而开启或关闭，网壳框架中选择性的装有气动仿肌控制的可开启板片。仿肌内部是由一个双向无弹性网（Techflex）制作的圆柱体组成，圆柱体中充满羧甲基纤维素（CMC，Carboxymethylcellulose）凝胶。这种凝胶会对雨水作出反应。吸水后它会逐渐膨胀，而水分蒸发后则会慢慢收缩。吸水后的凝胶圆柱因被无弹性网封闭变宽并变短，水蒸发后则恢复原来形状。气动仿肌便不需要外部的能量，且因每段仿肌分别控制嵌入结构中玻璃板片的开启或关闭，这套系统也无从需要中央控制系统。雨水被仿肌吸收后，玻璃板片开启，这使得网壳内部的通风加强并加速雨水的蒸发，最终使板片关闭。我们制作了大量的模型并最终完成了连带仿肌的实体模型。

整个网壳的外形接受了环境适应力的检测（其所在建筑也受到了相应的考量），内容包括对雨水的利用、通风、热控制和内部光照控制等等。

通过形态作用（form-active）气动系统进行的找形试验，我们得以从中找出网壳结构潜在的几何逻辑。而这种逻辑则被用来生成一个联合性模型。接下来则是将这种三边或四边的网壳结构嵌入整个形状的表面并将其充满，各种均质或不均质的嵌入方式被生成并接受环境适应能力测试。根据每次对整体形状的改变，一个区域便自动组合以便对雨水进行收集。当整体形体、嵌入逻辑与框架外形间的相关联系形成后，这个系统便可以开始进行迭代分析和改进。流体力学分析在这里是主要的迭代分析工具之一。在这里，地形和附近建筑环境也被包括进电子模型以便分析环境对风速、风向和所承受风压的影响。这些信息会被作为设计的主要驱动

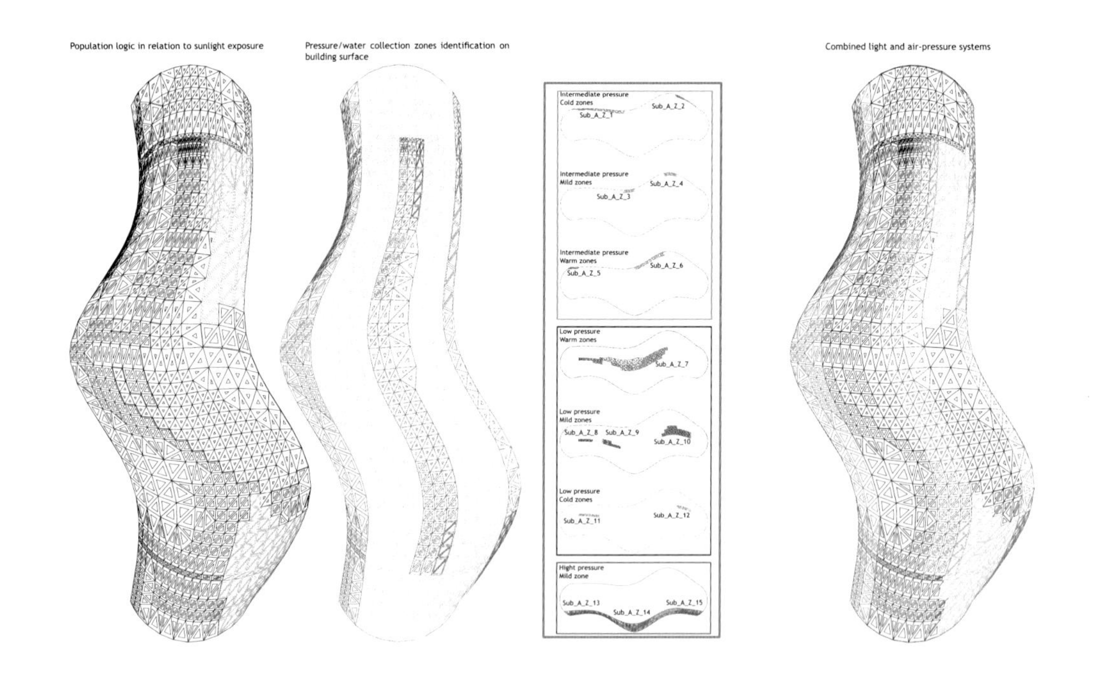

3.11

最终的镶嵌模式和建筑围护双曲面上的框架分布（见左图）；围护上的压力区和雨水收集区（见中图）；根据光照区和气压区有关的参数所决定的外形（见右图）。参见2006年2月，胡安·苏贝尔卡素斯，建筑硕士论文。

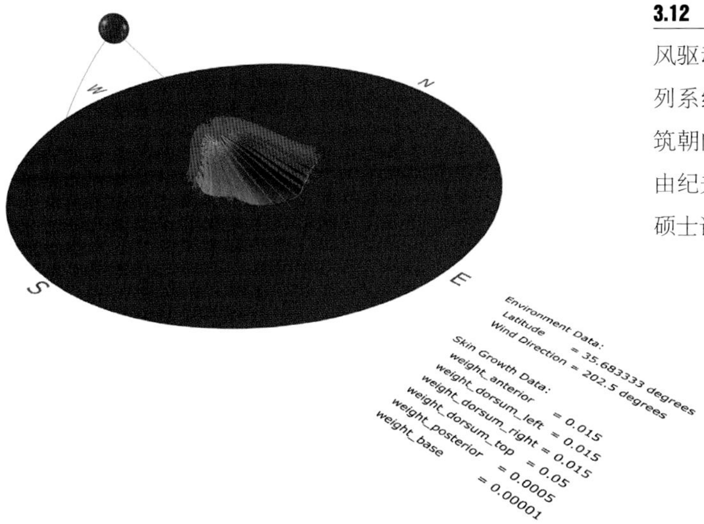

3.12

风驱动电脑形态形成的设置，以一系列系统参数和环境信息，如风向和建筑朝向为依据生成。参见2009年2月，由纪夫·蓑部（Yukio Minobe），理学硕士论文。

元素。风速和风压分布被测量、分析并评估后也被输入形体生成算法中。这个过程将风分为带雨风和不带雨风，以便帮助对降雨量与降雨分布的分析。所得出的信息不仅能对需要雨水运作的仿肌有影响，也对板片密度的确定产生一定影响。而风向、风速和气压分布信息也可让建筑利用文丘里效应（Venturi effect）加快通风效率。

另一个对网壳外形有着至关重要影响的参数就是框架与太阳轨道间的方向。我们分析了夏天和冬天，在冬至和春分时的太阳轨迹和角度，以及阳光穿透率和网壳的自身遮阳的影响。这两个参数对网壳、地面和内部空间的热量吸收能力至关重要。网壳的每个外形设置都有其特殊的嵌入方式，每种方式都需计算出最适合的雨水收集方式以便装入仿肌。而每个储水箱的大小取决于它所服务仿肌的数量，当所有仿肌都已充满水分时，储水箱应该已完全清空。

最后一个步骤是对已有结果的改良，一系列找形试验为网壳外形所受到的限制提供信息。之前生成的外形会经过风洞测试其空气动力学参数并对其加以改进。而表面的铺装和框架填充这个表面的方式则由有关光照与自身遮阳的数据决定。最终重新根据通风数据分布可开关的玻璃板片位置以决定空气的渗透率。在第二轮分析中，系统对通风和光照信息进行计算，并将加热后空气流动的数据加入考虑。另一轮根据不同季节的通风情况、大体风向和降雨量的计算也将会为改进填充方式和板片分布提供依据。

一个继续研究的方向是利用一个特定的建筑程序，通过设定一系列建筑需要适应的环境数据而生成能满足这些需求的围护。进而设计并建造一种可以针对某特定植物（尽量模拟其原生态环境中的温度和湿度）的温室。这将会为这项研究提供一个非常有趣的实践机会。这是因为环境控制对于现代温室来说还是一个很大的问题，为了达到需求，现代温室常常需要使用大量的电器和机械系统来适应环境。

由纪夫·蓑部在2008年的硕士论文中，他提到一个圆顶外壳内的复杂枝杈分布通风系统。此项目由对白蚁冢外形的环境适应能力进行详细分析开始，目标为缓解结构对热的吸收和形成一个复杂的通风系统。蚁冢的通风系统包括：[i]集中热空气因浮力效应生成的向上气流；[ii]以蚁冢中央通道为中心的斜向朝外小通道中的空气流动；[iii]因压力差形成流向负压地区的气流；[iv]蚁冢外负压地区的吸力。

这个项目的局部是建立于枝杈通风系统的分叉种类和这种分叉管道的内部表面平滑度的两个变量之上的。我们根据其气流模式分析了三种不同的枝杈分布：平面分叉、倾斜分叉和半倾斜分叉。经过大量流体力学分析，半倾斜分叉产生的乱流最小。

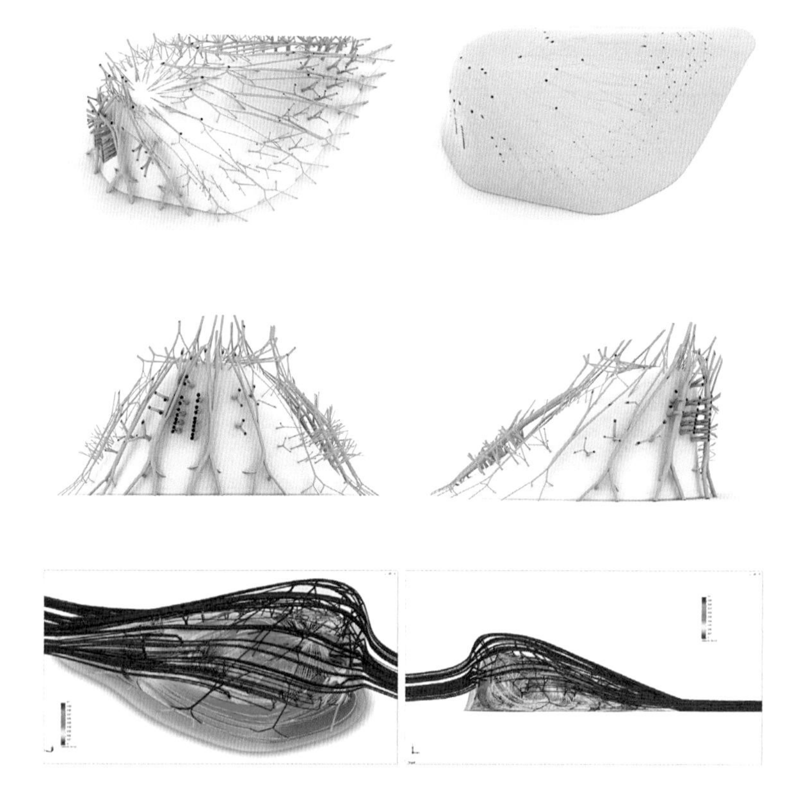

3.13

内部枝杈导管的电子模型（见上图和中图），由基于迭代电脑流体力学模拟和评估的电脑形态形成过程生成（见下图）。参见2009年2月，由纪夫·蓑部，理学硕士论文。

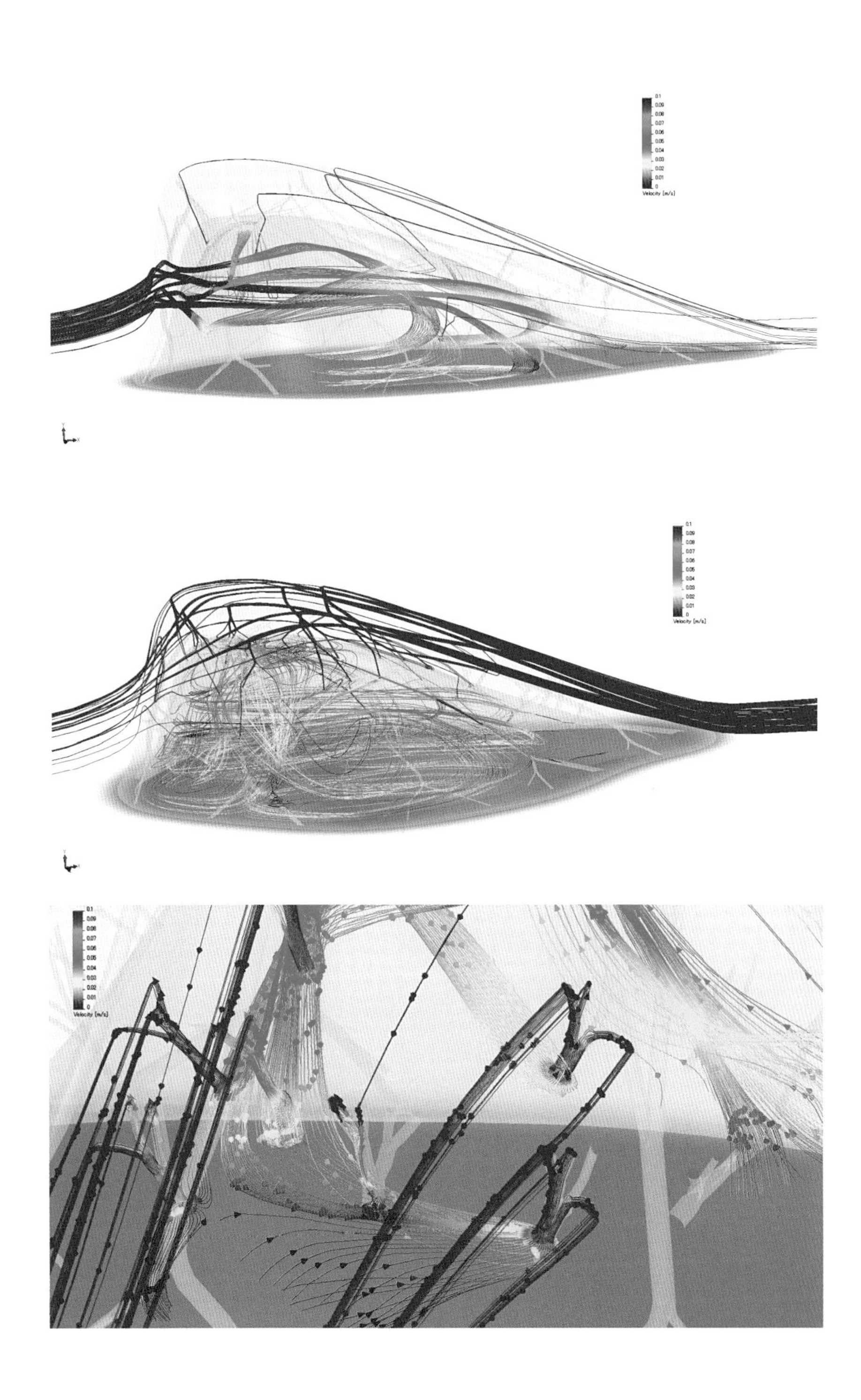

3.14

图表展示电脑流体力学对内部空间中的气流（见上图和中图）与导管中的气流（见下图）间互动的分析。参见2009年2月，由纪夫·蓑部，理学硕士论文。

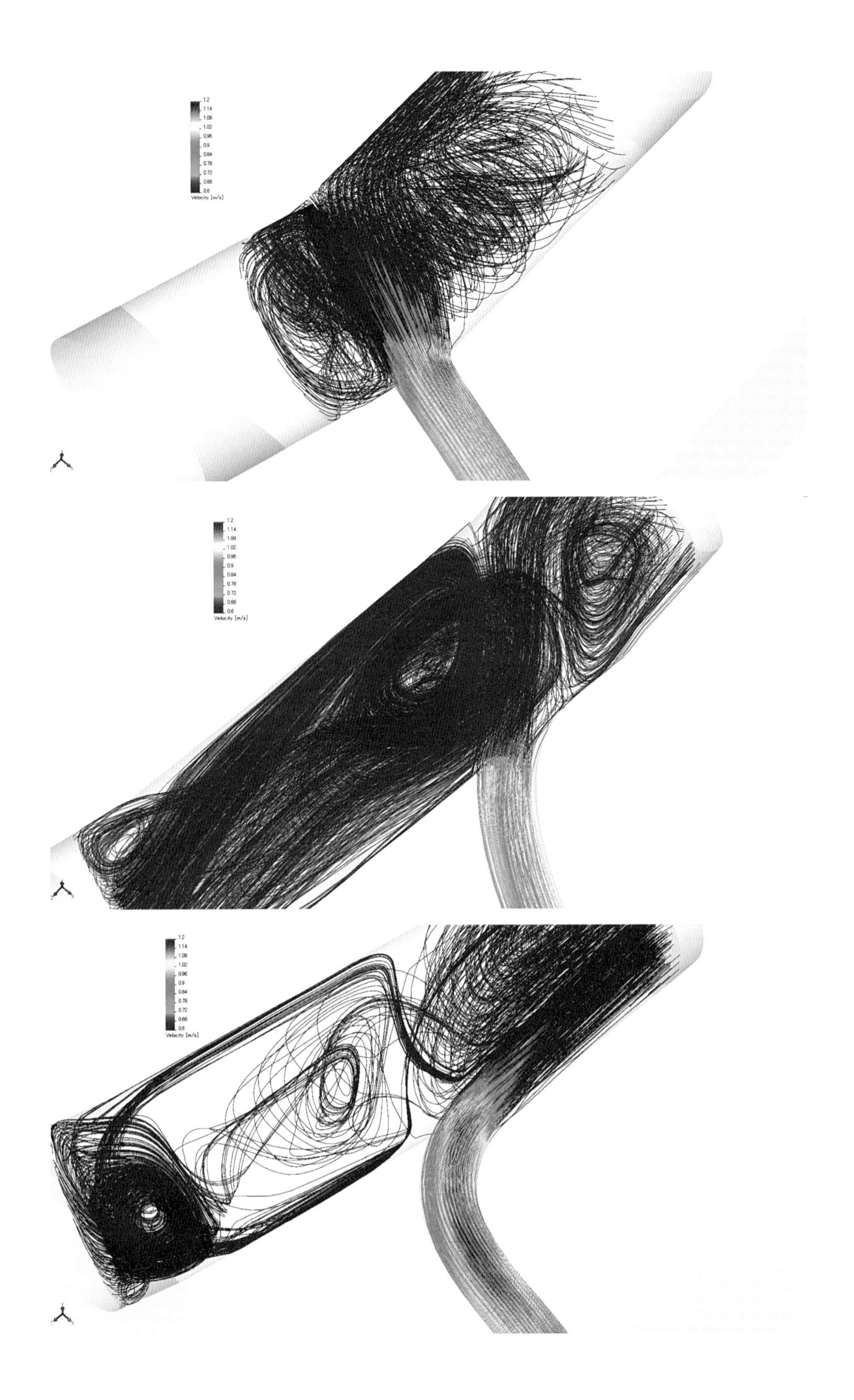
1.2
1.14
1.08
1.02
0.96
0.9
0.84
0.78
0.72
0.66
0.6
Velocity [m/s]
1.2
1.14
1.08
1.02
0.96
0.9
0.84
0.78
0.72
0.66
0.6
Velocity [m/s]
1.2
1.14
1.08
1.02
0.96
0.9
0.84
0.78
0.72
0.66
0.6
Velocity [m/s]

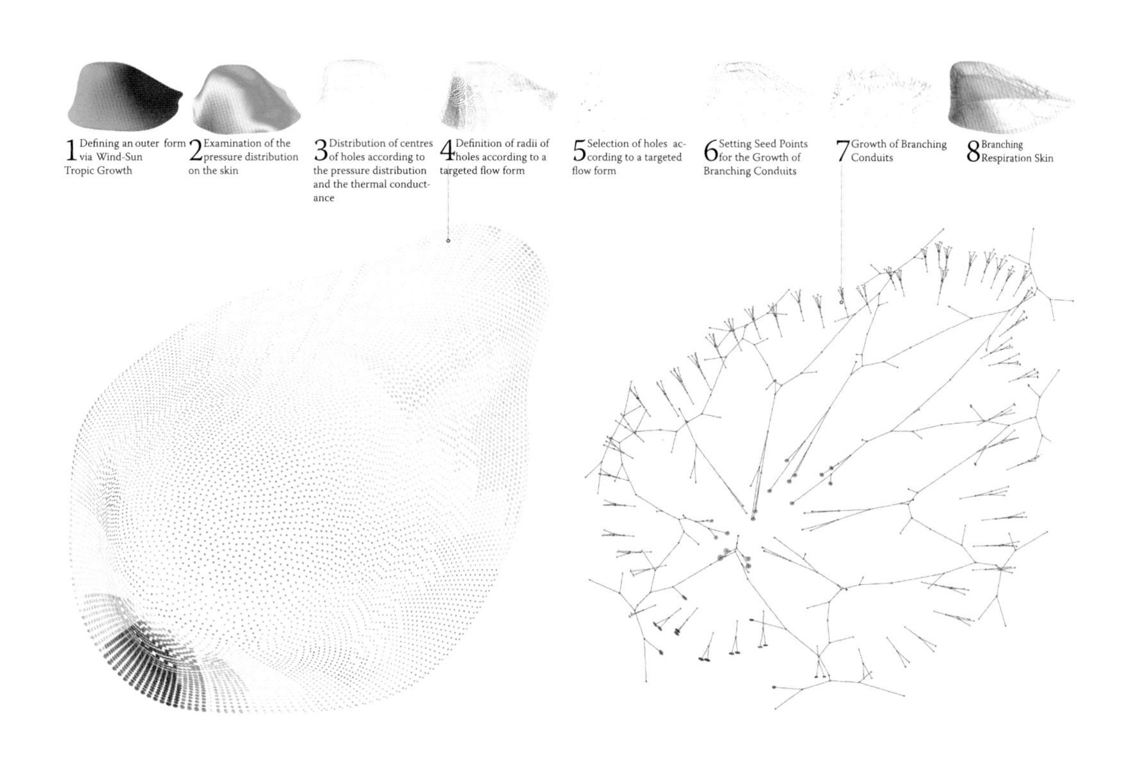

3.15（对页）

图表展示电脑流体力学针对不同导管分支形态的测试。参见2009年2月，由纪夫·蓑部，理学硕士论文。

3.16（上）

形态形成设计过程的顺序指出两个主要步骤：[i]于空间表面分布用来通风的入口和出口；[ii]枝杈导管的生成。参见2009年2月，由纪夫·蓑部，理学硕士论文。

此项研究中，两种不同的算法被用来在外壳内部形成一个枝杈通风系统：质心分枝算法和球状填充算法。因其算法逻辑和分布形式不同，它们需要进一步的分别分析并相互比较。程序着重对其分叉密度和枝杈间的角度进行分析，其结果被用来推算空气流动模式。

之后，根据由白蚁冢得到的信息，我们得出一个能够根据太阳移动轨迹来计算整个建筑的最佳朝向和形体的算法。在预定的建筑地点，我们采集太阳移动轨迹和大致风向等有关的地理信息。根据这些信息，算法生成了一系列大致形状。根据加入不同的枝杈通风系统后的空气流动数据，和对内部与外部开口数量与位置的不断变化，系统对这些形状作出分析。

偶尔，电脑液体流动分析也会得出不可能出现的气流模式。遇到这种情况时，我们必须用数学公式对结果进行确认。有时是能证明电脑分析结果是错误的，但大部分时候结果正确无误。我们以此确立了一种可以考虑环境因素的迭代计算方式。它包含整体形态形成、枝杈分布生成和气流分析等等。

有人可能认为，如将其出口放置在多风面的特定枝杈分布方式下可能会造成生成系统无法在其他风向的强风下正常工作。但是，这能通过在计算中增加其他风向的方法，或通过改变对结果的限制来解决。或者也可以像之前的例子那样，利用在环境刺激下材料的变化来开启或关闭特定开口以解决这个问题。

展望未来，更多的研究还需用来确认材料特性及其对建筑热特性的影响，并最终利用实物物理测试加以确定。除此之外，不同尺度下的空气流向模式的分类并同内部空间的使用方式进行联系。

通常有两个问题经常会被提出，而以下的研究逐一应对了这两个问题：第一个问题是，一个拥有大量不同大小材料建筑的生产和组装费用。因近年来逐渐流行的电脑控制机械的生产方式，这并不是问题，但是经过2008—2009年的金融危机后，这个问题又重新被提出。现在，与众不同的建筑设计被视为过剩的例子，是一种不经考虑的花销并会造成资源匮乏的资本主义诟病。但这种建筑方式也可以被用来适应缺乏材料或科技资源匮乏的环境。它需要科技资源的部分只是设计过程，而新兴科技与设计课程已经对这个问题进行了相关的研究。

第二个经常被提及的问题是这里使用的方法极度依赖于特定的知识、能力或工具。这个问题虽然看似没错，但我们要认清现在的情况。如今，人们还没有能够应对局部，以至全球环境变化的方法。所以我们应将重点放置于建筑师的教育和训练过程。它需要认真反思和重新定位，以适应新技能和新工具的使用。由此就不难看出为什么我们现在需要强调集物理、电脑和工程方面尖端知识的重要性，并在未来对这些知识作出更深入的了解。这种设计理念在未来很有可能会变得极为重要，且更加普及。

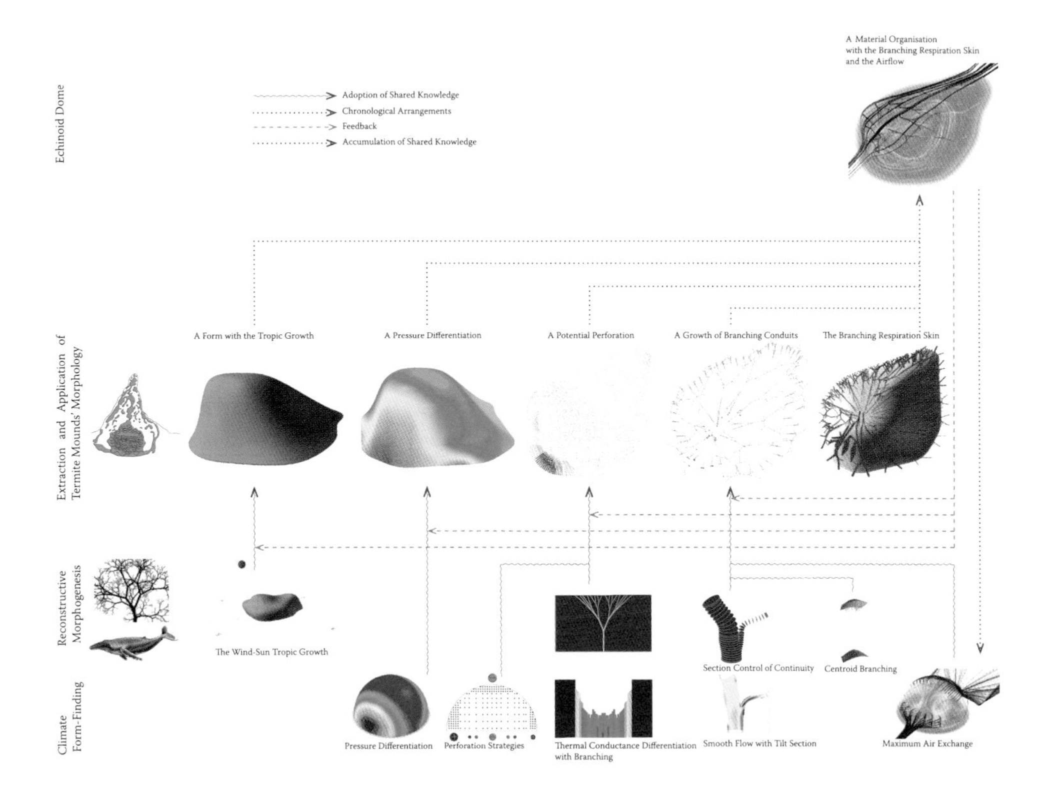

3.17

图表展示针对不同导管分支方式的电脑流体力学测试。参见2009年2月，由纪夫·蓑部，理学硕士论文。

第二部分

科研成果

第四章

纤维

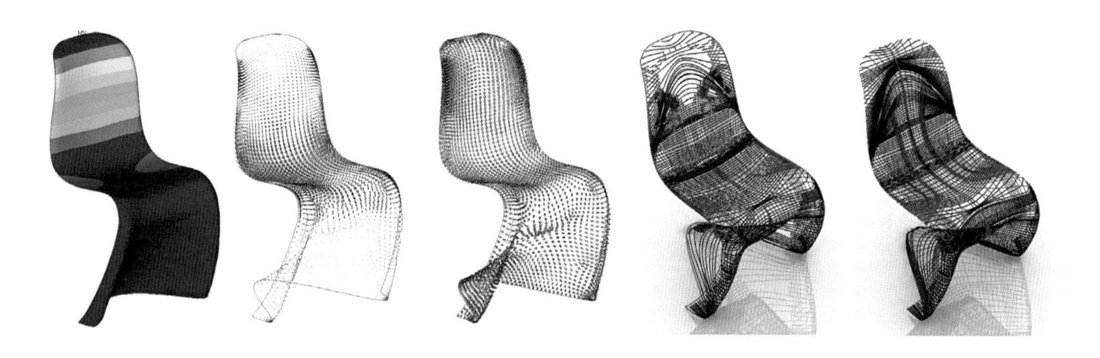

4.1

此图展示了对潘东椅（Panton Chair）材料的分析。当一个成年人坐在椅子上并向后靠的结构分析（见左图）。主要应力图（见中图）。纤维分布，与算法计算的主要应力向量相对应（见右图）。参见2008年2月，克里斯蒂娜·诺俄波提（Christina Doumpioti），建筑硕士论文。

自然界生物的形态、结构和功能的一体性很大程度上都要归功于纤维系统令人惊叹的多功能性。大部分自然系统只是由非常少的几种材料组成。这意味着自然界中材料的排列非常高效。雷丁大学仿生学中心主任乔治·杰诺米蒂斯博士（George Jeronimidis）认为：

> 生物学只拥有极少数的几种材料，几乎所有负载都是由复合纤维来承担的。生物只使用四种复合纤维：植物中的纤维素，动物中的胶原，昆虫和甲壳生物中的壳质与蛛丝中的丝质。这是生物材料中最基本的部分，密度比一般工程材料小得多。它们的成功并不在于它们的本身特性，而是在于它们所组成的结构。几何结构和层级排列对生物材料非常重要。同样的胶原纤维被用在低模量、扩展性强的结构（如微细血管），中模量（如筋）和高模量、硬质结构（如骨骼）中。
>
> （2004年，杰诺米蒂斯，92页）

因为材料的构成不同，所以合成纤维拥有一系列的不同特性。而这些特性让它们可以针对特定需求形成不同的、适应性强的材料分布。与有同质内部结构和各方向同性质的材料（无论力的方向，这种材料对其反应均相同），不同的是，自然材料一般有各方向性质不同的特性。因此，自然材料的结构可以根据负载所施加力的方向和强度而有所改变。纤维最适合承受拉伸负荷。这就不奇怪为什么多种自然纤维都会形成用于承受双轴张力的薄膜，或直接承受拉伸力。自然界中也存在各种纤维承受挤压负荷的例子，如纤维容易屈曲，因此不适于承受挤压力，即使它们被其他材料包围，并因此得到一定程度上的横向支撑。在自然界中让纤维承受挤压力的例子中有几个基本方法，而增强对挤压力承受最直接的方法是生成高模量矿物沉积物对纤维进行加强。另一个常用方法是让纤维承受大量拉伸力，从而保证纤维不会接触到挤压力。另外，自然界也有将纤维以某种特定形式排列并使其可以抗拒挤压力的例子，如让纤维改变方向，使挤压力不再直接

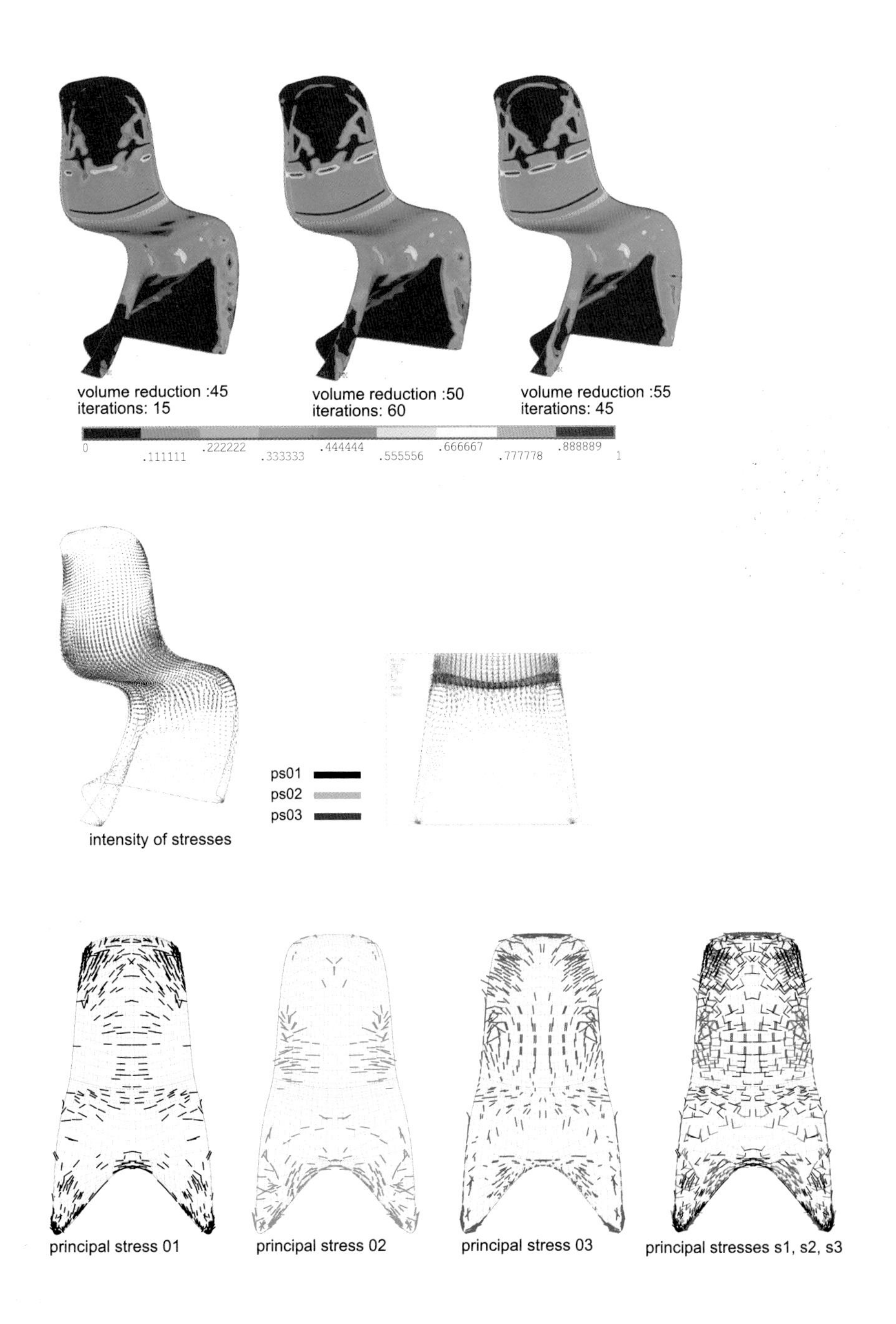

4.2

一个运行了60次的材料分布迭代优化过程（见上图），以及当承受一个人体重量时，对三个主要应力的分析（见下图）。参见2008年2月，克里斯蒂娜·诺俄波提，建筑硕士论文。

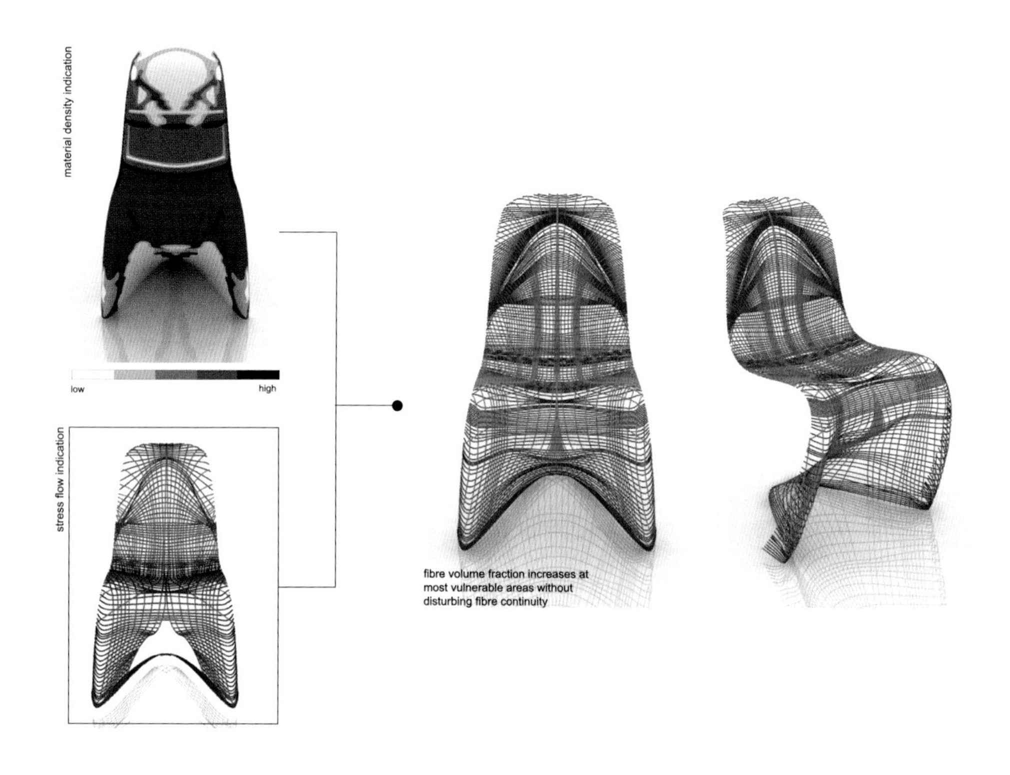

4.3

纤维材料分布和受应力驱动的纤维方向（见左图）造成了潘东椅设计中材料的分布。参见2008年2月，克里斯蒂娜·诺俄波提，建筑硕士论文。

施加于系统之上。纤维网络的横向稳定性也可以用大量的横向固定来加强。这说明在多数复杂的自然复合材料中，纤维结构和分布是其多样性的最重要因素而非材料特性。虽由同样的几种材料组成，但纤维和网络结构可以形成一系列不同的特性来满足不同的需求。根据生长的环境，包括它们的位置和它们在生物系统中的功能，它们可以形成不同的外形、拓扑和组织方式。

自然合成纤维结构是在一个适应性的生长过程中形成的。例如在动物体内，这个过程是成纤维细胞（fibroblast）根据施加在细胞上面的压力用胶原生成结构框架。正如斯科特·特纳（Scott Turner）所说：

成纤维细胞可能是最常见却最不受关注的细胞。它们编织所谓的连接性组织，一个由纤维蛋白组成的网。但正是这个网格连接身体各个部分，并保证身体不会散架。如果需要适应新的应力，它们也能重新构建它们的环境。胶原网格是一个动态结构。新的纤维在不断地被生成（纤维化过程），旧的纤维也在不断地被移除（纤溶过程）。网格的结构取决于这两种过程发生的位置和速度。例如，一个单独的胶原纤维受到抻拉的程度大于成纤维细胞可承受的范围。这时，如果成纤维细胞再加入另一根和之前平行的胶原纤维，每一根纤维将承受原来一半的负载。如果两根纤维不够，第三根会被加入，以此类推，直到成纤维细胞可以承受为止。相反也成立，如果一根纤维过于松弛，以致所有成纤维细胞都不足以将结构固定在其应在的位置，纤溶过程会加强并开始移除根纤维，利用其他纤维承受这个负荷。

(2007年，特纳，32页)

在压力下增长的特性使得自然合成纤维拥有惊人的适用性。生物所经历的力则决定并控制着对最需要材料的位置和排列方向。自然已经生成了各种多功能的纤维结构来应对多种环境中的物理条件和需求（1993年，内维尔）。对这些多样且功能强大的纤维结构进行分析和研究一直是新兴科技与设计所关注的。在接下来的段落里，本书着重介绍一个研究项目。这个项目不光对纤维的分布做出了进一步的研究，它也设计并应用了一个能帮助人造纤维结构模拟自然纤维压力下增长特性的电脑程序。

克里斯蒂娜·诺俄波提在2007年发表的博士论文中阐述了发展一个通用的找形和纤维路径的生成方法。它利用纤维牵引技术将自然适应性生长发展成一个电脑设计过程。纤维牵引技术是一个高端复合结构的生产技术，它被应用于航天工程和航海技术。这种生产技术可以生产大型的纤维复合材料结

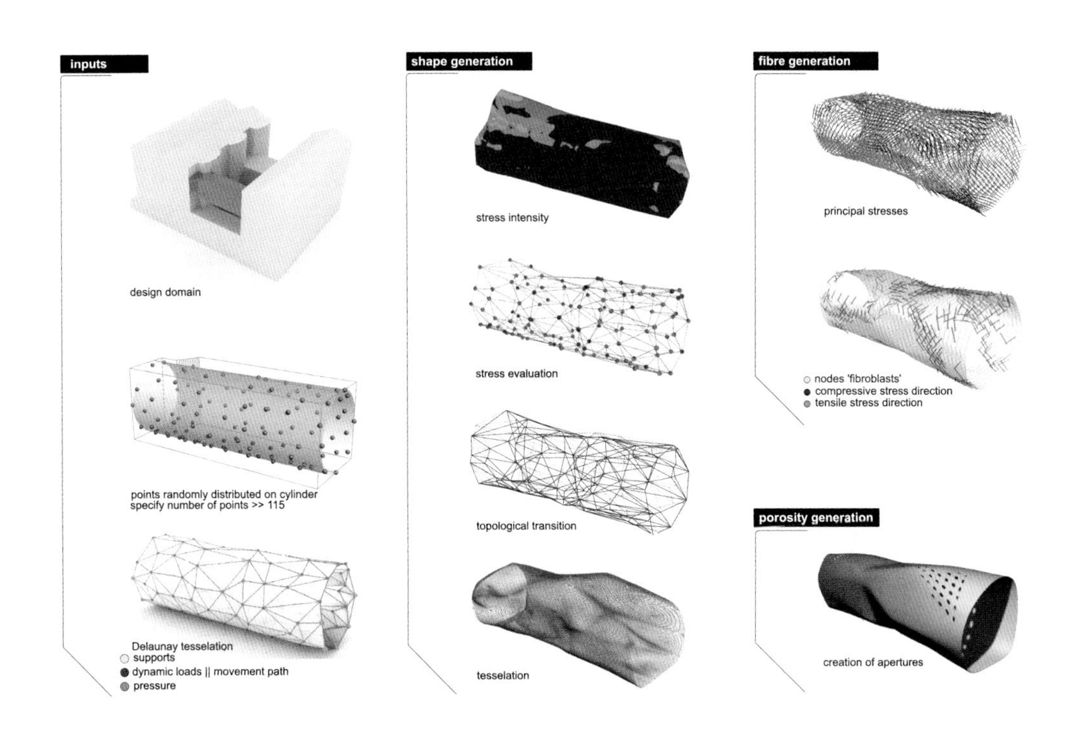

4.4

此图显示此项研究的潜在进程。根据有关现场环境的数据（见左图），通过反馈过程计算其整体外形（中见图），纤维分布和表面的开孔（见右图）。参见2008年2月，克里斯蒂娜·诺俄波提，建筑硕士论文。

构。它的结构有许多层次，每层由多种不同编织方向、材料和厚度的纤维组成。最重要的是，纤维牵引技术允许每根纤维以电脑程序设定的不同方向编织。纤维牵引器从一卷线上牵引纤维，并沿电脑设置路线在一层铺在模子中的极薄的纤维毡上铺设纤维。薄毡为牵引器铺设的纤维提供一个基体表面。与传统的纤维铺设技术相比，纤维牵引技术提供了一个可以决定个别纤维位置的铺设方法。这种技术使用极其多样化、针对结构和功能需求的纤维布局让生产大型建筑用纤维系统成为可能。

为便于使用这种生产方式，我们需要一个模拟适应性生长的程序。这个程序由两个相关联的子程序所组成：第一个子程序生成整个系统的外形，而第二个子程序则生成纤维布局，并将其作为基准指导纤维牵引生产过程。两个子程序在成形过程中是互相联系的，并受到外力和环境影响。与进化对多世代生物产生的影响不同，发育过程是一个单一个体受环境影响而改变其生长方式的过程，而压力则是生长过程中最主要的催化剂。因发育过程必须适应环境因素，所以我们需要用实例来发展和测试这个电脑工具。这个专题的设计目的是用一个大跨度的单体纤维合成壳体连接两个已存在的建筑。这个壳体不光是过道，也是一个展览区。这个系统结构希望能加强其负载能力、减少应变能，并将应力分散于整个系统并减轻重量，同时达到所需要的方向性强度和刚度。与此同时，纤维排列方式必须对应方案需求和环境影响。

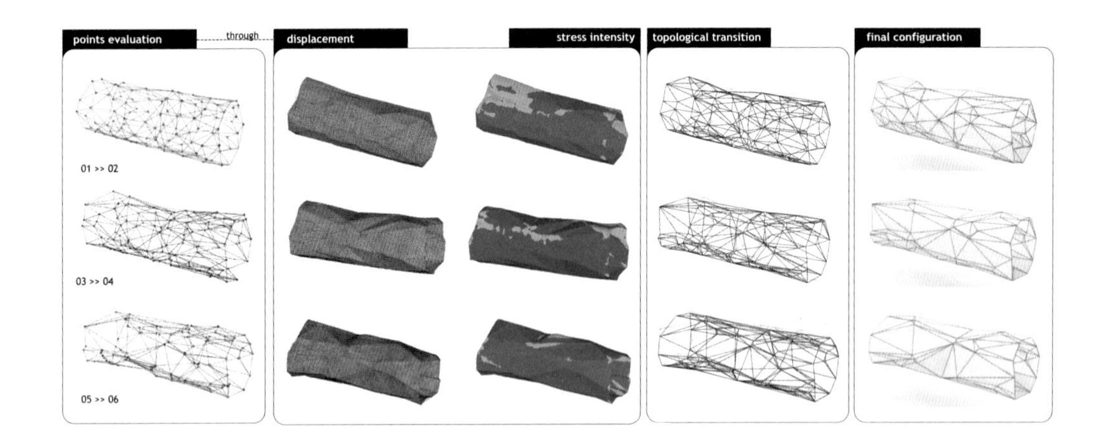

4.5

这个项目探索了有关整体外形和纤维布局在应力驱动下生长过程的电脑计算方法。整体外形通过迭代计算和镶嵌式铺装过程制造。其表面节点作为对局部应力的探测点，其功能为探测局部的应力高峰。最终根据多次的结构分析进行稳态的生长过程。参见2008年2月，克里斯蒂娜·诺俄波提，建筑硕士论文。

4.6

计算出的表面形态首先被转换成一系列连接的点。接下来的进程会逐渐增加形态的细节，并最终生成一个适合纤维生成过程的表面。参见2008年2月，克里斯蒂娜·诺俄波提，建筑硕士论文。

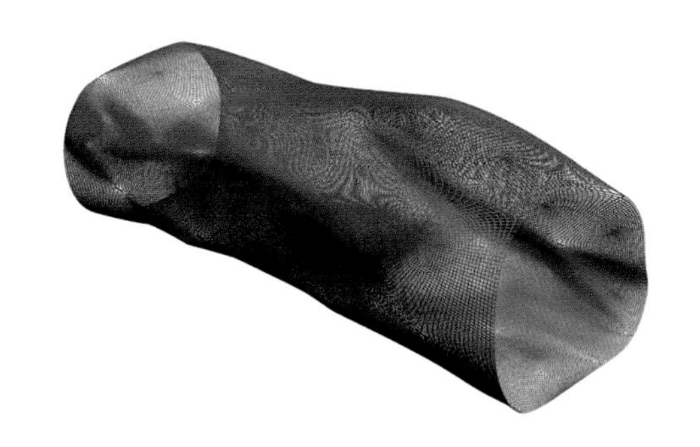

模拟生长的过程是在基于自然适应生长过程的基础原理上发展出来的。在生成外形的过程中，一系列点代表组成生物外形的细胞。在迭代算法控制下，它们自我排列成某种特定的点分布。这一系列点组成一个表面的基础。从这表面上新的节点被生成，并作为新纤维生成时的成纤维细胞。当压力达到一定程度时，这些仿成纤维细胞就会在适当方向生成纤维，以使整个系统最终得到压力的平衡。

整个复合材料桥梁结构的成形过程是由第一轮的外形生成开始的。系统会生成一个模拟环境，其中存在着各种力和其他影响力。设计领域限制在两个跨度为10米的圆柱体之间。在这个大体领域中，一系列点先被随机分布于其中。之后，使用得劳算法（Delaunay algorithm），通过连接相邻的一系列点形成一个大致形体，任何边不可互相交叉。对于每个顶点，会有一个相对应的，根据其在系统中位置决定的负载和支撑条件的参数。之后，所得到的结构系统会被有限元分析程序分析。而对于重要的结构需要，例如应力和压力平衡，分析过程会根据材料特性（例如密度和弹性）计算出一个结果值。在之后的步骤中，由最低应力的顶点开始像吸引点一般使附近点向它靠拢，吸引力和距离成正比。寻找不同力间的平衡点时，算法经过多轮的结构分析和点的重构，根据每次所得到的点的数据进行修改直至达到一个相对平衡的应力分布。

而在纤维路径的生成过程中，整体形状会被进一步分析。有限元分析程序会对应力的种类、方向和其大小进行解析。在发现所能承受的最大应力值后，应力密度最高的节点被标出，其他纤维便会转而朝向这个节点。我们希望通过改变纤维排列而让系统的承重力最大化，同时尽量减弱横向应力和施加在纤维上的切应力。以此达到的最终结构拥有一系列不同的纤维排列，纤维的位置和方向均由受力的大小决定。

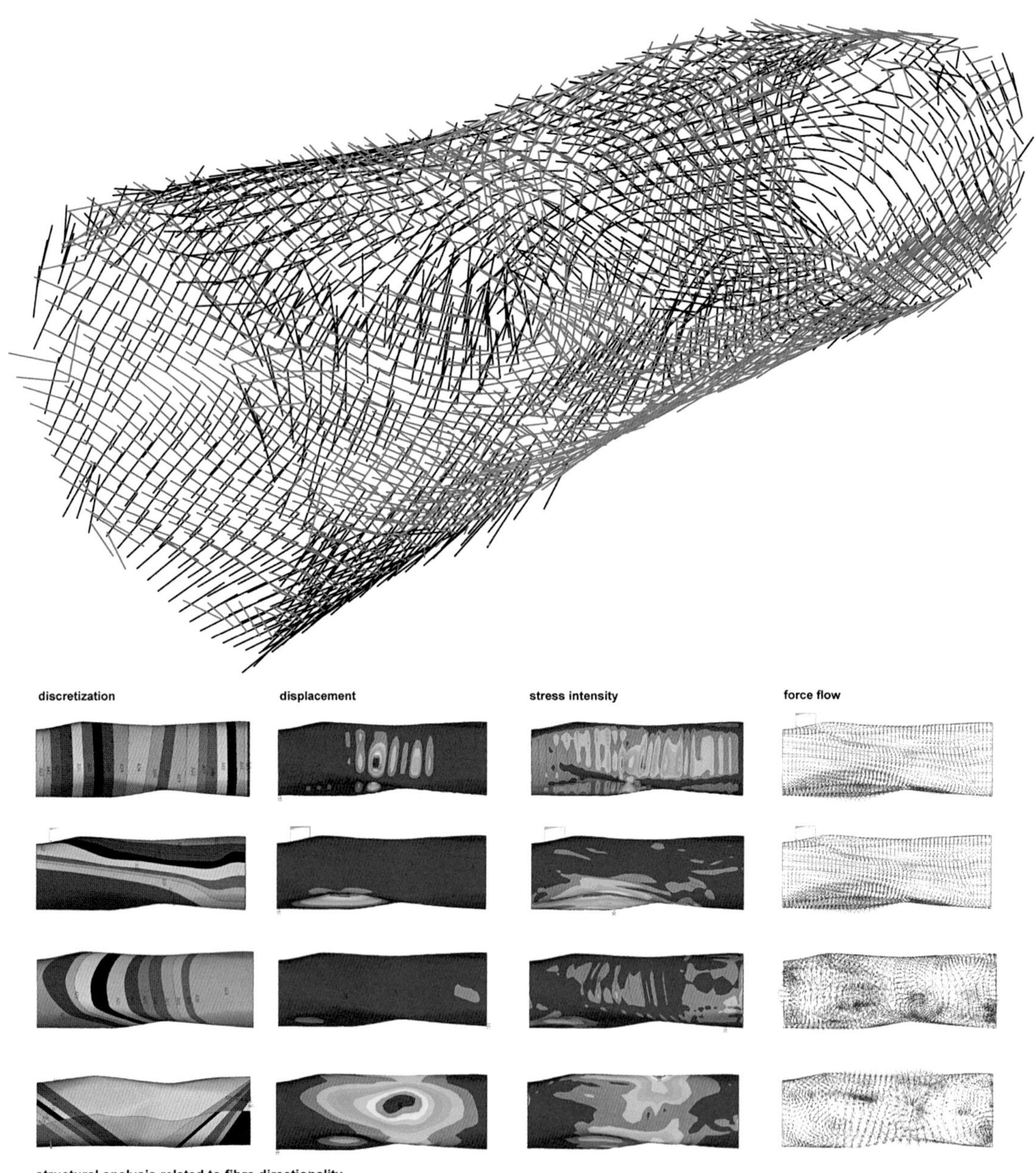

4.7

形体内力的流向决定纤维的布局（见下图）。图中标注出的方向和强度显示主要应力的向量（见上图），它能为纤维布局的电脑生成提供重要信息。参见2008年2月，克里斯蒂娜·诺俄波提，建筑硕士论文。

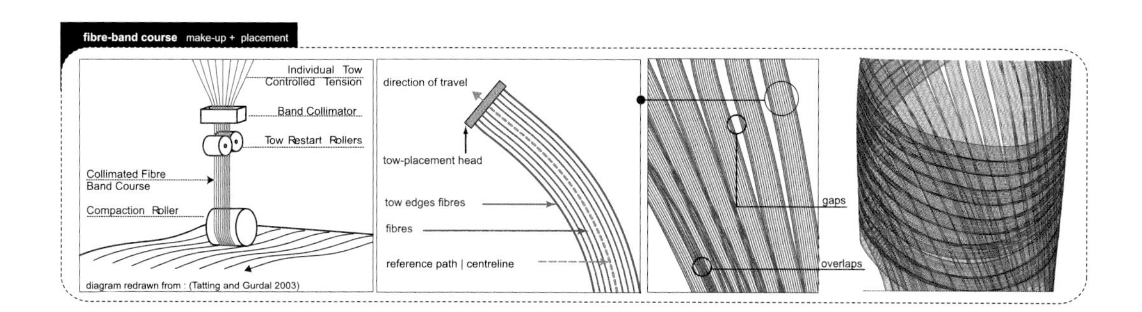

4.8

电脑数控的纤维铺设生产过程（见左图）在一个表面根据电脑提供的数据铺设纤维。铺设头将多根纤维组成的纤维带铺设在表面上（见中图）。每根带子之间可能有空隙或互相重叠以建立宏观纤维结构（见右图）。参见2008年2月，克里斯蒂娜·诺俄波提，建筑硕士论文。

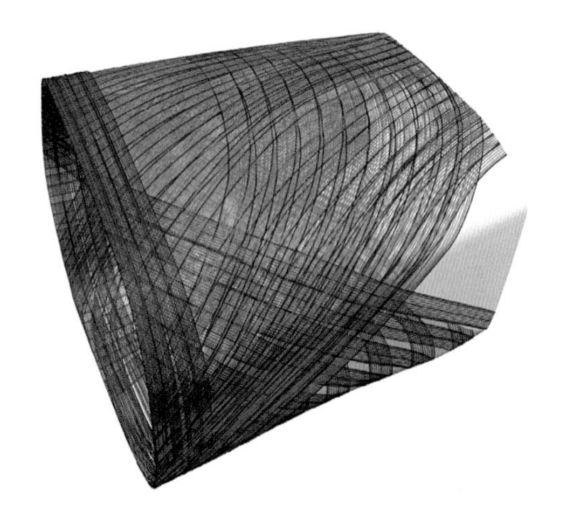

4.9

原型建筑一侧的近照显示多种纤维的布局。这里的纤维并不光是按照受力方向铺设，其布局也考虑到了防止边缘的分层，这使布局中有更多的交叉。参见2008年2月，克里斯蒂娜·诺俄波提，建筑硕士论文。

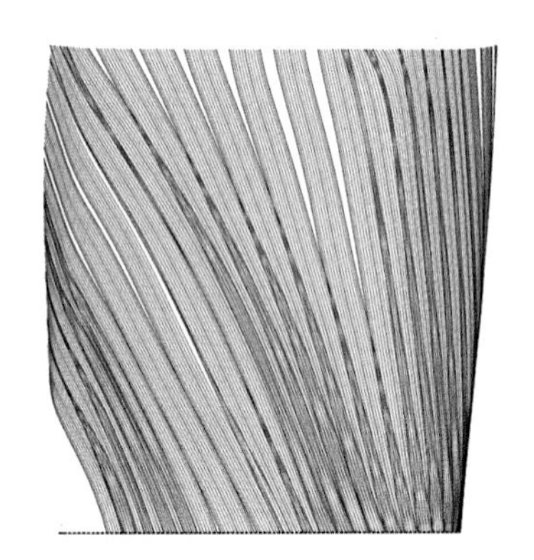
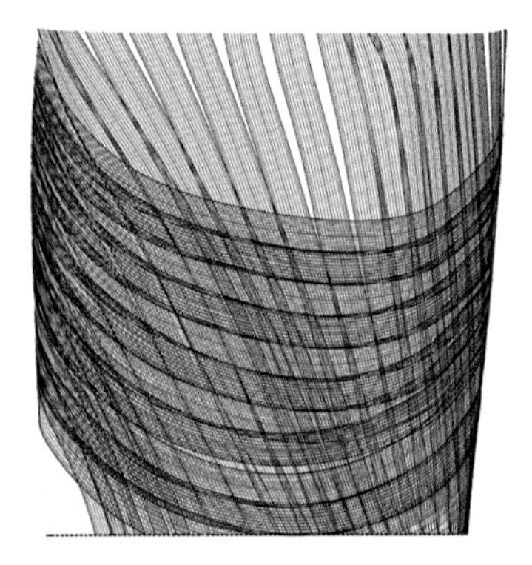
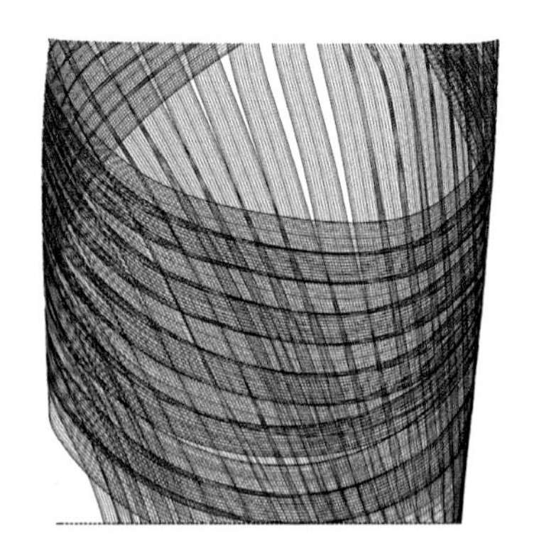

4.10

此图显示宏观纤维结构的增量过程，及利用电脑数控纤维铺设的生产过程。参见2008年2月，克里斯蒂娜·诺俄波提，建筑硕士论文。

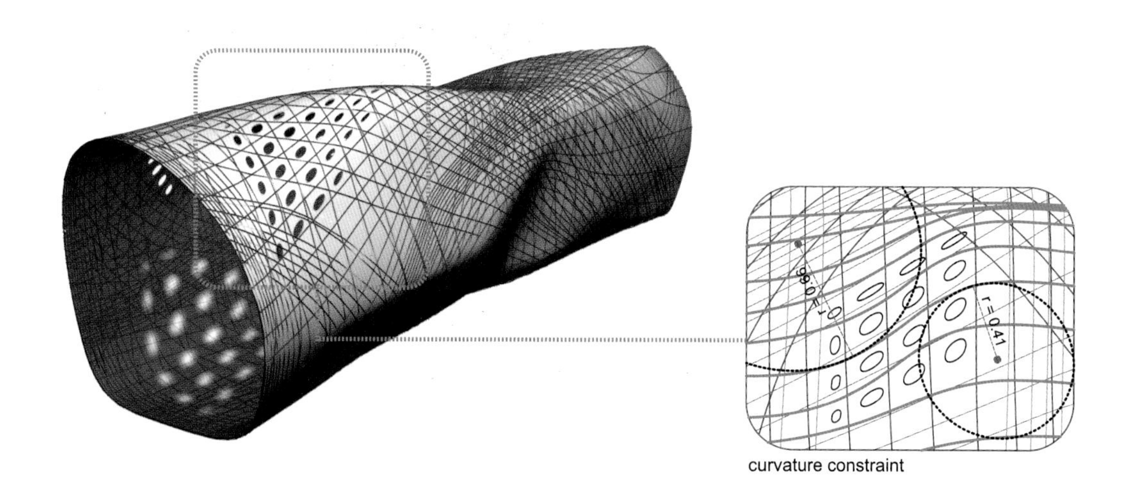

4.11

因考虑到纤维铺设改变方向时能产生最小转角的限制，纤维密度小的部分被设计成开口。这些区域的纤维会绕开开口以便保持纤维的延续性。参见2008年2月，克里斯蒂娜·诺俄波提，建筑硕士论文。

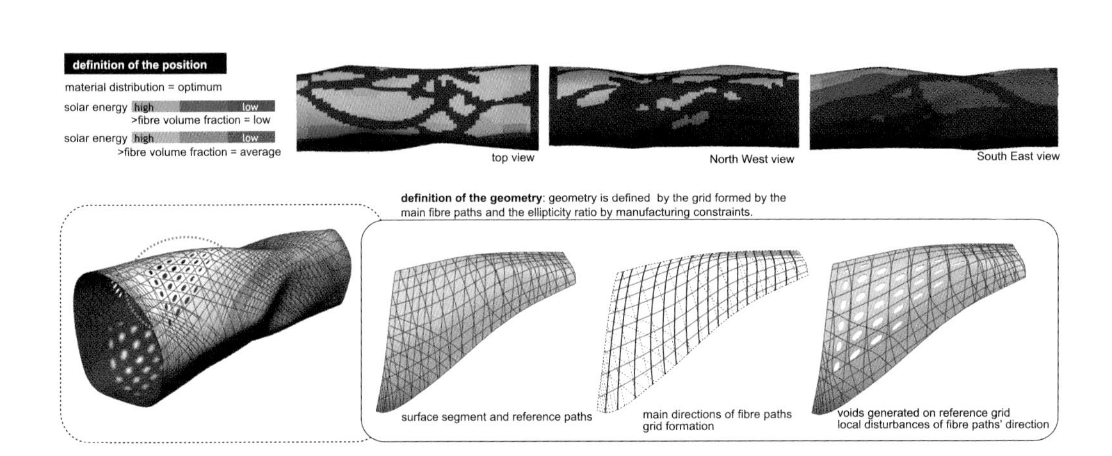

4.12

表面开口的分布取决于纤维密度和环境数据。根据太阳能吸收力和表面的纤维密度，开口主要分布于纤维铺设过程所形成的网格中。参见2008年2月，克里斯蒂娜·诺俄波提，建筑硕士论文。

在结构需求之外，另一个电脑计算所需要的重要考量是建筑的形态。为了让复合外皮达到局部不同程度的多孔性，生成过程中将环境信息同结构分析一起加入考量。开口的位置和密度是经过一个双重计算过程得到的。首先，一个对纤维路径系统进行的结构分析反映出表皮中承受应力最小的区域。这个区域中的材料可以在不影响整体强度的前提下被移除。同时，一个针对纤维数量的分析显示出纤维密度最低的部分。而在两个区域相重叠的地方便可以在材料表面开孔。为了最终决定开孔的位置，我们对入射阳光和建筑内部的光照进行分析。除此之外，电脑液态动力模拟可以让我们测试不同表面开口分布在常见风向下对内部通风模式的影响。通过电脑迭代分析其结构、空间、光照和通风，让我们得到了一个由纤维合成的、多功能的、能满足一系列不同基准的建筑。

电脑设计过程得出的结果可以直接用于纤维铺设生产。纤维路径生成的结果可以直接转换成数据输入机械。根据这一系列数据，铺设头会在所需要的方位铺设纤维。当达到一个开口时，为了避免切断纤维，局部的纤维路径会被更改。和其像一般纤维铺设过程般突然将纤维切断，这种铺设方法让纤维绕开开口。这能帮助施加于系统之上的力导离开口处。另外，原型建筑左右两边的纤维布局也是不同的。这里，纤维排列不光根据力的分布，也为了避免在边缘发生分层。因此，这里有更多相互交叉的纤维。

整个原型桥梁结构可以事先构建，模子也可被卸下并分为几段，中心部分也可以被取出。这将使模子在铺设好纤维后能被拆除，而建成的单体壳形构件重量轻且方便运输，只要运输工具有足够的空间即可。

总而言之，这个研究项目显示了结合纤维系统的适用性和电脑设计与电脑控制生产的巨大潜力。材料、结构和外形同时发展再结合新颖的设计方法，能让人造设计更加接近自然系统的性能。在这个过程中，材料结合和环境力量互相影响所形成的结构不能被简化成简单的承重能力，它所产生的是一个坚固的，同时又能满足多种需求的结构。

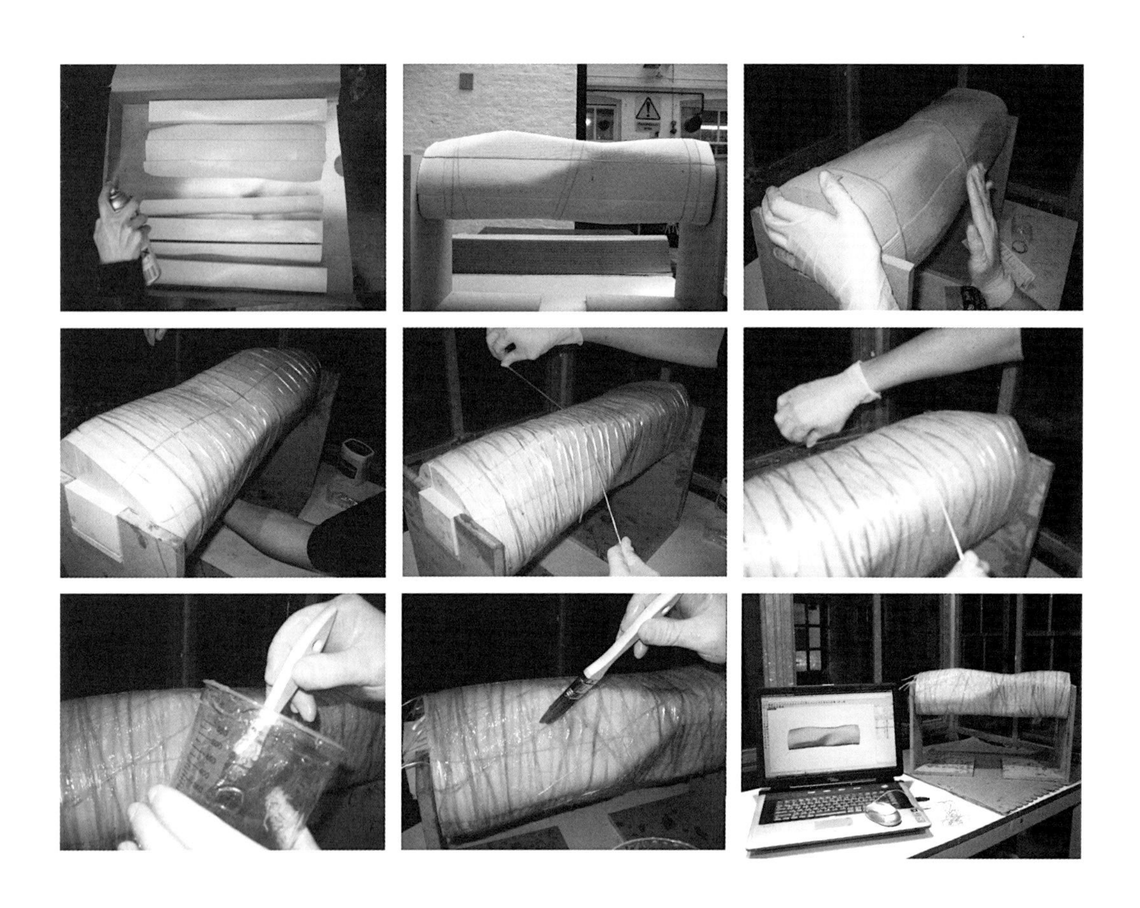

4.13

根据电脑计算的结果，运用数控机床（CNC）研磨的模子上手动测试纤维铺设的过程。参见2008年2月，克里斯蒂娜·诺俄波提，建筑硕士论文。

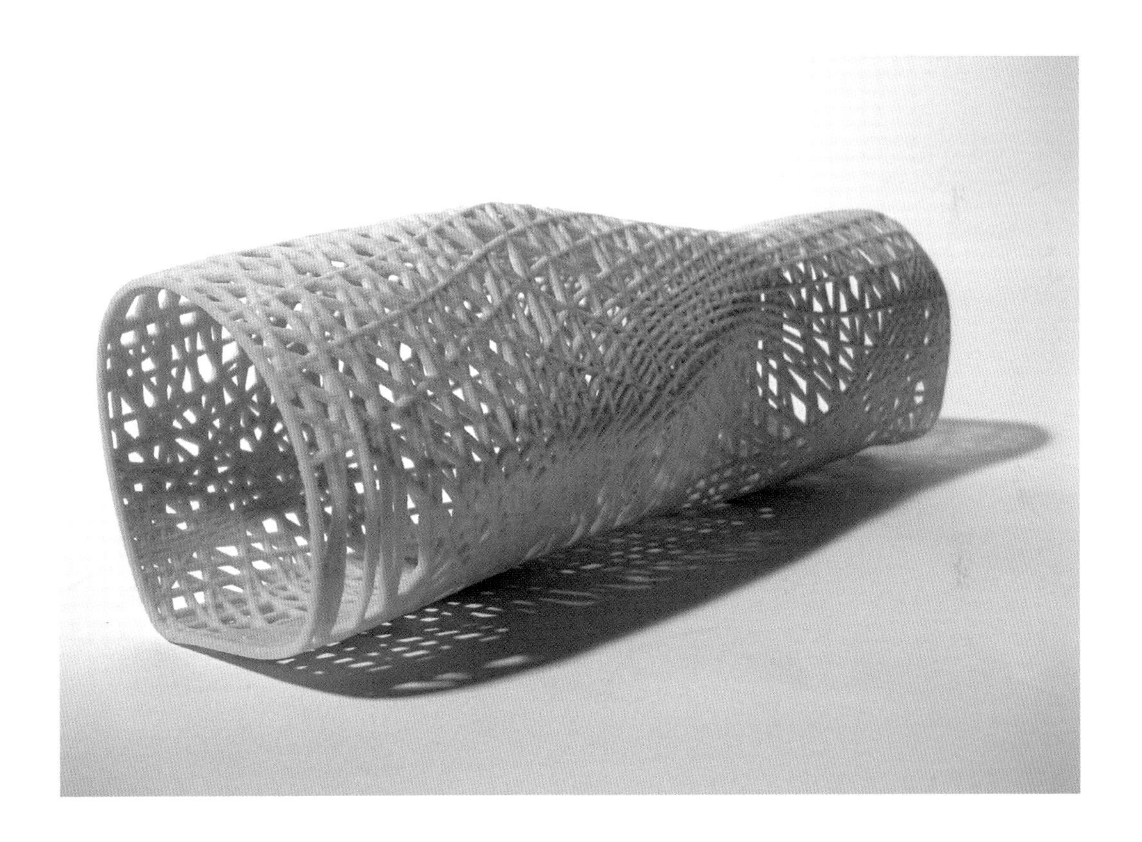

4.14

照片展示的是用三维印刷制造的原型桥体的模型。因三维印刷技术的限制，模型中纤维的比例是错误的。但是，我们还是可以清晰地观察纤维的分布。参见2008年2月，克里斯蒂娜·诺俄波提，建筑硕士论文。

第五章

织物

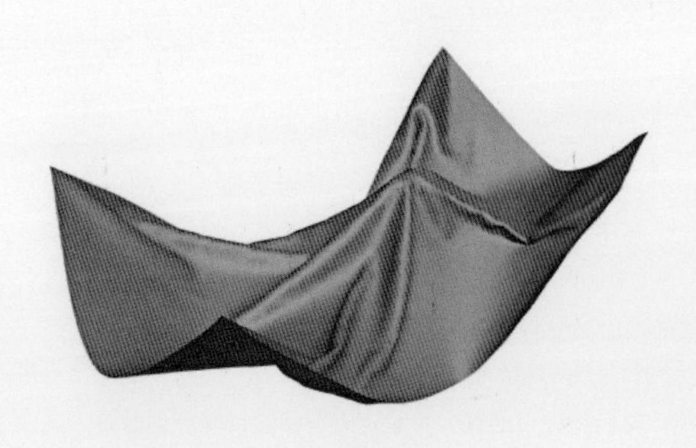

纺织制品近年来在建筑领域一直都属于一个主导的话题，尤其是在建筑起源以及建筑发展基础理论等范畴之中。戈特弗里德·森佩尔（1803—1879年）在他具有开创性的《制造工艺与建造艺术中的风格；或实用美学——技术人员、艺术家和艺术爱好者手册》（1860年，森帕）中用了整个第一册的篇幅致力于描述“纺织艺术：对其自身和存在于建筑领域中时的考虑”这个话题。在第一册的简介中，森佩尔将“作品是使用材料、加工工具和制作过程相结合的结果”（1860年森佩尔）作为此书第一册的主要论题之一，而这句话本身就像是在特意地肯定新兴科技与设计课程的中心议题。

一般来说纺织制品是一种柔软的纤维材料。它可有多种不同的制作过程，包括机织（线的交错）、针织（线圈彼此环环相套）、钩编（同针织相似）、打结，甚至直接将纤维挤压成形。正是这些过程形成了所谓的手感。因此，纺织品的特性取决于其制作方式所形成线的结构和所使用线的特性。而线本身的特性也由其材料和生产方式决定——缫丝、打结、练条、加捻或纺丝。纺织品是由一定长度的条状材料组成的网状结构。生产过程中可打褶形成折布；可使用固定经线，也可使用不固定经线；使用固定经线或不固

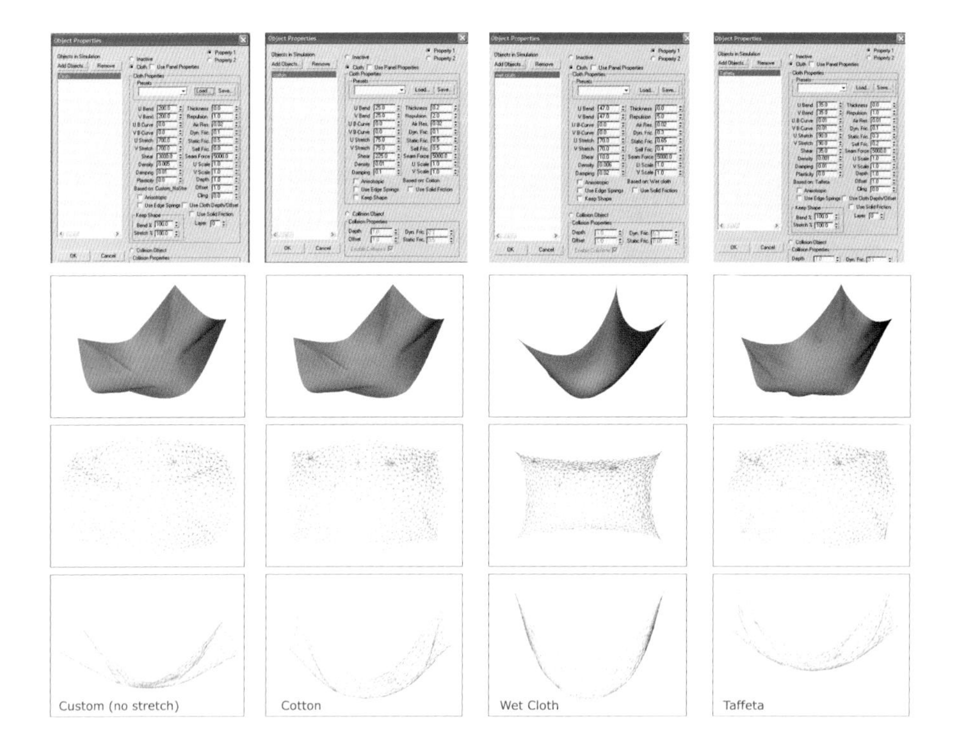

5.1

针对不同特性纺织制品的参数设置和电脑找形实验（由左至右）：自定义设置（无延展能力）、棉、湿布和塔夫绸。材料特性可通过大量设定进行修改，静态参数被用来定义材料形态的变形。同样形态，不同的材料设定会造成不同的外形。每一段表面都可拥有各自不同的材料特性。参见2008年2月，阿丽尔·布伦克—阿法克，建筑硕士论文。

定经线进行半编织或正常的编织（1994年，塞勒—伯丁克）。此外，纺织品有多种处理方式，包括皱裥、皱褶、打褶、缩褶、褶缝，等等（1996年，沃尔夫）。所有的这些处理，无论是对于线的制造方式，线与线之间的互动，还是布料生产过程或直接对布料进行更动，都将会改变布料最终的特性和同环境的互动方式。就好像当一块布料中的一根线被单独拉扯时，布料整块区域的形体都会产生变化。

因为所有这些处理的方法都已经存在，对纺织品性能系统性的深入研究相对简单。比如有关结构性能的分析已有大量现存资料可供学习研究。纺织品经常被用来建立壳体结构的几何外形，偶尔也作为纤维编织网被用来加强强化树脂外壳的结构。

壳结构是表面作用结构系统（1999年，恩格尔）。恩格尔对壳结构的两个主要特性作出了解释："壳结构的表面有使力改变方向的能力，其承重能力依赖于施加的力在表面上的位置和力的方向"，"对于表面作用结构，最重要的是恰当的形状。恰当的形状能将所承受的力平均分布于整个表面以减少每个单位面积所承受的压力"（1999年，恩格尔，212页）在这里所说的恰当形状通常以悬挂模型建立。在这种模型中，索拉力线由

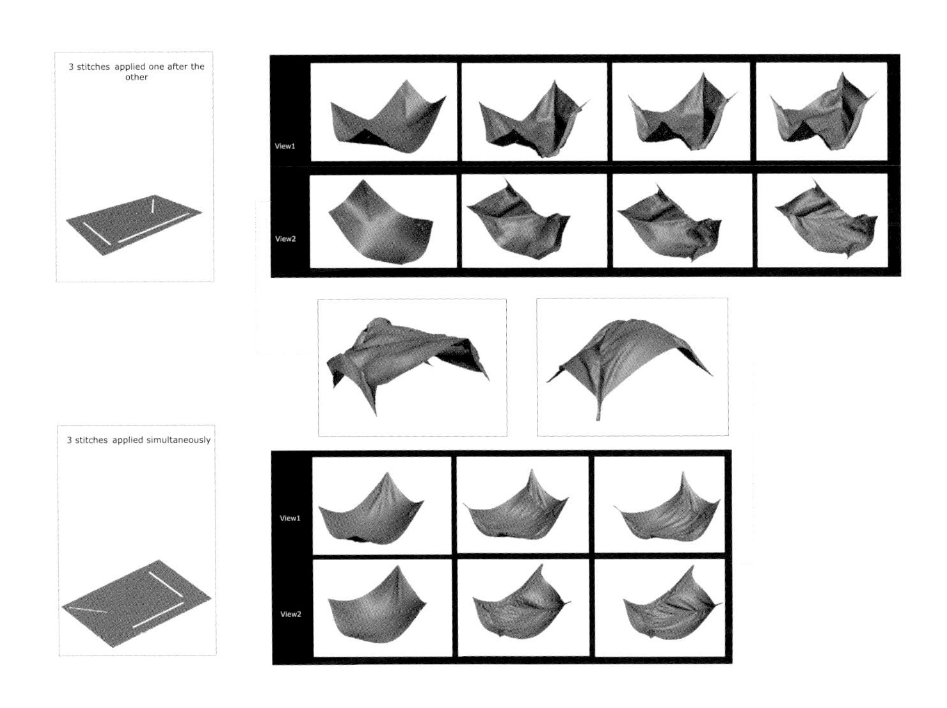

5.2

在这里纺织制品接受处理，使用的是在找形过程不同时机下的相同缝线。在其中一个例子中，每个缝线在市价后都会形成一个平衡状态。但在其他例子之中，所有的缝线在同时施加后系统才开始寻找平衡状态。参见2008年2月，阿丽尔·布伦克—阿法克，建筑硕士论文。

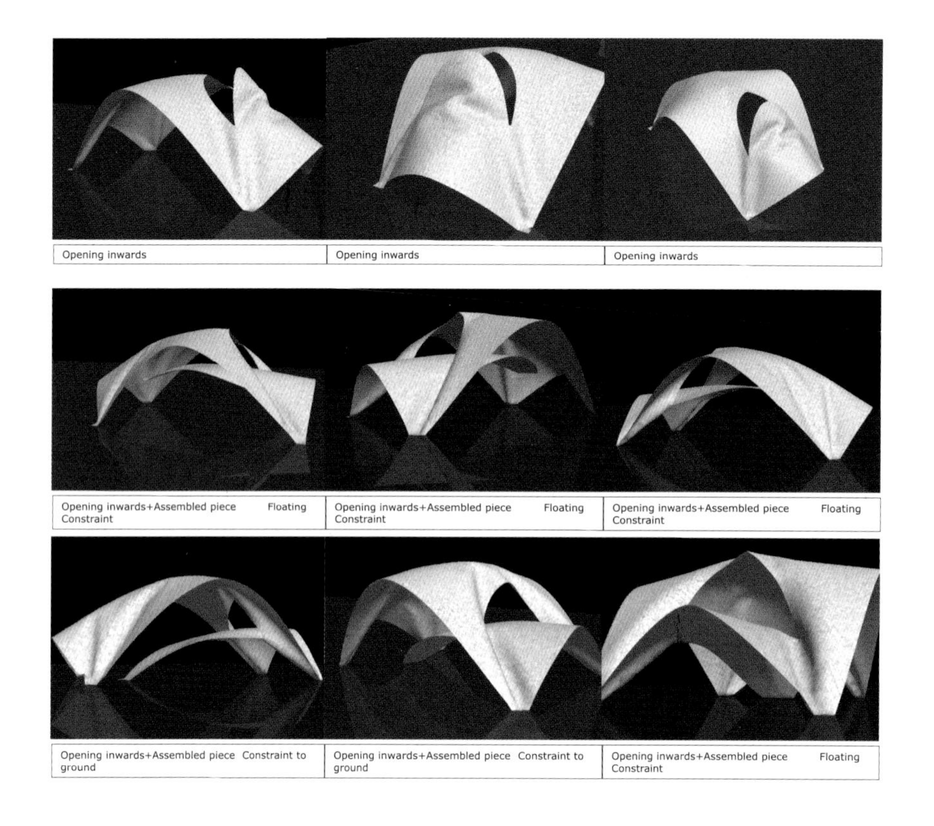

5.3

根据切割布局，电脑找形形成拥有各种开口的壳形。参见2008年2月，阿丽尔·布伦克—阿法克，建筑硕士论文。

施加在系统上的力（在这个例子中是地心引力）形成。

海因茨·艾斯勒、弗雷·奥托和其他建筑师对由纺织品衍生出的受张力形体做了实验。这促使艾斯勒创造出了由纺织品悬挂形态硬化后倒置，使其转变为受压力形体，成为壳结构的技巧。这些试验的目的在于探索由找形形成，完全遵从于壳结构所拥有的索拉力线特性的轻型桥结构。因此，避免表面褶皱是非常必要的。褶皱会阻断壳体作用力，也就是壳结构内应存在或不应存在的各种应力。然而，如果不以结构为唯一找形目的，而是进行多目的找形时，又会发生什么呢？当诸如褶皱等特征出现时，索拉力线会被阻断，而应力也不再是均匀地分布于表面材料之中。虽然弗雷·奥托分析了悬挂纺织品中所出现的各种褶皱模式，但他并未注意到褶皱对材料系统性能的影响。其实，根据壳结构的定义，人们能否将这个系统成为“壳结构”本身就值得商榷。然而，主要问题并不在于此。我们主要关注的是当壳体作用力被局部舍弃时，为了重新建立结构的稳定性所付出的代价值得吗？

在阿丽尔·布伦克—阿法克的硕士论文

（2007年）中，她对海因茨·艾斯勒的实验进行了系统性的分析，同时扩大了纺织品悬挂模型找形的适用范围。这些研究允许对纺织品的一些局部特征的利用（如褶皱），以追求结构以外的其他目的。使开口、褶皱和其他特征可以被融入于结构之中。这篇论文包括：[i]结合纺织品形态作用抗张系统的物理和电子找形；[ii]对由特定功能基准驱动，以找形过程生成的纺织品系统性能的扩张；[iii]电脑结构分析对电脑找形过程的反馈；[iv]对生产方法的研究，特别是对实体找形与生产过程结合的研究。

前几组的模型试验是对布料生产和时装设计时所使用的一些技巧进行了试验，如缝合纺织品并对缝合线进行拉扯。这形成了一个拥有不规则褶皱的复杂曲形表面。

下一步则是利用物理模型测试电子找形方法的适用性。这不光是为了测试电子找形过程生成整体形态的适用性，也是为了测试电子找形在模拟受到特定局部处理的纺织品时的准确性。

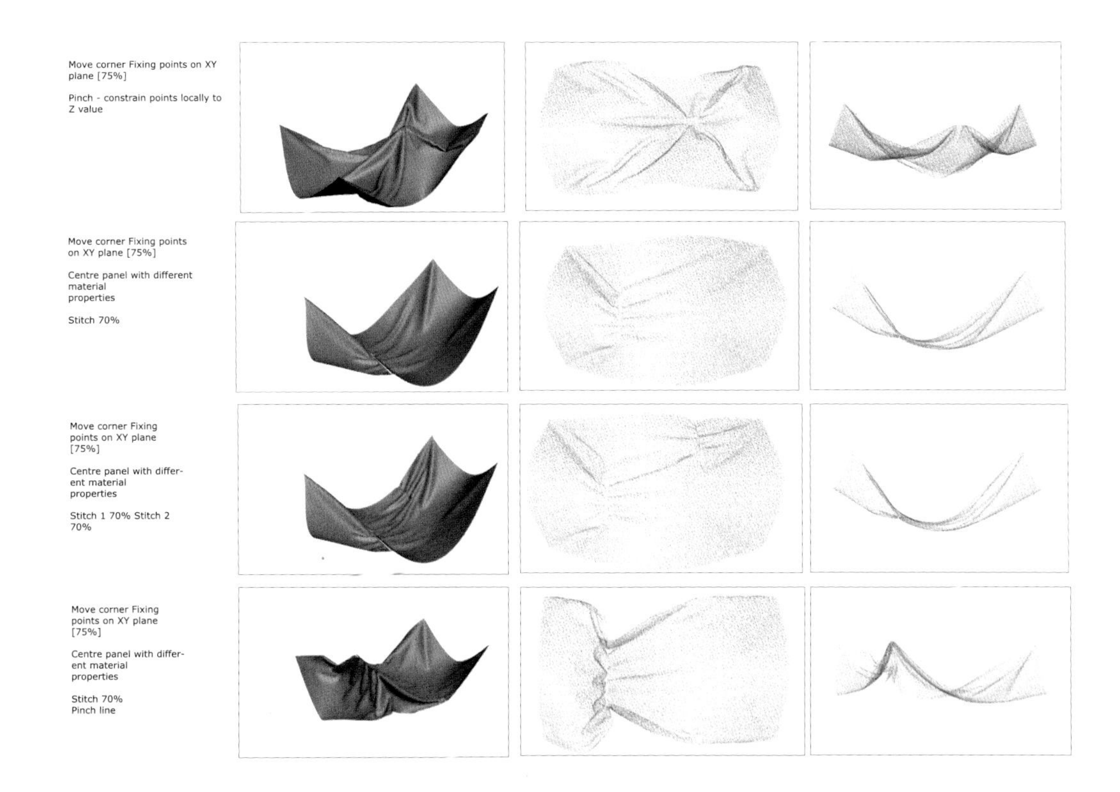

5.4

根据不同外加处理，如捏紧和缝合，电脑模拟处理后表面悬挂时的形态。参见2008年2月，阿丽尔·布伦克—阿法克，建筑硕士论文。

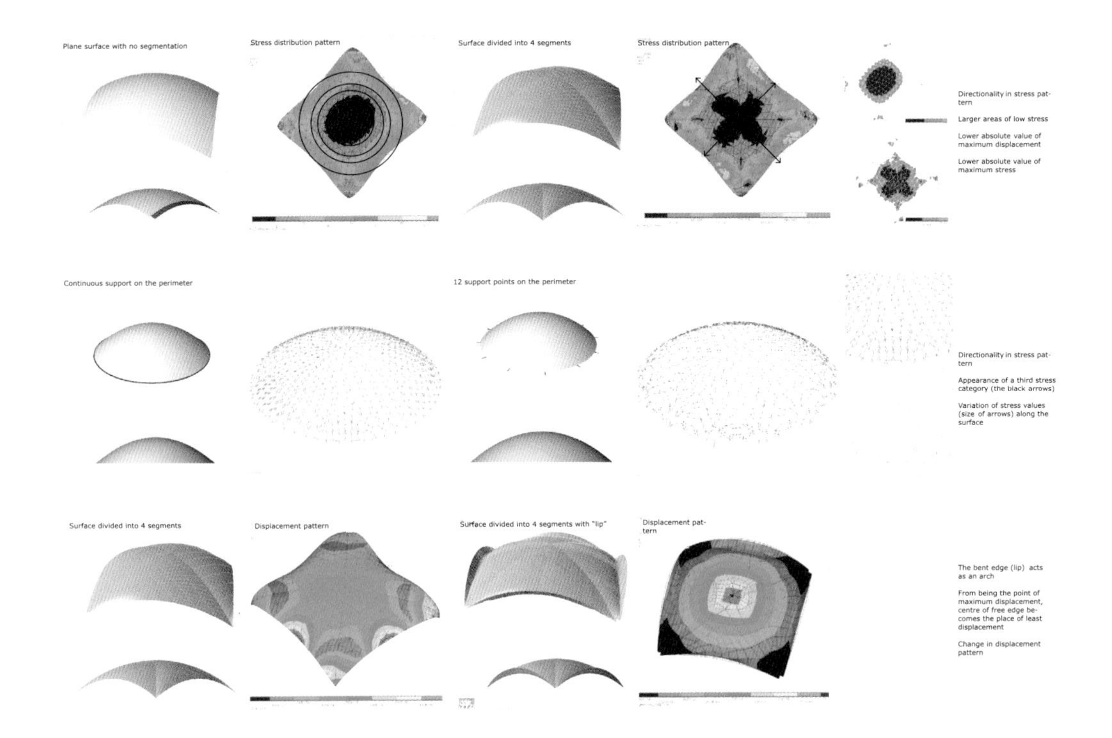

我们结合了数字化找形过程和迭代形态形成过程：

i. 整体外形的找形：根据系统的功能和所需空间的相关信息，通过纺织品悬挂模型，我们得以推导出一个大概外形。这时，我们会对膜的材料、具体形态和主要锚点的位置进行设定。

ii. 形态的初步具体化：第一组处理主要应用于整体的外形。这一步会以上一步的设计输出为基础生成多个设计。生成的形体全部需要根据性能基准进行分析和评价。之后，局部处理也被应用于形体表面。最终，多个带有局部变异的设计会被生成并接受进一步的评估。

在这里使用的电子找形工具叫做“Cloth”，它是三维软件3DStudioMAX 9自带的插件之一。这个插件包含两个修改器：“Cloth”和“GarmentMaker”。“Cloth”修改器的功能在于模拟纺织品与环境互动时的移动轨迹。这包括纺织品与物体的碰撞和在外力（如重力）下的反应。“GarmentMaker”是一款专门利用二维图像来生成三维布料模型的工具，模仿真正纺织品经过缝合后形成衣物的过程。当接受模拟的纺织品达到平衡状态时，它便达到了自身的最终形态。两组参数影响模拟结果：[i]有关模拟配置的参数和[ii]有关模拟工具本身的参数。

电脑模拟提供了大量的变量以对每次模拟的配置进行定义。这些都可通过软件的用户界面进行控制。它们可以被分为两类：描述材料特性的参数（输入数字），和描述各种限制的参数。而各种处理可通过有关系统限制的参数进行设定。所有参数又可被大致分为三组：有关膜本身的参数、有关限制的参数和有关处理的参数。

5.5（对页）

针对一个找形形成的壳体结构分析，这被用作调查系统的关键参数，如壳的分割（见上图）、支撑点的分布（见中图）和自由边缘的形态（见下图），对应力分布模式的影响。参见2008年2月，阿丽尔·布伦克—阿法克，建筑硕士论文。

5.6（下）

电脑结构分析（有限元分析）的网格准备过程和不同织物与它们相关电脑找形结果的结构分析（由上至下）：湿布、缎、斯潘德克斯弹性纤维和棉。参见2008年2月，阿丽尔·布伦克—阿法克，建筑硕士论文。

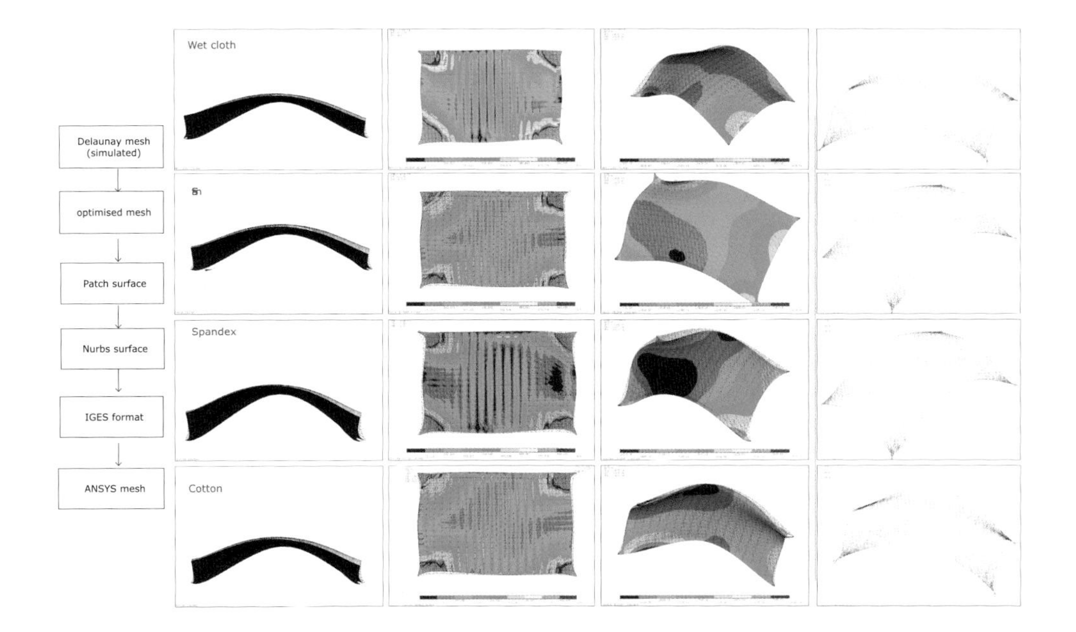

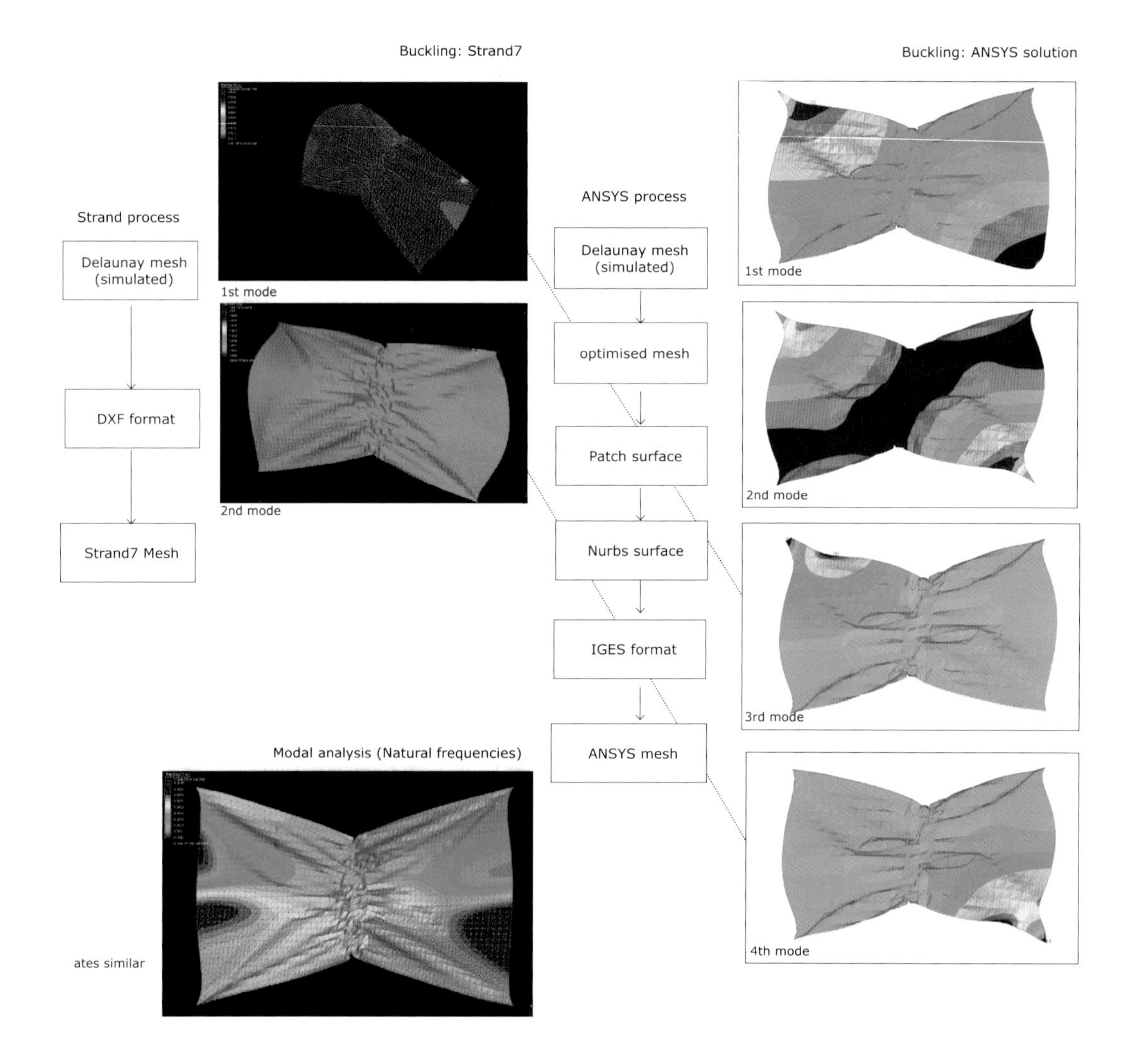

5.7

电脑结构分析：一种复合层压壳体接受分析以了解其屈曲行为。这项分析由两种不同的有限元分析软件包进行：Strand7（见左图）和ANSYS（见右图）。根据分析程序，接受分析的文件需要以不同方法进行准备，而这也会对它们得出的结果产生影响。Strand7分析出的第一和第二屈曲模式同ANSYS分析的第三和第四屈曲模式相似，全部拥有自由边缘和支撑附近的局部屈曲现象。ANSYS分析的第一和第二屈曲模式中的整体屈曲现象并未在Strand7分析的第一屈曲模式中出现。这表明软件环境和表面形态到网格的转换过程对有限元分析结果是有一定影响的。参见2008年2月，阿丽尔·布伦克—阿法克，建筑硕士论文。

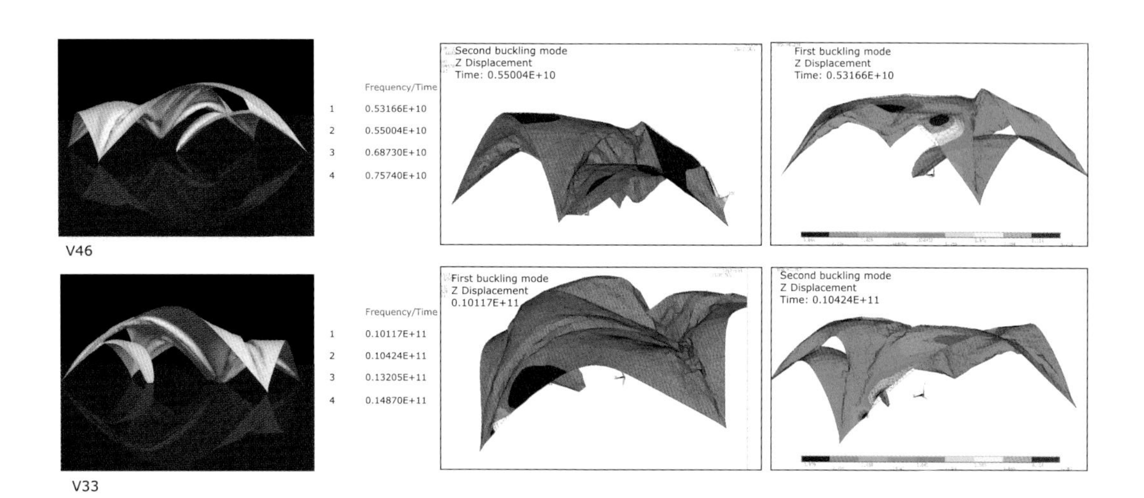

5.8

电脑结构分析被用来分析两个开口不同的壳体所展现出的屈曲行为。开口在这里扮演着一个非常重要的角色。它从传递负荷所施加力的表面中移除材料，但却添加了一个额外的支撑点。屈曲分析表明方案V33的性能相比之下较高，能承受更高的荷载。这两个表面的屈曲行为略有不同，V33的第一屈曲模式显示局部屈曲，V46中则出现了整体屈曲。参见2008年2月，阿丽尔·布伦克—阿法克，建筑硕士论文。

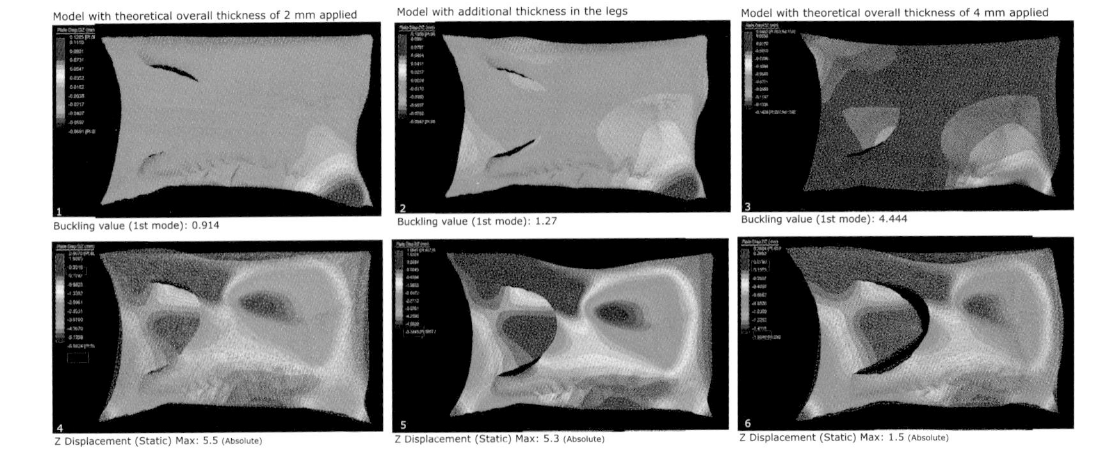
Model with theoretical overall thickness of 2 mm applied
Model with additional thickness in the legs
Model with theoretical overall thickness of 4 mm applied
1
2
3
Buckling value (1st mode): 0.914
Buckling value (1st mode): 1.27
Buckling value (1st mode): 4.444
4
5
6
Z Displacement (Static) Max: 5.5 (Absolute)
Z Displacement (Static) Max: 5.3 (Absolute)
Z Displacement (Static) Max: 1.5 (Absolute)

5.9

分析所使用的数字模型先被设定为2mm厚。分析显示第一屈曲模式会出现在结构的支柱附近。另一个模型也被用来接受同样的分析，但是这个模型支柱附近却有3mm厚。支撑附近厚度的增加造成了屈曲临界值的升高，但屈曲中位移的模式和位移量保持相似。如果整体厚度被增至4mm，屈曲临界值会明显增加，位移模式也会改变。同屈曲一同接受分析的还有这对三个模型中位移的静态分析。在这里，三个模型的位移模式完全相同。支柱附近厚度的增加对最高位移只有轻微的影响，而整体4mm的厚度则使位移量大幅下降。参见2008年2月，阿丽尔·布伦克—阿法克，建筑硕士论文。

有关膜的参数在初步设计过程中是最先受到考虑的。膜有它自己特定的尺寸、形状，而材料特性也会被加入考量。膜最初的形状可由数个部分组成。我们需要设定每个部分的形状，而膜的形状（不管是一个部分还是组装完毕的整体）对锚固的参数都会产生直接的影响，而锚固则会决定受到修改前膜的最初限制。锚固的数量、在膜上的位置和种类对膜的曲率都有着极大的影响。因此这些信息对结构极其重要。这些锚固可以被看做施加于网络顶点上的限制，将顶点联系在一个特定的位置或物体上。而锚固点之间的距离则决定膜大小同其高度的比例，也就是布料的悬垂度。而所谓“处理”其实是除锚固以外其他施加于膜之上的限制。根据处理不同，其相关参数也不尽相同。例如切割需要有关方向和形状的信息，但缝合需要的却是有关拉合力与针脚大小的信息。根据处理的时机和顺序对那三组参数进行调整。施加处理的顺序和在悬垂过程中处理施加的时机对最终结果有着极大的影响，因为在每一步纺织品都会根据限制进行自组织。处理后纤维对外力的反应会根据施加处理时起始状态的不同而有所不同，这有可能是一片平整的膜，在万有引力下悬垂的膜或一片已经经过其他处理的膜。

因为这些局部特征会阻断壳结构的机能，其附近的结构特性需手动输入。这样做的目的是允许电子找形过程以修改整体或局部形态，或通过增加材料弥补结构强度的减弱。因形态作用抗张系统的结构特性与表面的形态紧密相连，这样做更是非常必要的。不同的形体和不同的材料均会造成不同的应力分布模式。不仅如此，不同结构分析软件在互相传输信息前对数据进行的处理，也会对分析结果产生极大的影响。因此，对比和评估过程使用了两套不同的软件：Strand7和ANSYS。这组对比显示了相同初始表面形状所得到的不同结果。因为所分析的是壳体，分析着重于屈曲行为和屈曲模式。结构分析与评估的结果被反馈入表面下一轮的找形过程中，这使简单的找形过程形成了一个

	wet laminate	prepreg
Manufacturing constraints	[Technical] Assembly of impregnated segments Fabric has to be assembled to final size prior to wetting [Manipulation] Impregnation with resin	[Material properties] Curing in 70 degrees [Equipment] Large oven for curing (70-85 deg.)
Size implication	Width 5 to 10 mt	35 X 120 mt (largest oven built)
Labour	++++	+
Quality of laminate	+	++++
Environment	sensitive	non sensitive
Equipment	X	oven
Cost $$	++	++++
Size of structure	W 5-10 mt L 30-50 mt	W 35 mt L 100-120 mt
Implementations	Disaster relief / military use in dry climates Intervention in existing buildings, of medium size	Large structures with temporary on-site oven Small-medium scale elements manufactured off-site
Future developement	A technique for a 'soft' assembly of wetted out segments, possibly by local uv curing resin on seams, activated by lamp	UV curing prepregs that do not necessitate oven curing.

进化式的设计过程（其中包括一个随机因素以促进变异体的形成）。下一步则是针对形态更深入的比较性研究与发展，进而利用物理找形方法得到的结果对电子找形方法进行调整。

通过尝试生产实体大小的样品，最后一步会对上一步所产生的找形和生产逻辑进行最终的具体化。这个原型体在固瑞特公司的英国分公司（SP系统）的原型工厂建成。固瑞特公司提供了设施和技术支持，同时也赞助了材料。物理测试在乔治·杰若尼密德斯教授的帮助下于雷丁大学的仿生学中心进行。

对复合结构的实体找形我们考虑了两种生产方式：[i]预浸渍纺织物（可利用prepreg或SPRINT）的干式复合和[ii]干玻璃纤维织物的湿式复合。通过对两种过程潜力和缺陷的分析，我们遵从固瑞特公司的专家意见测试干式复合。

所生成的原型体建成后接受荷载实验以测试它们的屈曲行为。由于结构的屈曲行为同其自然振动频率有着密切关系，我们可以

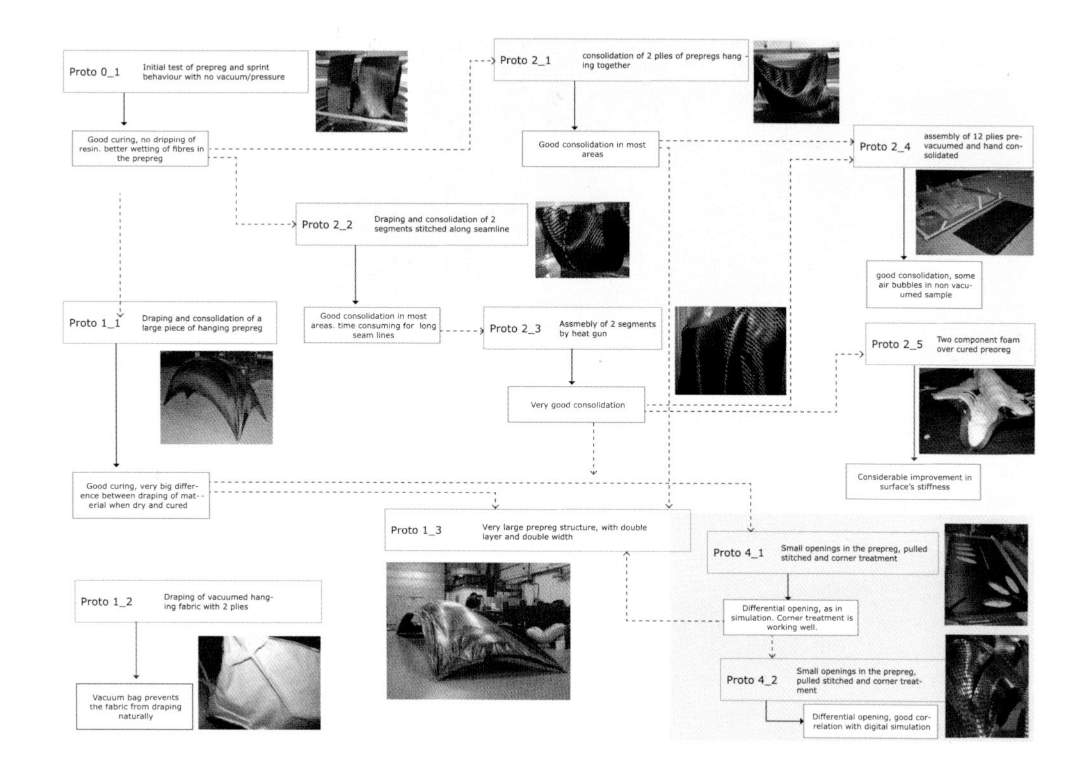

5.10（对页，上）

湿式复合和预浸生产过程对比。根据这个对比，我们能辨认每个过程的特定使用方式。湿式复合适合现场快速生产，特别是当加工过程因种种原因无法使用烤箱时。预浸则适合场外生产中型、能装入现有大型烤箱的构件。它也能在大型项目中现场使用，只是需要建立临时烤箱。需要构件的数量是这种使用方式适用性的决定性因素。参见2008年2月，阿丽尔·布伦克—阿法克，建筑硕士论文。

5.11（上）

不同尺寸的生产工作流程，和实物比例大小的硬化织物外壳。参见2008年2月，阿丽尔·布伦克—阿法克，建筑硕士论文。

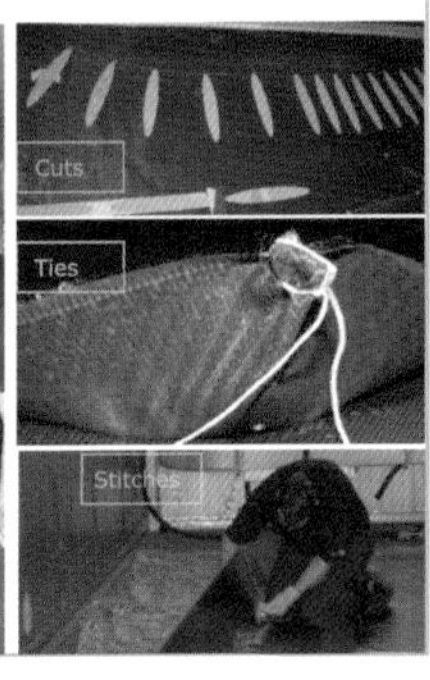

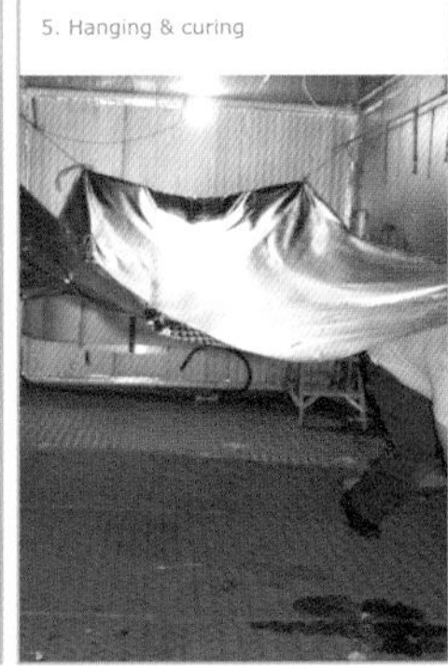

5.12（上）

预浸壳体的生产过程。参见2008年2月，阿丽尔·布伦克—阿法克，建筑硕士论文。

5.13（对页）

实物比例的预浸碳素斜纹外壳正在接受反转。通过这项实验，我们分析手动反转过程和自重承受能力对尺寸造成的限制。参见2008年2月，阿丽尔·布伦克—阿法克，建筑硕士论文。

利用自然振动频率测试预示屈曲的发生。对自然振动频率的测量是一种非破坏性的过程。这个过程不需要与结构有任何接触。这种测试利用多普勒测振仪。多普勒测振仪是一种光学仪器，通过多普勒效应利用一道激光根据物体表面所产生的折射测量结构振动的矢量和幅度。只需通过轻敲表面对其进行激发，使它能以自然频率振动即可。测试结果由测振仪传送至电脑中，并进行记录和处理。这样便可对原型的屈曲行为进行分析与理解。

这项研究显示了潜伏于壳结构中的潜力，尤其是那些使用纺织品作为材料的壳结构。一些只适用于纺织品的处理方式开启了利用一些前所未有形态的可能。这使我们发现了一条通往更高整体性能的新道路。虽然还有待进一步研究，但一些用于生成、评估和生产类似系统必不可少的方法和工具都已经得到了很好的展示。这使我们能进一步理解森佩尔所说“作品是使用材料、加工工具和制作过程相结合的结果”的意义所在。

第六章

网

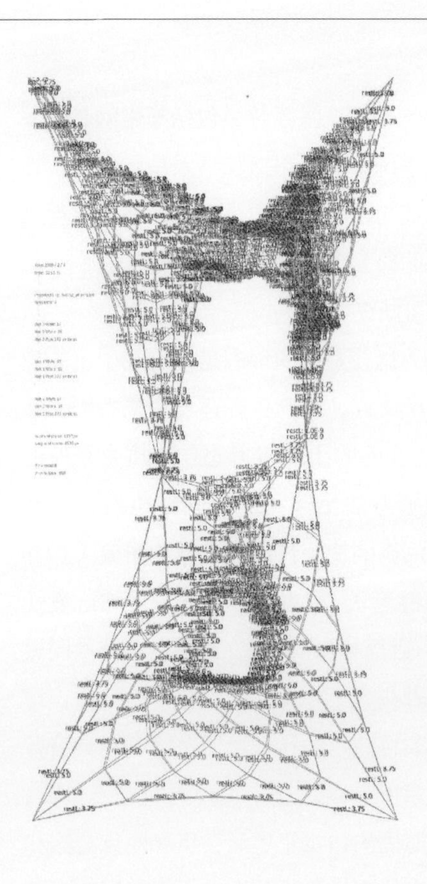

网格由多个构件组成。更准确地说，网格是由不能阻挡弯曲却能承受拉伸力的缆索组成。因此，网格是一个柔软的，只可承受拉伸力的网状结构。在建筑领域中，网格经常以方眼网的形式被用于双曲表面上。“网格结构”在承受应力的情况下能起到举足轻重的作用（1975年，巴赫等）。在海诺·恩格尔对结构体系的分类中，网格属于形态作用抗张系统。恩格尔对这种系统作出了进一步的解释：

> 形态作用系统的结构在理想状态下应与应力的流向相重合……荷载或支撑的任何改变均会造成缆索曲线的改变并形成新的结构形态。
>
> （1999年，恩格尔，58页）

形态作用抗张系统，包括绳索网和膜系统。膜系统本身又包括充气系统和弯棋。在新兴科技与设计课程中，这些系统不仅得到了单独的研究，我们同时也探究了它们一起使用的可能性。

因为这些系统的形态是由施加于上的应力流向所决定，因此正好适合用来找形。弗雷·奥托和他的团队将形态作用抗张系统的物理找形方法至臻完美，同时也对自然和人类对网格的使用作出了大量的研究（1975年，巴赫等）。根据这些研究，弗雷·奥托和拉里·迈德林与罗尔夫·古特布罗德共同设计，由弗里茨·莱昂哈德为首席工程师，建造位于蒙特利尔的1967世博会德国馆具有开创性的索网屋顶。这个项目对文明于世界，位于慕尼黑的1972年奥运会奥林匹克公园和奥林匹克体育场的设计有着极大的影响。两座建筑由博尼士合伙公司与弗雷·奥托合作设计。之后，大部分索网屋顶均为这些早期索网设计先驱项目的变异体。

网格可以是平面或是三维的。因三维网的形态并不能被简单的展开，所以它必须使用与平面网格不同的制作方式。

现有用以平面网格找形的电脑工具不适用于更复杂的三维网格找形。网格和膜的电脑找形方法叫做动态松弛。这是一种通过计算来一步步修正形态的迭代过程，直到形态达到平衡状态为止。为了使这个过程具有对复杂三维网格的找形能力，我们须对这个过程做出一些修改。

为了设计可延展的三维网格，我们需要设计多种生成方式。这些生成方式甚至有可能并有能力结合设计过程与工程过程，如同以分支逻辑来决定三维网格的外部形态。这种分支索网特定为新兴科技与设计2005年年终展览设计建造。网格由展厅地板上的一个点开始，之后分支出三组绳索，在每个方向均有两组。这种分支索网结构被分成数个三角形以便网格中绳索的方向变化，而这些三角形每个都形成了一个平面。为了配合展览的灯光，这些平面由大约800个透明的、染色的四面体组件填充。为了使组件都以特定角度朝向光源，分支逻辑和索网的朝向的决定尤为重要。

为建筑联盟新兴科技与设计2008年年终展览发展设计建造的另一个索网结构，它也是肖恩·阿尔奎斯特和莫里茨·弗莱希曼于2009年二月发表的硕士论文中的一部分。这个网格的特性在于其网络拓扑。这个拓扑由电脑模拟的弹簧组成而拓扑形态会在所有张力平衡时形成。这个网络拓扑基于一

6.1

1972年慕尼黑奥运会奥林匹克体育场而建的大型索网棚顶。博尼士合伙公司与弗雷·奥托合作设计。摄影：2005年，迈克尔·亨塞尔。

6.2（上）

照片展示实物比例，位于建筑联盟酒吧为新兴科技与设计2005年年终展览而建的索网结构。它由大量互不相同、以颜色编码的三角形组件覆盖。

6.3（下）

照片展示为建筑联盟新兴科技与设计课程2008年年终展览而建的索网结构原型。结构属于2009年2月，肖恩·阿尔奎斯特和莫里茨·弗莱希曼，建筑硕士论文的一部分。

种“环”式的连接方法。生产和组装所产生的限制从一开始便被嵌入这个系统之中。这种网络拓扑可形成拥有单一连续边界的数个空间，建筑设计由这些空间组成。通过数次初步阶段的试验，一个边缘外翻的圆柱体的网被生成。形成一个圆形的一系列锚点首先变形为椭圆形，之后这些锚点会经过分化并受到测试以确定系统中哪些终端节点会与椭圆上的点相连接。节点间都会有弹簧互相连接。在放松状态下，弹簧的长度表示节点间的物理距离。测试过程会将节点在固定或不固定状态之间转换，并以此研究所生成网格的密度和所需锚点的数量。

生产制作不过是协调这些信息并利用材料模拟这些信息所含的特性。这种逻辑在这个系统中是通用的。无论生成的形态如何，生产时对节点分类的方法还是相同的。而节点的辨认信息则是整个系统中最重要的信息。下一步是对节点间联系顺序的理解，在这里，圆柱体的拓扑是非常重要的，因为拓扑能描述一个界限和方向性。在一个找形过程中，这些空间特性能形成结构。而这个设施的另一个重要作用便是探索结构对于空间的规划。在这个结构中，我们可以使用膜组件对三维网格间的视野和空间流动进行控制。在电脑模型中，受压构件也可在特定位

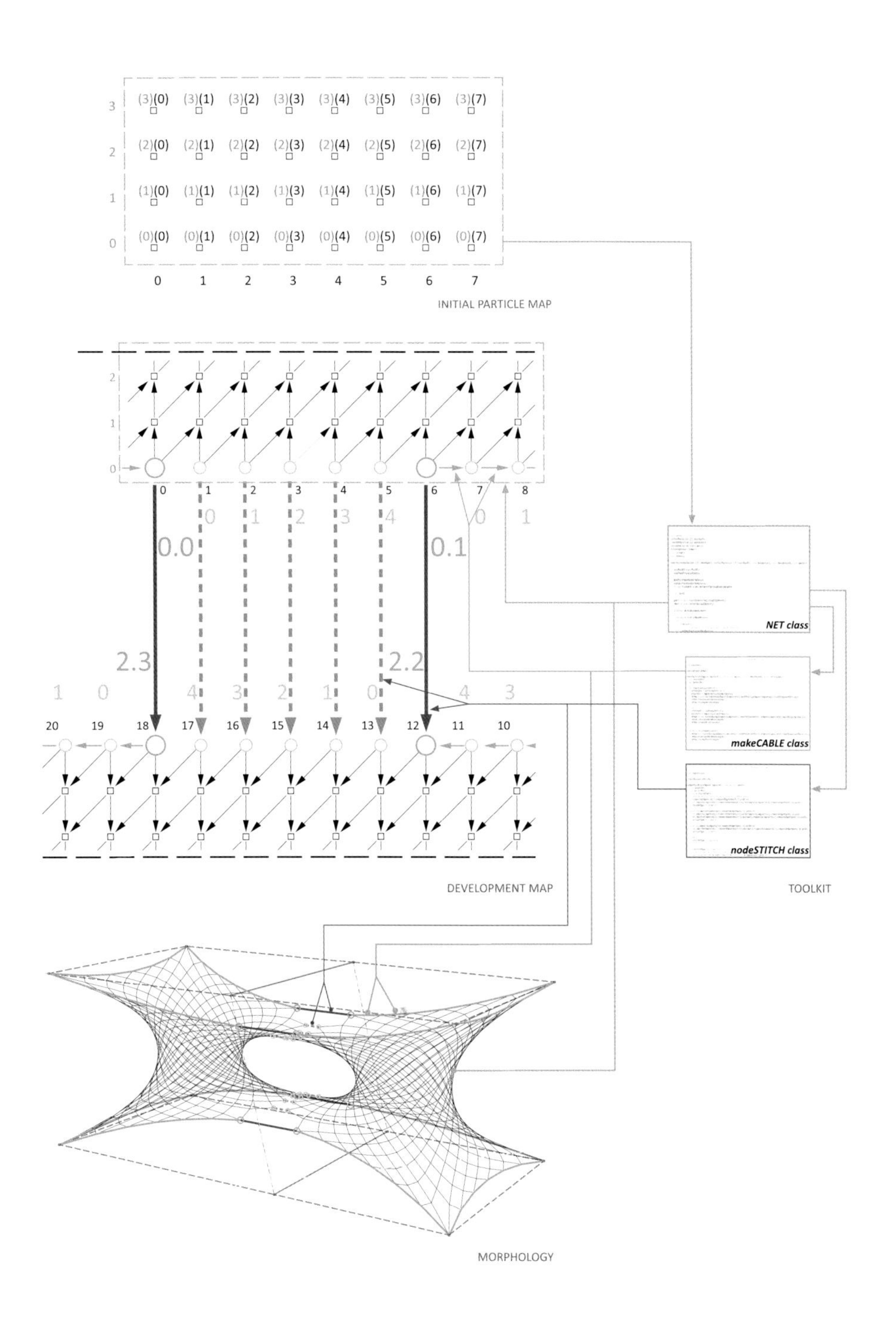

6.4

电脑找形步骤：[i]起始颗粒分布图的定义（见上图）；[ii]用来发展并定义分布图的弹簧分级（见左中图）；[iii]由脚本组成的工具箱（见右中图）；[iv]最终根据具体情况而形成的形态。参见2009年2月，肖恩·阿尔奎斯特和莫里茨·弗莱希曼，建筑硕士论文。

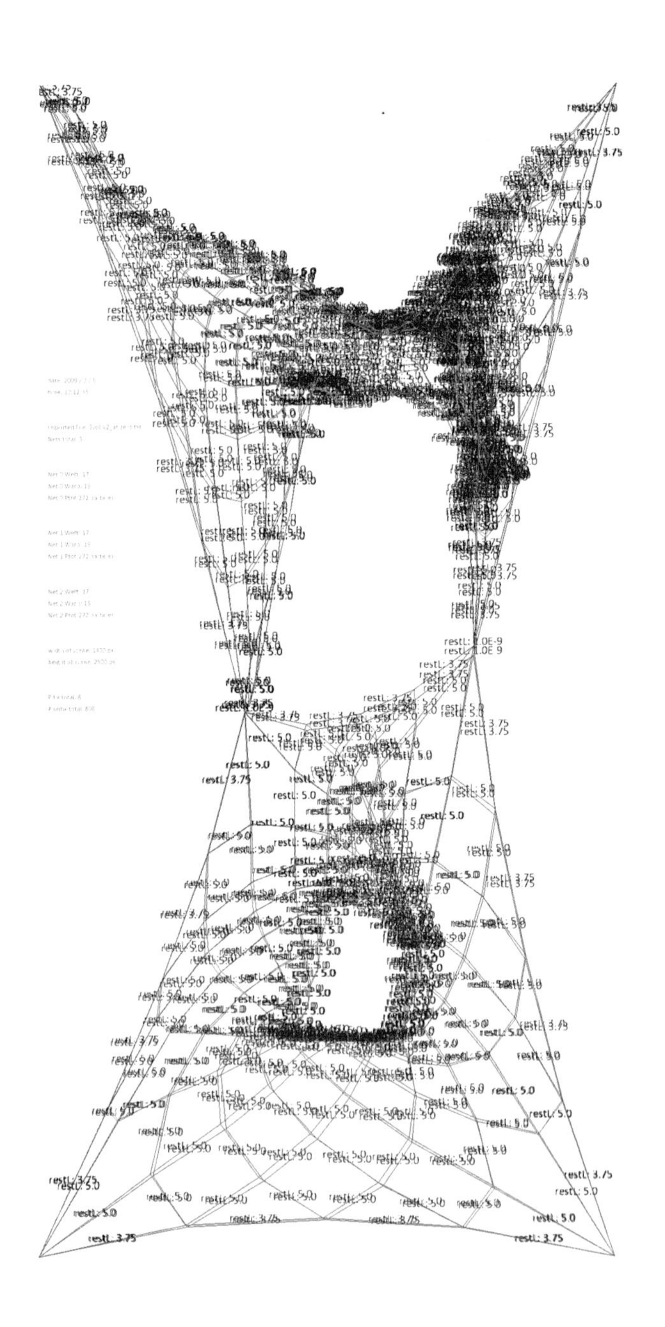

6.5

电脑索网模拟过程的其中一步和构件在松弛状态下的长度。参见2009年2月，肖恩·阿尔奎斯特和莫里茨·弗莱希曼，建筑硕士论文。

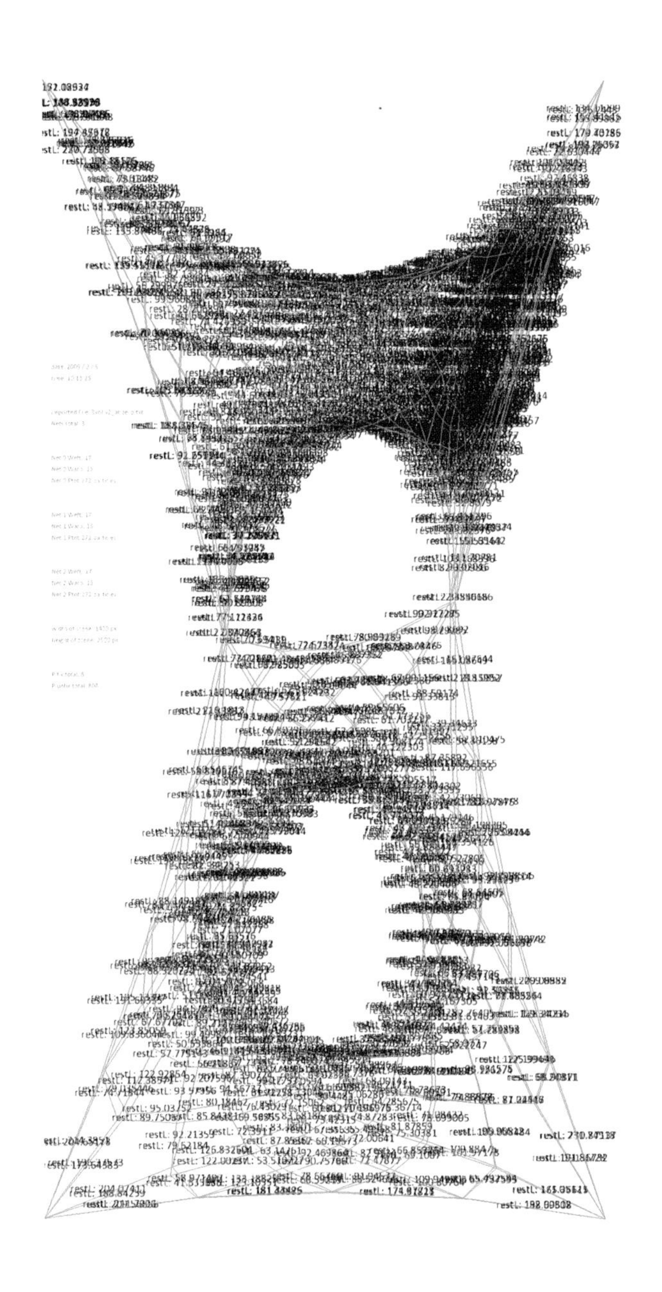

6.6

电脑索网模拟过程的其中一步和构件在松弛状态下的长度。参见2009年2月，肖恩·阿尔奎斯特和莫里茨·弗莱希曼，建筑硕士论文。

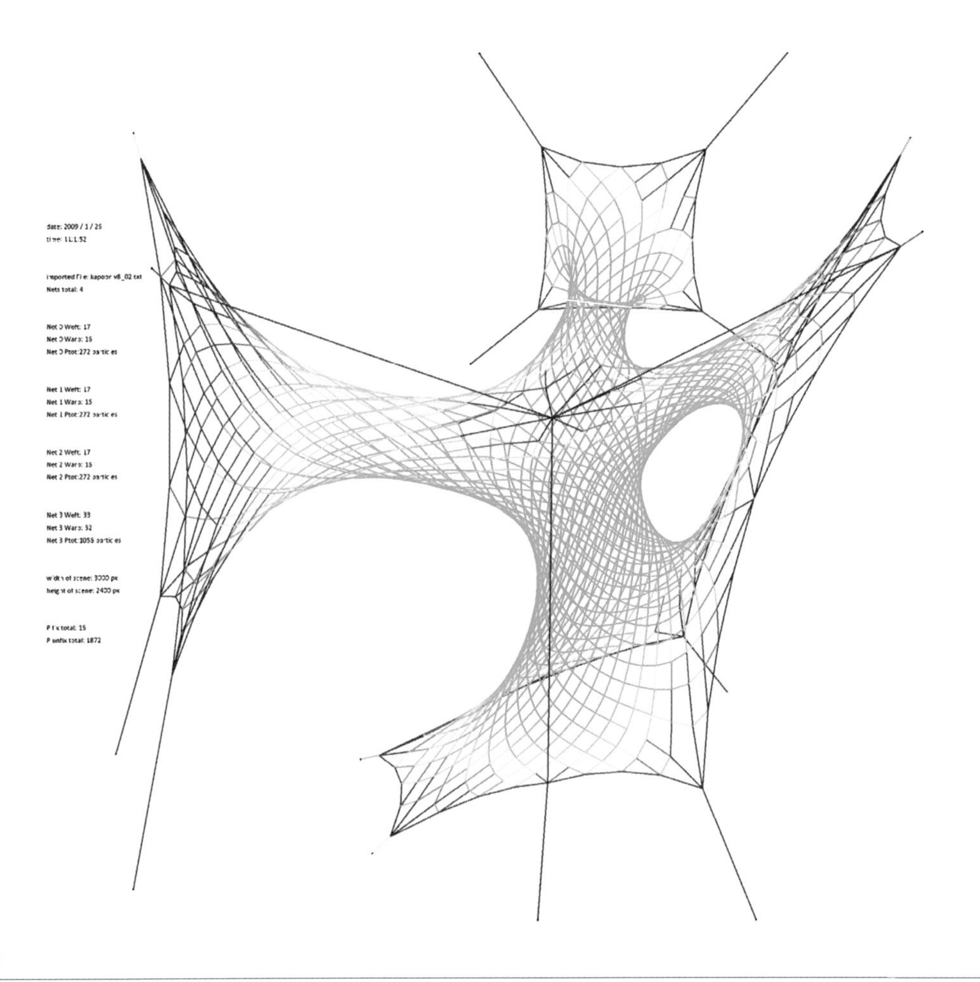

6.7

电脑索网找形过程的一个结果和以颜色标注的力分配分析。参见2009年2月，肖恩·阿尔奎斯特和莫里茨·弗莱希曼，建筑硕士论文。

置将网的表面撑开以改变网的三维特性。而建筑过程中，受压构件也可作为后张拉的方法之一。

这个项目的研究注重于如何建设并连接一系列相对自主的圆柱体网格。当多个网格结构开始连接时，因逐渐增多的构件、数组和变量，系统对层级的需求会逐渐增加。因此，研究方向从生成分离的几何图形逐渐转变为生成网络的拓扑。而为了生成拥有不同拓扑的网格，这种计算方法必须拥有扩展能力。这个网络由使用RhinoScript所写的分化算法生成，而生成的结构使这个复合网络形成一个类似枝杈的构造。枝杈结构的生成并未被当作一个程序功能被直接写入脚本中，它的出现是因为网的布局和点与边的位置恰好形成一个类似这样的结构。因此，对这个关系的认识能帮助我们更好地认知网格结构机制和用来生成这个网络结构的分割算法。这个系统的构件有三个主要状态：[i]用来联系周围环境并作为固定锚点的框架；[ii]用来定义邻近网格间关系的框架；[iii]两种框架的混合体。在这里，系统结构不再只是锚点间的连接，它体现了这个系统类似“超级弹簧”的特性。它形成了一个弹簧网络，帮助

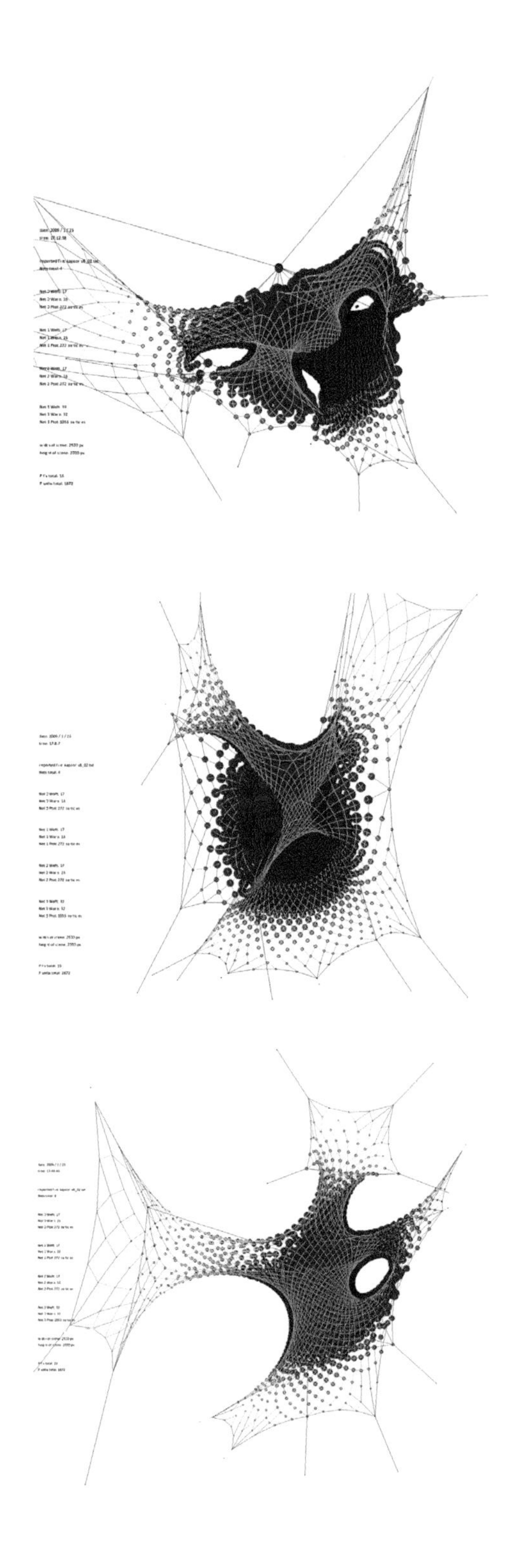

6.8

针对不同索网布置的电脑找形模拟和视觉密度分布图。参见2009年2月，肖恩·阿尔奎斯特和莫里茨·弗莱希曼，建筑硕士论文。

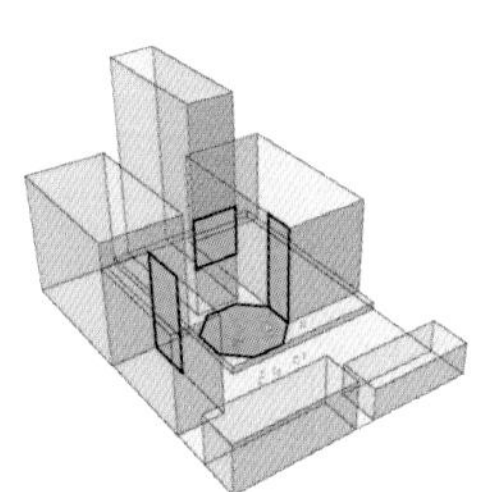

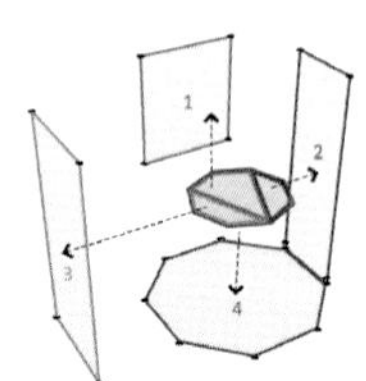
1
2
3
4

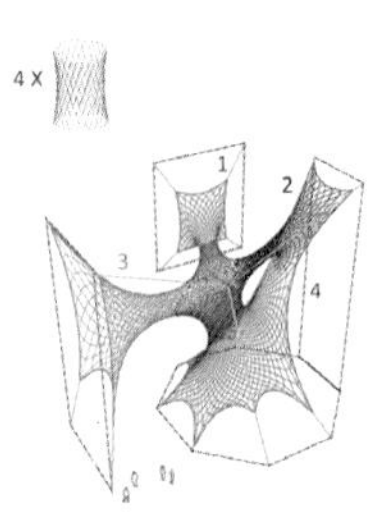
4 X
1
2
3
4

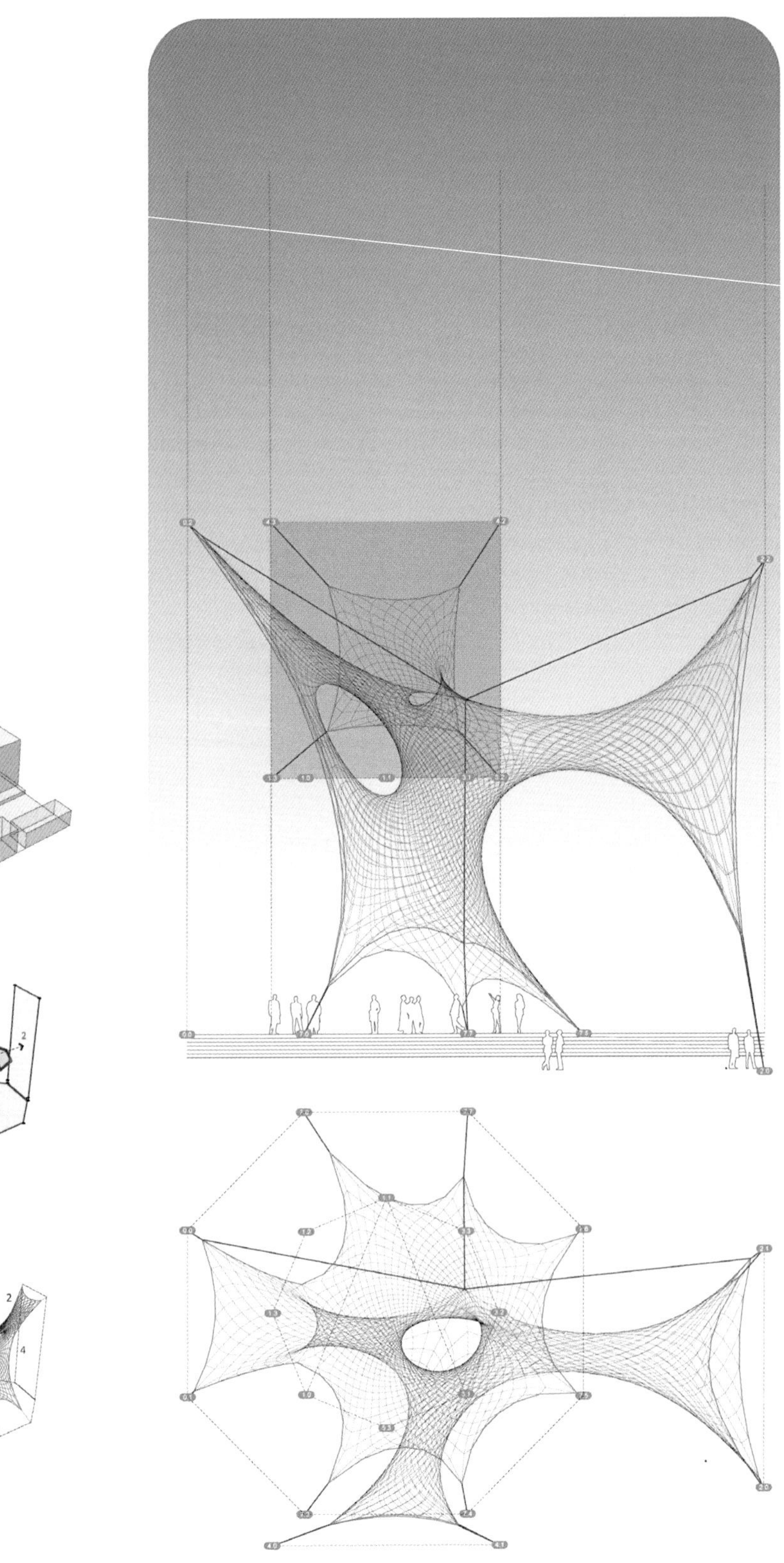

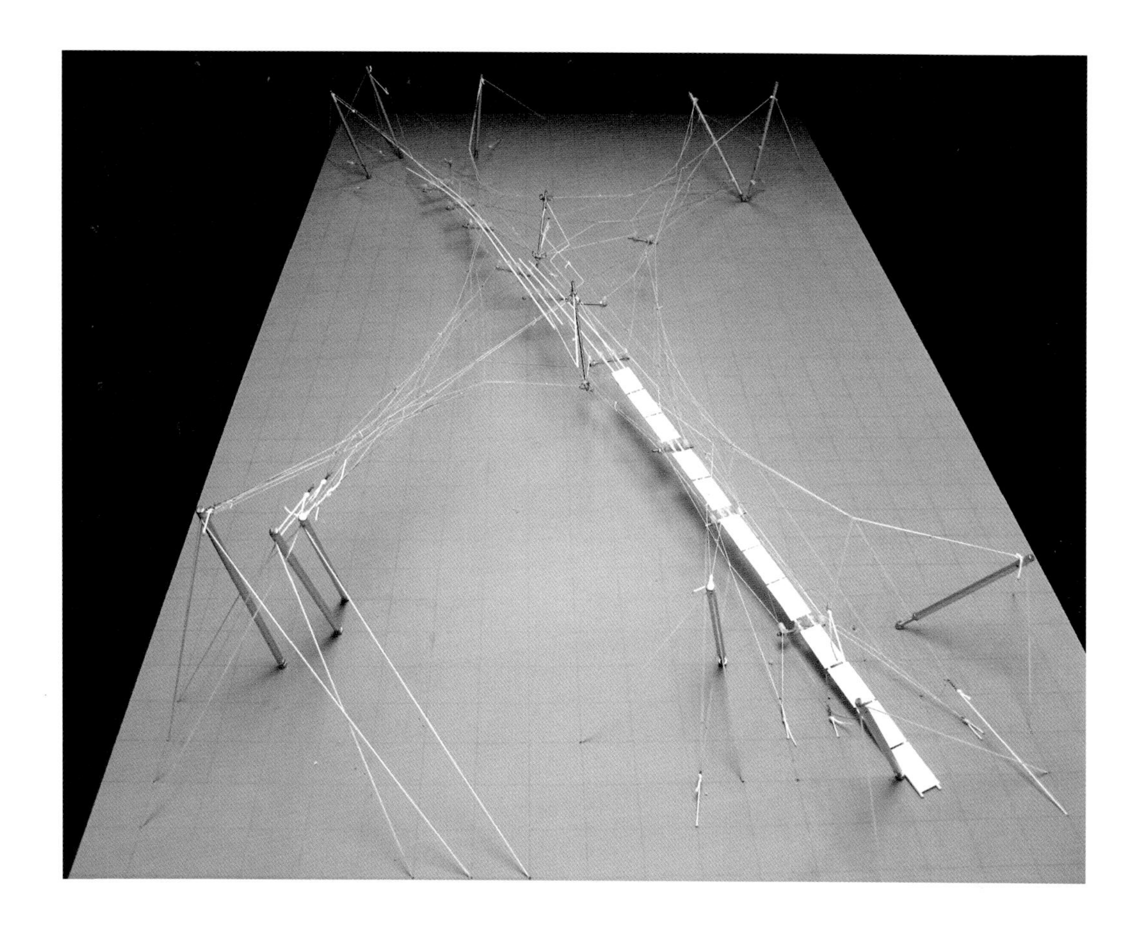

6.9（对页）

电脑找形形成的三维索网结构原型。参见2009年2月，肖恩·阿尔奎斯特和莫里茨·弗莱希曼，建筑硕士论文。

6.10（上）

根据三维索网形成的桥梁提案。项目：2008年，肖恩·阿尔奎斯特、莫里茨·弗莱希曼和托马斯·麦林拉斯基。

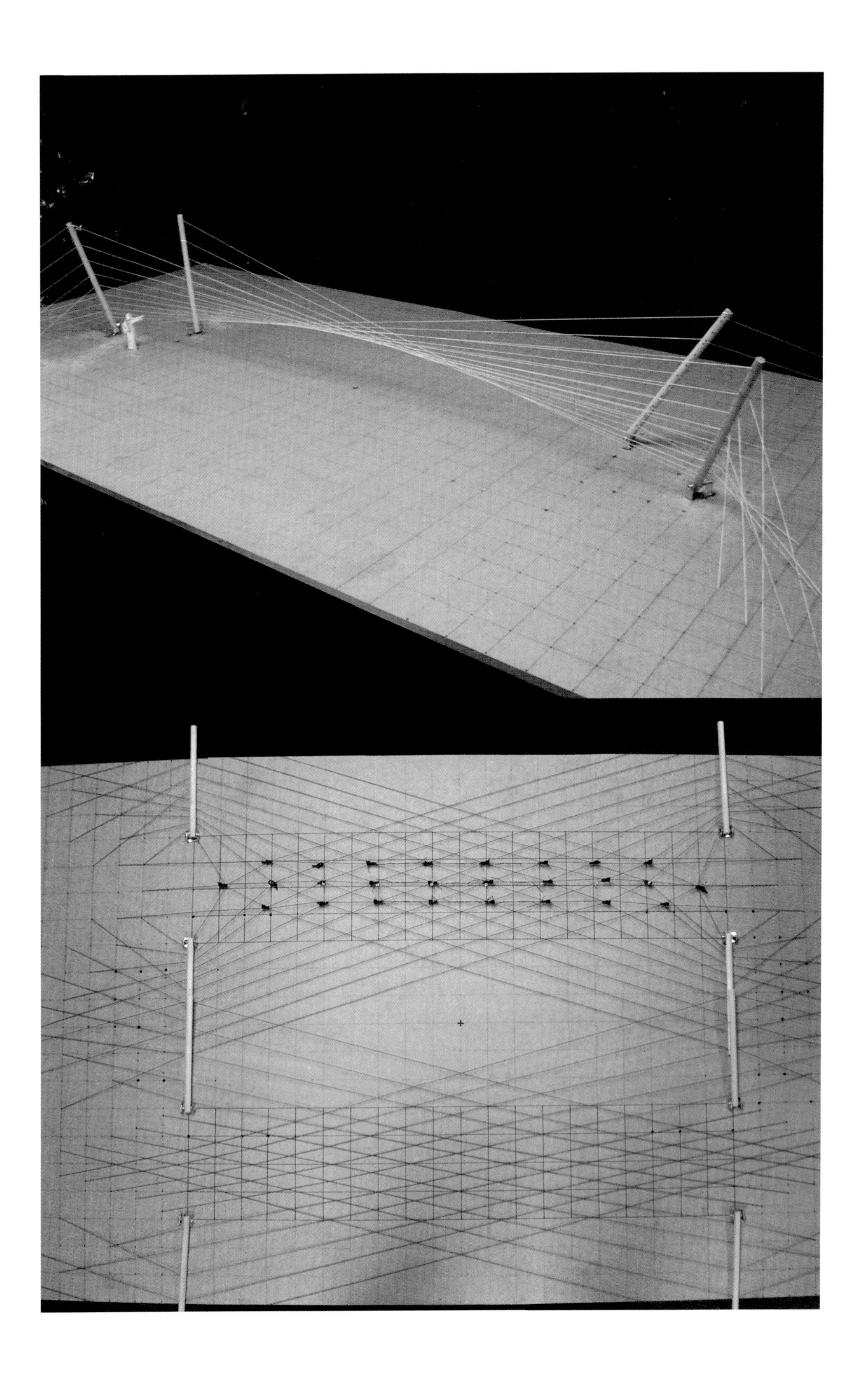

我们控制网格整体的形态。

设计测试对这种设计方法至关重要。在另一个设计上，我们使用了同样的设计方法，设计目标是一座由四个圆柱形索网分叉排列形成的桥。而圆柱相交处有一个可居住的空间。网络结构本身也作为一系列膜片的框架，这些膜片能使桥内空间更加封闭。这种设计方法再次展示了形态形成过程中对空间考量和结构考量的整合。

第二个网格桥的设计在工作室中成型，并在2008年于智利巴塔哥尼亚的科卡格庄园建成。方案由两组绳子组成，它们相互交错并旋转成一个双曲抛物面。其弓形曲线的方向与桥的长边方向相同。为了解决土壤状况位置的问题，桥的四个支撑柱子的排列方法特意被设置为非对称的以适应可能出现的不同设置。因桥并不需要一个对称的设置，支撑柱可以单个根据土壤状况而移动。当设计方向确定后，就轮到了对用来支撑绷紧绳索的锚点（使用的锚点必须对土壤质量要求较低）的开发和楼板与设计方法的整合。而组装、打结还有绑扎的详细安排是施工文件的最后一部分。在智利的圣地亚哥，新兴科技与设计小组购买了绳子、用于调整张力的棘齿和一些其他必需的工具。之后，他们便到达了巴塔哥尼亚。到达时所需的16个为锚和柱子而挖的洞已经全部完成；柱子和锚已经准备完毕并放入洞中；所有的洞都也已经被填土并压平。河两边的柱子之间大约相隔20米，而最远的锚点之间大约相隔40米。首先将绳子和隔离柱在附近的仓房中进行组装，再运至施工场地后开始安装。这些完成之后，更为重要的施加预张拉过程便可以开始。而这一切都是与楼板的准备工作同时进行的。当楼板安装完毕后，后张拉过程开始。通过使用棘齿和活结，绳索被逐渐张拉。因棘齿数量有限，并不是所有绳索均可被同时张拉的，这就造成了后张拉过程中整个系统中张力的不平衡。

因后张拉过程中对先后顺序的注意，张力的不平衡并不是问题。当张力增加时，固定绳索的绳结开始打滑。因此，建设组必须使用另一种绳结。最终，绳索的延展超过预想的量，其直径大幅下降。至此，绳索也开始再次打滑，张拉过程必须停止。不过因这个阶段的张力已经足够，项目提前两天完工。

对复杂三维网格和这种系统在缺乏可放置锚点的地面或缺少高端科技环境下的建造是新兴科技与设计所研究的重点之一。这些系统有潜力被用作于建筑的辅助，例如在完全控制的室内环境与完全暴露的室外环境间利用快速组装的轻型系统建立起一个过渡空间。如此一来，便可达到对环境有较高的被动调节的能力。

6.11（对页）

位于智利巴塔哥尼亚的科卡格庄园索网桥的1/20模型。设计和建造：2007–2008年，新兴科技与设计小组；2008年，远征工程公司。

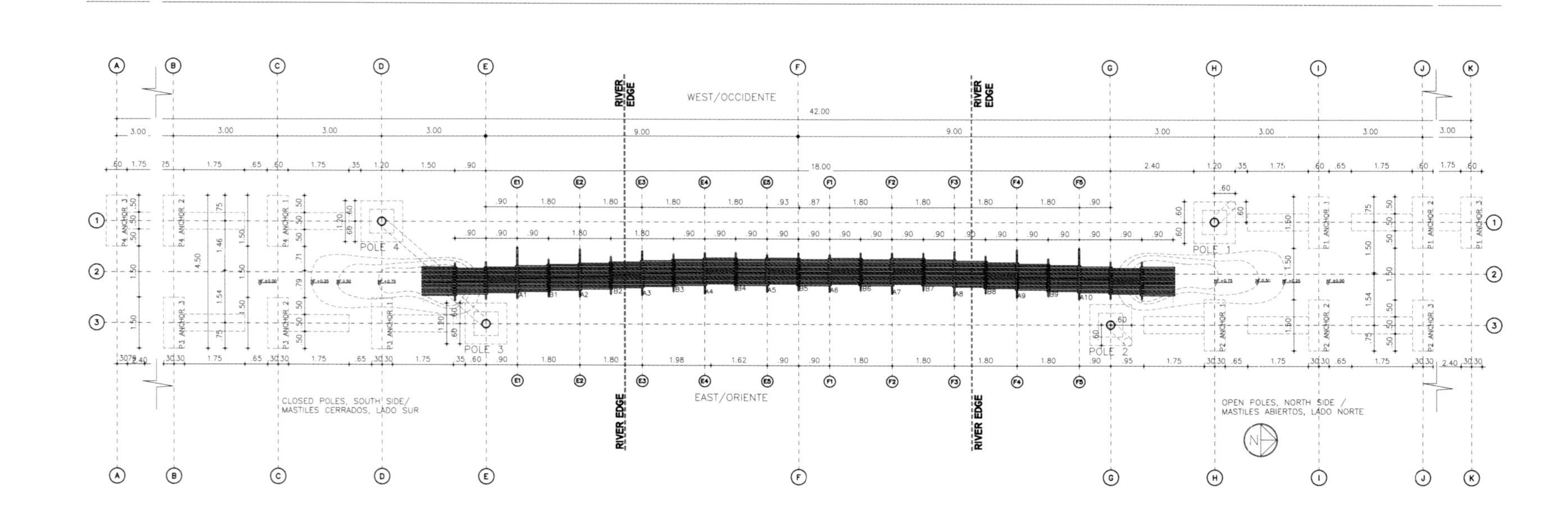
WEST/OCCIDENTE
RIVER EDGE
RIVER EDGE
42.00
18.00
9.00
9.00
POLE 4
POLE 3
POLE 1
POLE 2
P4 ANCHOR 3
P4 ANCHOR 2
P4 ANCHOR 1
P3 ANCHOR 3
P3 ANCHOR 2
P3 ANCHOR 1
P1 ANCHOR 1
P1 ANCHOR 2
P1 ANCHOR 3
P2 ANCHOR 1
P2 ANCHOR 2
P2 ANCHOR 3
EAST/ORIENTE
RIVER EDGE
RIVER EDGE
CLOSED POLES, SOUTH SIDE/
MASTILES CERRADOS, LADO SUR
OPEN POLES, NORTH SIDE /
MASTILES ABIERTOS, LADO NORTE

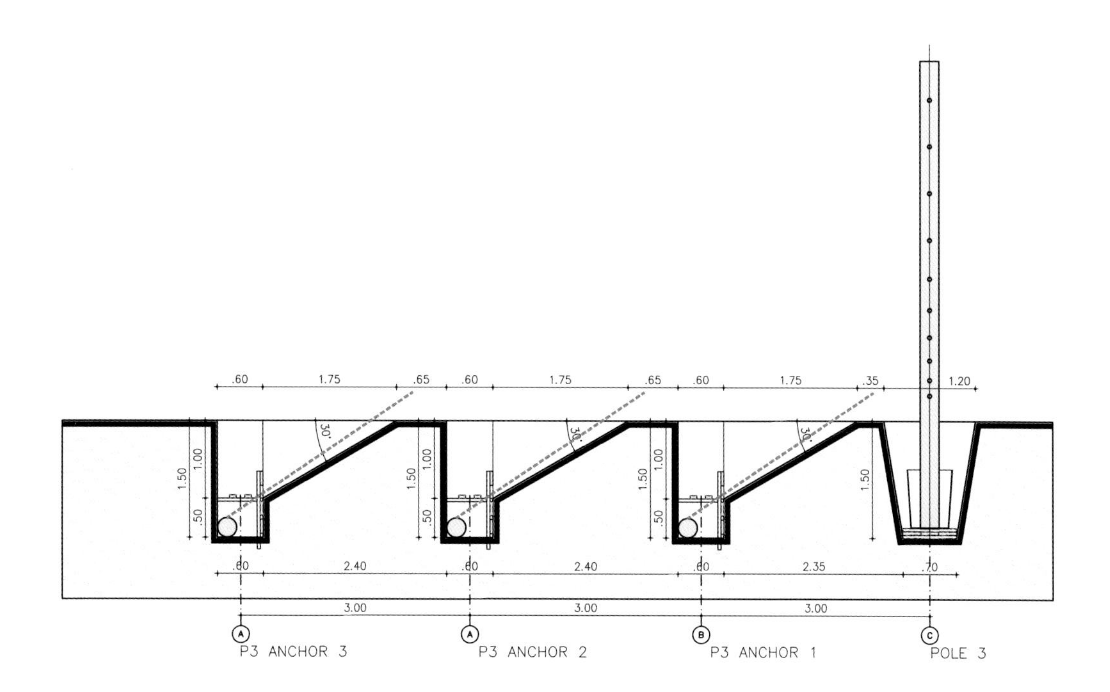

6.12（对页）

建筑图纸：索网桥的平面图。2007—2008年，新兴科技与设计小组；2008年，远征工程公司。

6.13（上）

建筑图纸：一段支柱和用来保持张拉力的锚。2007—2008年，新兴科技与设计小组；2008年，远征工程公司。

WOOD/MADERA

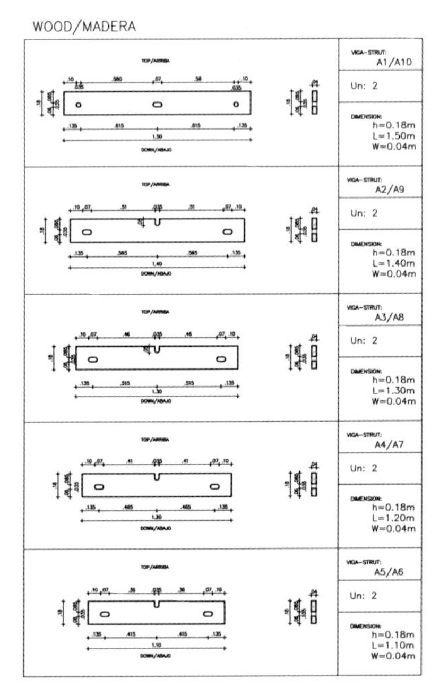

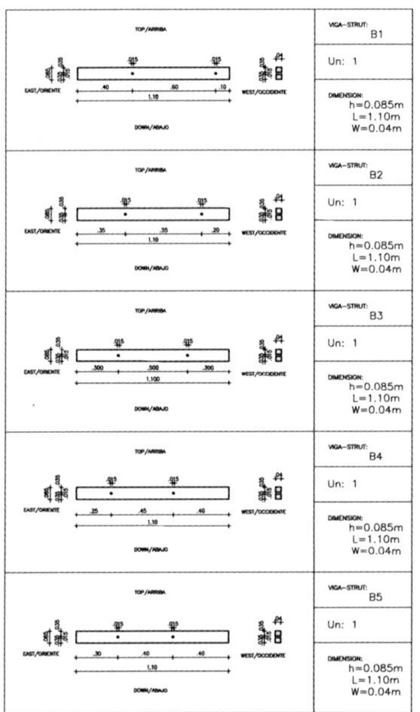

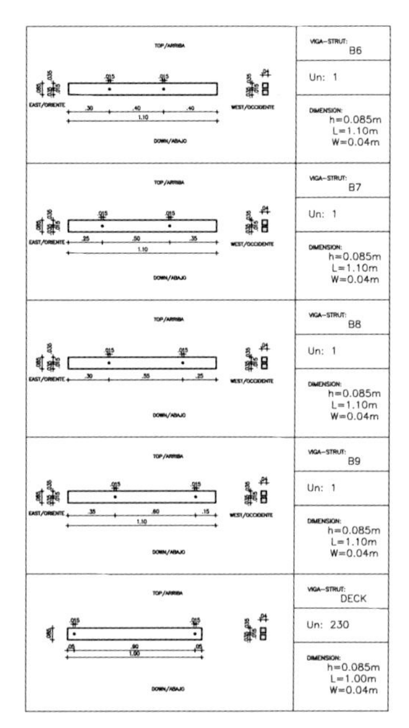

6.14

建筑图纸：用于桥面木材构件的规格。2007—2008年，新兴科技与设计小组；2008年，远征工程公司。

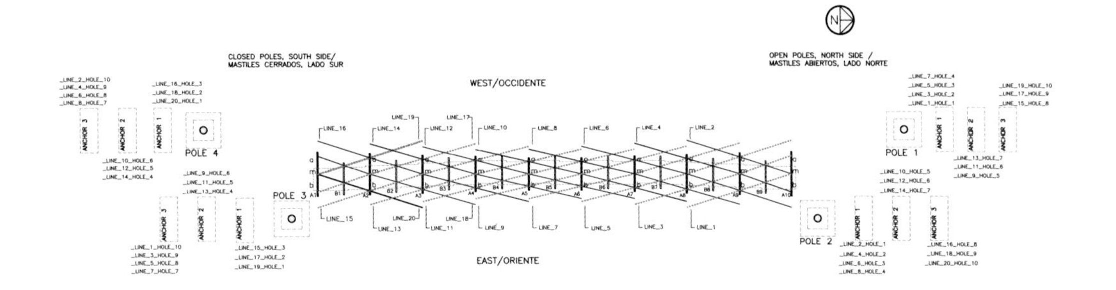

_LINE_1: THROUGH(A10)M_THROUGN(A9)B

_LINE_2: THROUGH(A10)M_OVER LINE_1_THROUGH(A9)A

_LINE_3: THROUGH(A10)A_OVER LINE 2_OVER (A9)_THROUGH (A8)B_UNDER LINE_1

_LINE_4: THROUGH(A10)B_OVER LINE 2_OVER (A9)_OVER LINE 3_THROUGH (A8)A

_LINE_5: THROUGH(A9)A_UNDER LINE_2_OVER LINE_4_OVER SECTION (A8)_THROUGH (A7)B

_LINE_6: THROUGH(A9)B_OVER LINE_1_UNDER LINE_3_OVER SECTION (A8)_OVER LINE_5_UNDER LINE_4 THROUGH (A7)A

_LINE_7: OVER LINE_2_THROUGH (A8)A_UNDER LINE_4_OVER LINE_6_OVER (A7)_THROUGH (A6)B

_LINE_8: UNDER LINE_1_THROUGH (A8)B_OVER LINE_3_UNDER LINE_5_OVER (A7)_OVER LINE_7 THROUGH (A6)A

_LINE_9: UNDER LINE_2_UNDER LINE_4_THROUGH (A7)A_UNDER LINE_6_OVER LINE_8_OVER SECTION (A6) UNDER LINE_7_THROUGH (A5)B

_LINE_10: OVER LINE_1-UNDER LINE_3_THROUGH (A7)B_UNDER LINE_7_OVER SECTION (A6)_OVER LINE_9 THROUGH (A5)A

_LINE_11: OVER LINE_2_UNDER LINE_4_OVER LINE_6_THROUGH(A6)A_UNDER LINE_8_OVER LINE_10 OVER (A5) THROUGH (A4)B

_LINE_12: UNDER LINE_1_OVER LINE_3_UNDER LINE_5_THROUGH (A6)B_OVER LINE_7_UNDER LINE_9 OVER (A5)_OVER LINE_11_THROUGH (A4)A

_LINE_13: UNDER LINE_2_OVER LINE_4_UNDER LINE_6_OVER LINE_8_THROUGH (A5)A_UNDER LINE_10 OVER LINE_12_OVER SECTION (A4)_THROUGH (A3)A

_LINE_14: UNDER LINE_1_UNDER LINE_3_OVER LINE_5_UNDER LINE_7_OVER LINE_9-UNDER LINE_11 OVER SECTION (A4)_OVER LINE 13_THROUGH (A3)A

_LINE_15: OVER LINE_2_UNDER LINE_4_OVER LINE_6_UNDER LINE_8_OVER LINE 10_THROUGH (A4)A UNDER LINE_12_OVER LINE_14_THROUGH (A2)B

_LINE_16: UNDER LINE_1_OVER LINE_3_UNDER LINE_5_OVER LINE_7_UNDER LINE_9 THROUGH (A4)B_OVER LINE_11_UNDER LINE_13_OVER LINE_15_OVER (A3)_THROUGH (A1)A

_LINE_17: UNDER LINE_2_OVER LINE_4_UNDER LINE_6_OVER LINE_8_UNDER LINE_10_OVER LINE_12 UNDER LINE_14_THROUGH (A3)A_OVER LINE_16_OVER (A2)_THROUGH (A1)B

_LINE_18: OVER LINE_1_UNDER LINE_3_OVER LINE_5_UNDER LINE_7_OVER LINE_9_UNDER LINE_11 THROUGH (A3)B_OVER LINE_13_UNDER LINE_15_OVER LINE_17_THROUGH (A1)A

_LINE_19: OVER LINE_2:UNDER LINE_4_OVER LINE_6_UNDER LINE_8_OVER LINE_10_UNDER LINE_12 OVER LINE_14_UNDER LINE_16_THROUGH (A2)A_OVER LINE_18

_LINE_20: UNDER LINE_1_OVER LINE_3_UNDER LINE_5_OVER LINE_7_UNDER LINE_9_OVER LINE_11 UNDER LINE_13_THROUGH (A2)B_OVER LINE_15_UNDER LINE_17_THROUGH (A1)M

6.15

建筑图纸：网的布置图和相关的组装过程。2007—2008年，新兴科技与设计小组；2008年，远征工程公司。

6.16

位于智利巴塔哥尼亚的科卡格庄园的索网桥建造过程。2007—2008年，新兴科技与设计小组；2008年，远征工程公司。

6.17

索网桥完成后的一些照片。设计和建造：2007—2008年，新兴科技与设计小组；2008年，远征工程公司。摄影：2008年，德弗妮·孙格若格鲁。

第七章

晶格

7.1

照片展示的是曼海姆多功能大篷，由卡尔弗里德·穆施勒和弗雷·奥托于1975年共同设计。工程：奥韦·阿鲁普工程顾问公司。摄影：2006年，迈克尔·亨塞尔。

晶格结构最通用的定义是指一种由一系列在三维空间中重复的点所组成的结构。例如,在结晶学中，晶体结构被定义为一种由拥有固定位置原子组成的单位晶格形成，而这些单位晶格又以特定方式排列的晶格结构。在建筑业中，晶格通常是将材料条板或薄片互相多次交叉而形成的一个特定的网络。因晶格是由大量的直构件组成并相对容易建造，新兴科技与设计课程中有大量的研究项目在研究晶格的潜力和其与材料系统性能之间的互补能力。接下来的几个段落将举出两个极具代表性的项目：第一个项目的研究目的是发展一种基于连续矩形晶格，可适应不同环境的网壳结构；第二个项目则是探索一种基于六边形晶格的不连续三角形晶格结构。

乔迪·特鲁科和西尔维娅·费利佩的建筑硕士论文讨论了网壳结构的新式找形和构建方法。这一领域的先驱埃德蒙·哈普尔德和伊恩·利德尔这样形容“网壳”：

> 网壳是用于形容由螺栓固定的木条组成，单方向间距统一的晶格双曲平面。当平置时，晶格的机制限制系统只

> 可进行单一方向的变形。假如它是由刚性直构件组成并以无摩擦力的关节连接时，一个部件的运动会引起所有平行成员的运动，导致所有空隙变为相似的平行四边形。这个动作会造成通过连接节点形成的对角线长度的变化。这个特性允许晶格形成双重曲面形状的外壳。
>
> （1978年，哈普尔德和利德尔，60页）

1975年，世界第一座使用复杂大型网壳结构的建筑，是弗雷·奥托为曼海姆联邦园林展设计的多功能大篷建筑。它是弗雷·奥托、卡尔弗里德·穆施勒与工程师埃德蒙·哈普尔德和伊恩·利德尔合作为奥韦·阿鲁普工程顾问公司设计建造的。大篷的外形由受到反向推力影响的挂网模型决定。施工方法同样是个创新，整个外壳由一个固定间隔的矩形木材晶格组成，再用千斤顶在关键位置架起。而整个晶格会自然找形，形成一个横跨60米宽的屋顶。

特鲁科和费利佩的作品则把重心集中在发展一种自我成形的网壳结构。这种结构不需要将结构升高（例如曼海姆多功能大篷），也不需要通过脚手架从高处放下（例如坂茂在汉诺威博览会的展厅）。更确切地说，这是一个由弹性材料组成的直构件，拥有固定

7.2

HybGrid网壳结构基础构件。展示通过改变特定参数所造成的变形。参见2003年10月，乔迪·特鲁科和西尔维娅·费利佩，建筑硕士论文。

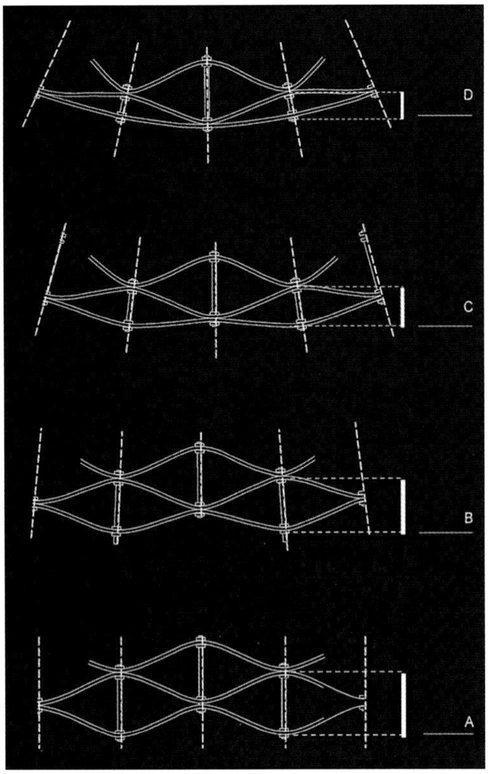

7.3

四种调节器设置下构件的状态。参见2003年10月，乔迪·特鲁科和西尔维娅·费利佩，建筑硕士论文。

间距网格分布的多层网壳结构。此结构允许通过局部调节器对不同层级间部件距离的操纵来改变整个形体。不像曼海姆多功能大篷需要在几个关键点施加向上的力，也不像汉诺威博览会展厅需要按特定顺序拆除脚手架以在关键点施加向下的力，该方案是由结构本身驱动而不依靠外力，成形过程是网格材料体系中一个不可分割的部分。这个网壳结构的创新建筑方法是与布罗·哈普尔德公司合作开发的。布罗·哈普尔德公司是资深网壳结构工程顾问公司，曾参与曼海姆多功能大篷和汉诺威博览会展厅的建设。

最初的一组实验由高中低三组直构件组成，中间由间隔杆将它们分离。通过改变这些间隔杆（在这里使用的是螺纹杆）的设置，整个构件的特性可以被改变。例如，在某一层上逐步减少调节器的长度可使晶格单元弯曲。间隔杆设置和设置所产生晶格单元形体间的联系被参数化以用来改变更大规模晶格系统的外形。而下一套测试模型的制作则比较简单。因所有晶格单元的网格构造没有不同，生产和组装过程也完全一致。制作组装完毕后，这些测试用晶格单元展示了系统通过改变直构件间间隔杆的设置来改变晶格单元外形和结构的能力。局部特性设定的参数化允许对整体外形进行模型模拟计算或电脑计算。通过大量测试，系统的物理特性可被调整以适应软件的控制。这个软件可根据一系列特定的输入值和界限范围生成不同系统布局。系统的设计影响着软件的设计。系统

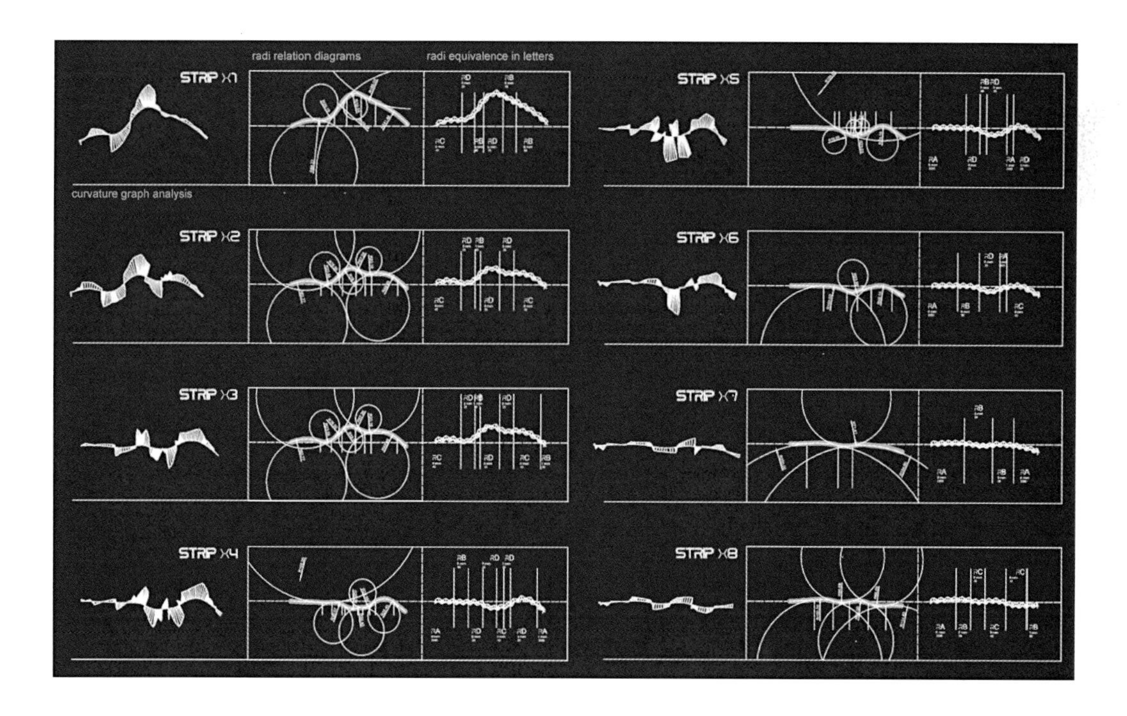

7.4

八根条形构件的弯曲度设定及其相关调节器的设置。参见2003年10月，乔迪·特鲁科和西尔维娅·费利佩，建筑硕士论文。

的限制、规则和系统改变范围均与局部或整体最大和最小曲率的半径参数进行联系。软件可根据对整体所想要得到的变化作出反应，如需求空间的大小和位置，还有其他功能基准。

当某一种特定形态被确认后，电脑会计算为达到这个形态所需的调节器位置、调节器代号及其设定。在2003年7月，他们于建筑联盟学院建造了这个系统的实体模型。开始，一个平面网格被制造出来，之后通过调整局部间隔杆使其形成设想中的双曲线形。因为调节器的属性可以在任何时间根据电脑计算进行调整，找形过程和形体使用过程中对环境的适应合二为一。当每一次建筑有任何变化时，形体随之变化。这将找形从寻找最优化形体以增加应力下的结构强度这一目的延伸到了一个动态结构系统的形成。它将网壳结构的研究延伸到了一个结合多种设置，在多种需求中取得平衡的结构系统。而这个结构的控制系统可通过简单局部改变造成整体结构的复杂变化。

马修·约翰斯顿的建筑硕士研究课题希望可通过振动对六边形晶格系统密不可分的结构和声学性能进行定量分析和定性分析。六边形晶格的直构件以一种特定方式交叉，形成互相交错的三角形，而六个三角形中间则是六边形。这种排列与三向六边形网格非常相似。

通过使用电脑、物理以及数学模型、光线跟踪和振动测试，晶格的坚固度、重量、

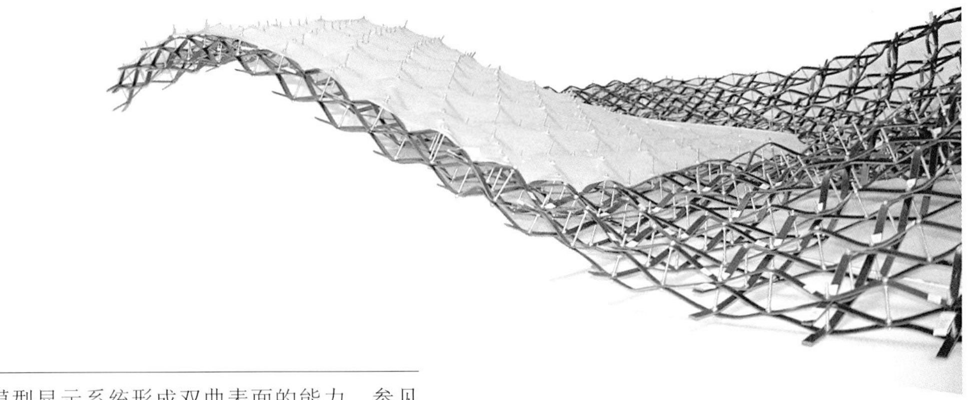

7.5

测试模型显示系统形成双曲表面的能力。参见2003年10月，乔迪·特鲁科和西尔维娅·费利佩，建筑硕士论文。

对振动衰减的特性和其形状、曲度、体积间的关系得到了进一步考究。

通过其物质特征和几何结构，初步实验探索了六边形晶格交错性排列的强度和弹性。根据初步试验结果，一个特定的六边形晶格系统被发掘出来。它可以通过改变其晶格形态来适应结构和声学的需求。六边形晶格的三方向编织建立了双层晶格系统的平面网格组织逻辑。三个连接杆在交替连接点将两层晶格相连接，每过一个三角连接点，一个段的长度便增加一些。一层可以在一定程度上的旋转而另一层可在一定范围内旋转或平移。另外，所有三个编制方向都有几个长条形构件同时重叠在两个连接杆上。在大型物理模型中，这种排列方式一般会减弱系统内的移动，但并不会使其消失。如果减短直构件的长度并使其只通过一个连接杆时，它们均可被视为不连续段。物理测试模型也证明了每一个有三个连接杆的三角连接点有凹形变形。而空隙中的三角形则为凸型变形。连接杆所造成的弯曲也使直构件宽边上发生了一定程度的扭转变形。另一种现象则与在模型上施加力时所产生的结构弱点有关。当一个外来的力出现时，构件经常发生折叠。这可以通过将材料加厚或在系统边缘增加连接杆数量来避免。这个系统一般能承受很强的同晶格表面垂直的均匀重力。在局部的力或小范围的外界影响下，这种结构一般较弱。除了能满足结构需要，这种结构也可以通过改变局部或整体的曲线来满足对声学的需要，或减弱声波的反射。这点是非常重要的。

六边形晶格显示了单一体系能同时满足多种功能需求的潜力。例如，它对结构承受力的观念不限制于承受自己的重量和外界施加的重量，它还可以利用材料特性、摩擦力和外形来分散这些力量。六边形晶格是一个复杂系统，这不光是对它的几何形体而言，更是针对它分散能量的方式。这些能量可包括声波、振动（人为或地理活动）等。而这种将能量被减弱分散或重新分布到整个结构的方式受几大因素的影响。比如材料特性，如条形构件的局部弯曲能力会直接影响结构分散能量的能力。例如，在用黑苯乙烯制作的测试模型上，材料在施力的区域会变白。无论这个力是外力还是内力，只要它对材料形体造成的改变开始超出材料本身的弯曲极限时，这个现象便会发生，材料偶尔还会发生断裂。晶格本身对力有一定的衰减效果，这可以归功于使用的材料和其几何形态。它们将能量根据晶格的构造和系统的冗余分散。摩擦力也是系统不可或缺的一部分，连接杆和条形构件间的阻力和不同条形构件之间的阻力是分散并重新分布能量的关键因素。这是由于连接杆和条形构件极高的数量所导致。

每个六边形晶格构件的参数化定义使系统形态可被分化成不同形式。通过按照差分方式改变表面连接点间的距离，就是说因为上下层间不同位置的间隔距离不同，所以我们可以使正弦弯曲部分的曲度发生变化，这允许整个系统的单向或双向曲度在一定程度上进行改变。通过改变连接点的属性，我们也可以改变晶格的刚度，这意味着多种共振的可能性。共振现象可以用质量、刚度和时间定义，因六边形晶格有较低的质量，这种结构一般需要高频振动才可达到共振。而关于刚度和时间，几轮测试之后发现一个区域内的数个连接点越牢固，振动幅度越大。当力停止后，相比之下振动也维持了更长的时间，这是因为刚性结构较难分散振动。

振动测试是用来复检由电脑、物理和数学模型所检查出的错误的。电脑模型和光线跟踪工具可用来检测声学性能，而振动测

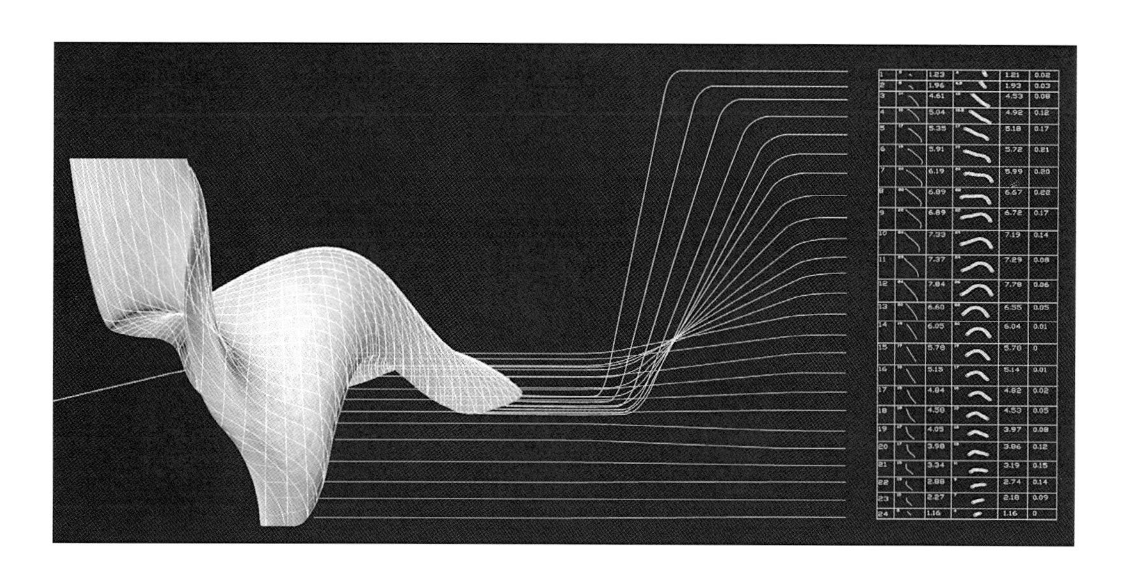

7.6

HybGrid原型，包含所有建筑资料和间隔杆设置的电脑模型。参见2003年10月，乔迪·特鲁科和西尔维娅·费利佩，建筑硕士论文。

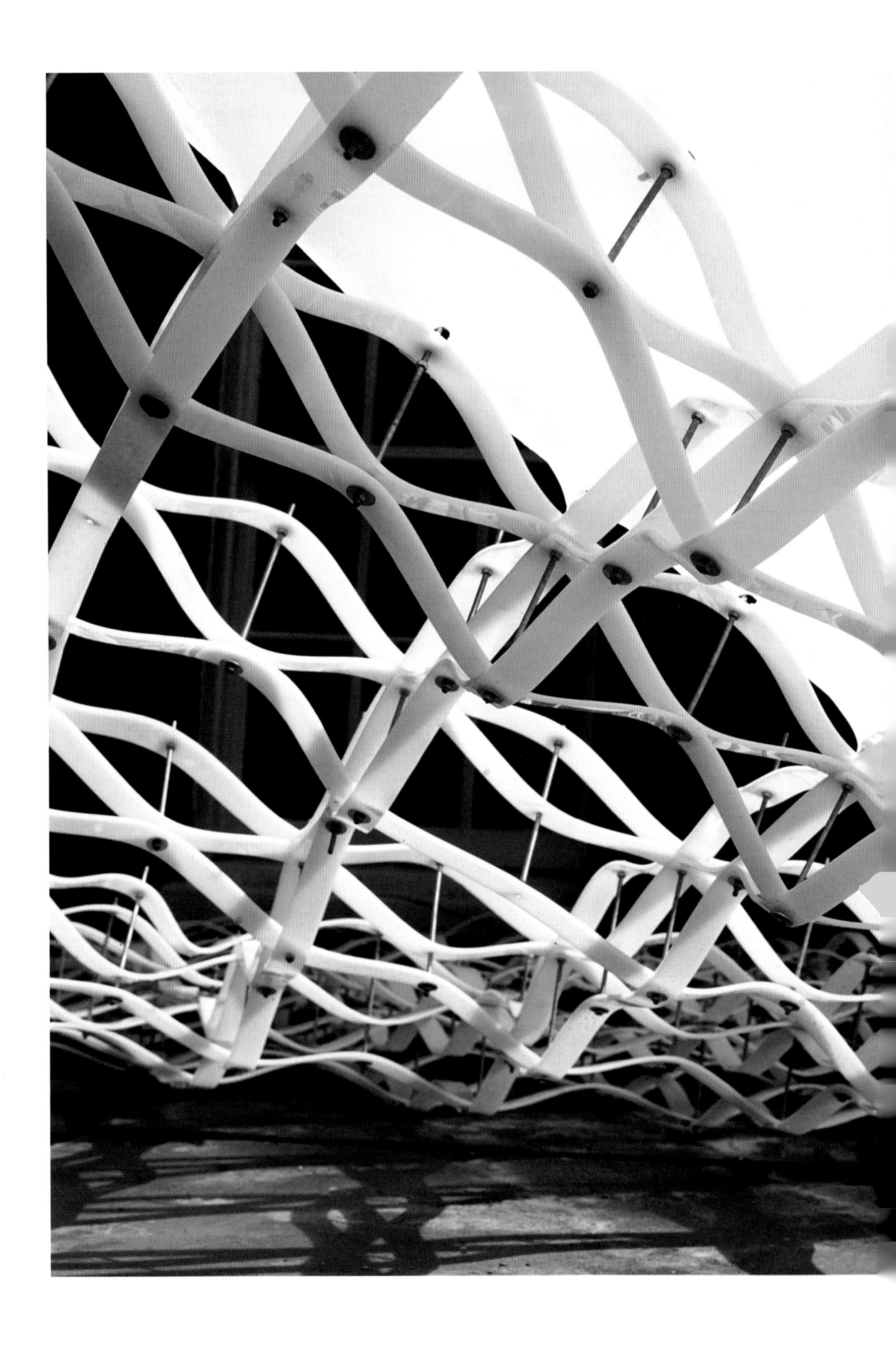

7.7

按实物比例，HybGrid原型体的特写镜头。参见2003年10月，乔迪·特鲁科和西尔维娅·费利佩，建筑硕士论文。

7.8

按实物比例，HybGrid原型体的特写镜头。参见2003年10月，乔迪·特鲁科和西尔维娅·费利佩，建筑硕士论文。

7.9

为新兴科技与设计课程于建筑联盟2003年年底建筑展展出的按实体比例建造的HybGrid原型体。参见2003年10月，乔迪·特鲁科和西尔维娅·费利佩，建筑硕士论文。

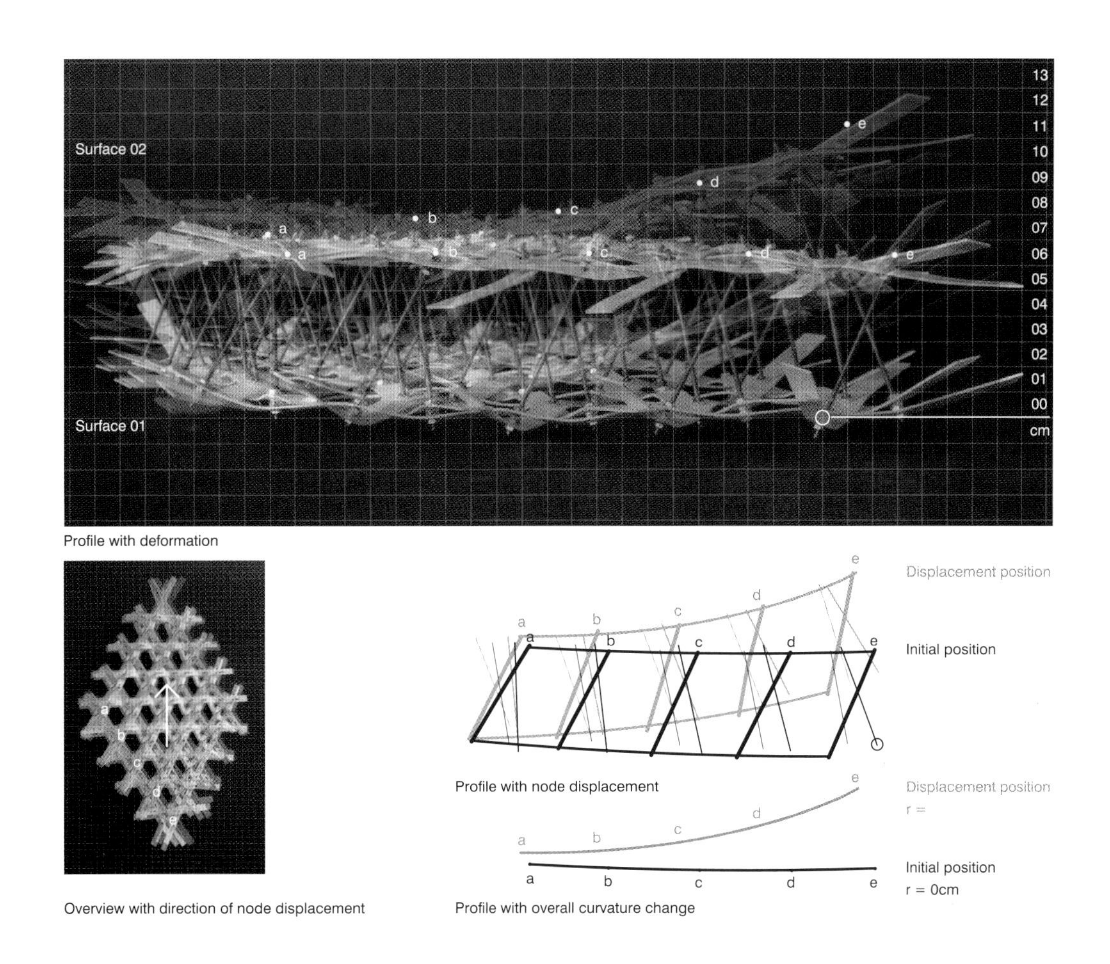

7.10

六边形晶格系统的基础构件，展示系统形变的逻辑。参见2005年2月，马修·约翰斯顿，建筑硕士论文。

试则检查了声学、结构性能和回声。振动测试在雷丁大学的实验室进行。测试重点在于响应频率、对晶格的支撑方式、材料和几何形体以及其反应、衰减和阻尼特性。接触性振动测试在一个没有连续表皮覆盖的六边形晶格上进行。开始，晶格上两个不同的部分被分开测试。接下来，一个由三个部分组成的模型受到非接触性振动测试。接触性振动测试提供了一些有关结构的信息，非接触性振动测试则提供了关于声学的相关数据。为了得到对晶格结构更全面的了解，一台激光测振仪被用来辨别晶格结构共振振幅并将其与波源频率进行比较。同时，一台闪频仪也被用来观察晶格结构的振动。只从一个节点收集到的信息已经反映出了多层次的反应模式。根据具体位置、离连接杆的距离和离波源的距离而变化。有两种主要的反应模式：一种是类似弹跳性的反应。这种反应取决于支撑种类，它能让我们了解通过改变支撑模式而改变晶格结构特性的方法，进而对侧向和纵向支撑方式进行测试；第二种是类似弯曲性的反应。这种反应取决于刚度，并让

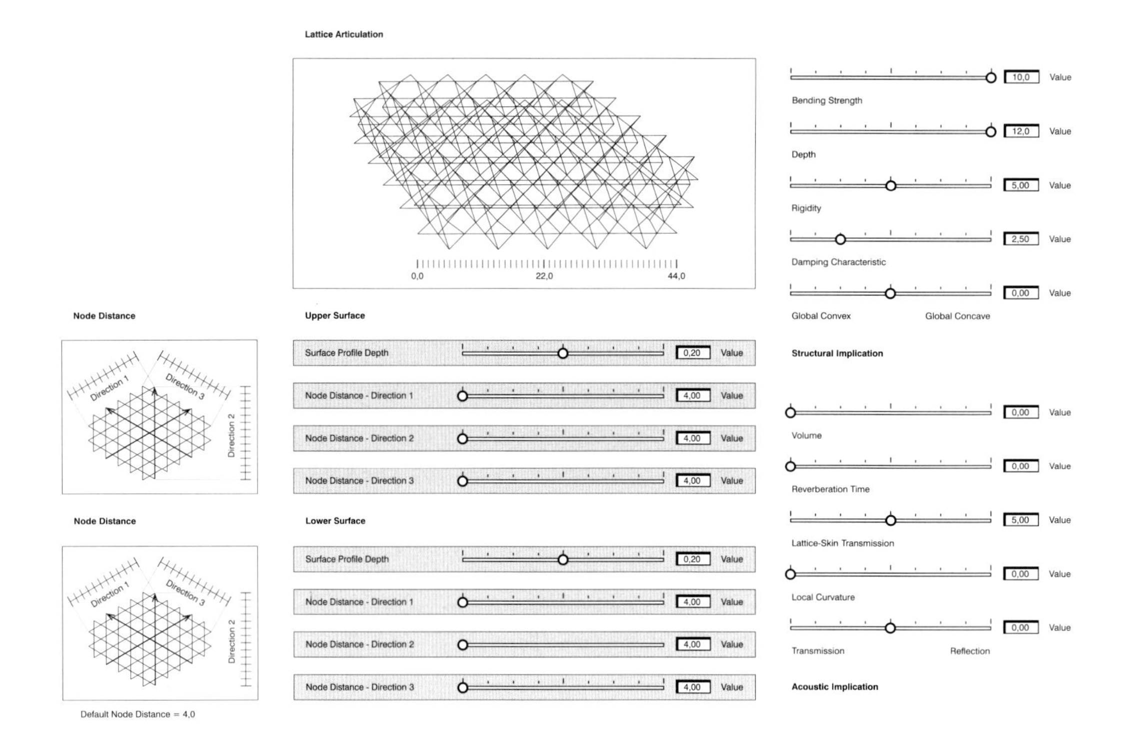

7.11

六边形晶格上下两层的参数定义，这些参数决定每个配置的结构和声学性能。参见2005年2月，马修·约翰斯顿，建筑硕士论文。

们了解刚度、阻尼和衰减之间的联系。另外，我们也研究了材料和形体化，因为它们会直接影响整体的刚度。通过观察多种覆膜模式，膜刚度与其对声的衰减作用和与声波的传播或反射间的关系得到了更深一步的了解。这些反应都被收集整理并建立起一系列极其具体的性能解析，以方便未来对六边形晶格在特定声学环境和结构环境中的使用。

总而言之，新兴科技与设计课程对于晶格的研究显示了它们是适应性和功能性都很强的材料系统。但是，虽然只用简单的直构件施工貌似简便，但当利用多个部分组成一个大跨度壳型结构并为其加入预定的弧度时，其结构和特性的复杂程度会成几何倍数的增长。

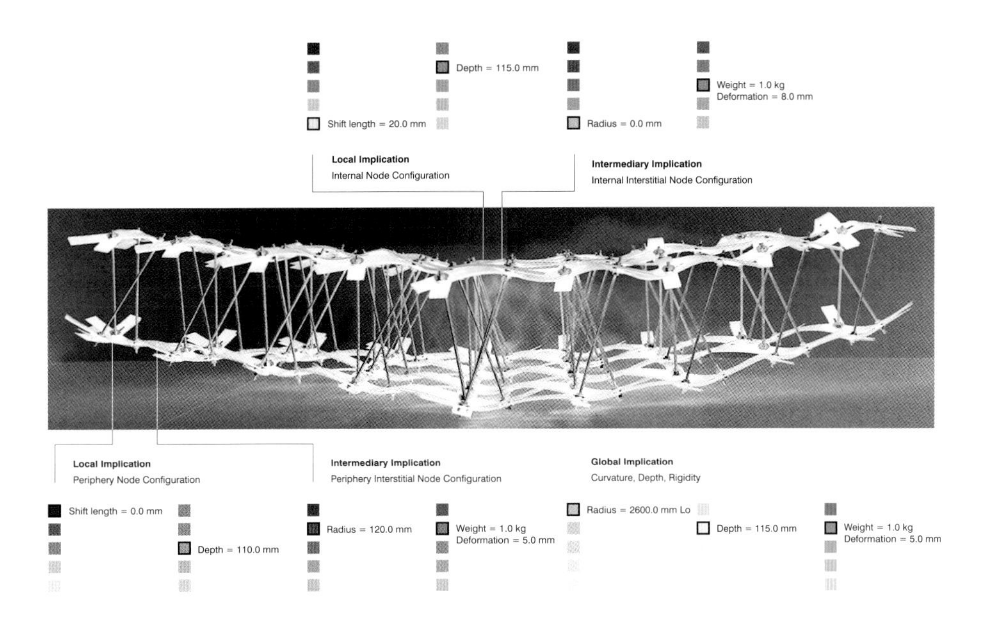

7.12

六边形晶格的参数系统特性和其与外部和内部节点的分布。参见2005年2月，马修·约翰斯顿，建筑硕士论文。

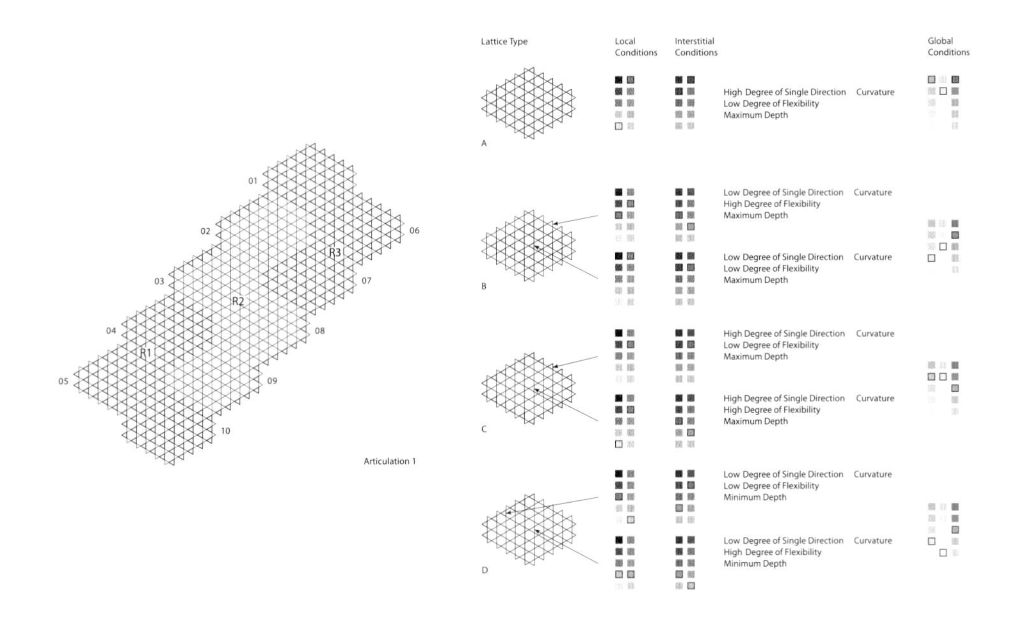

7.13

六边形晶格的参数系统和某参数的改变对晶格形态在局部、中尺度和整体上的影响。参见2005年2月，马修·约翰斯顿，建筑硕士论文。

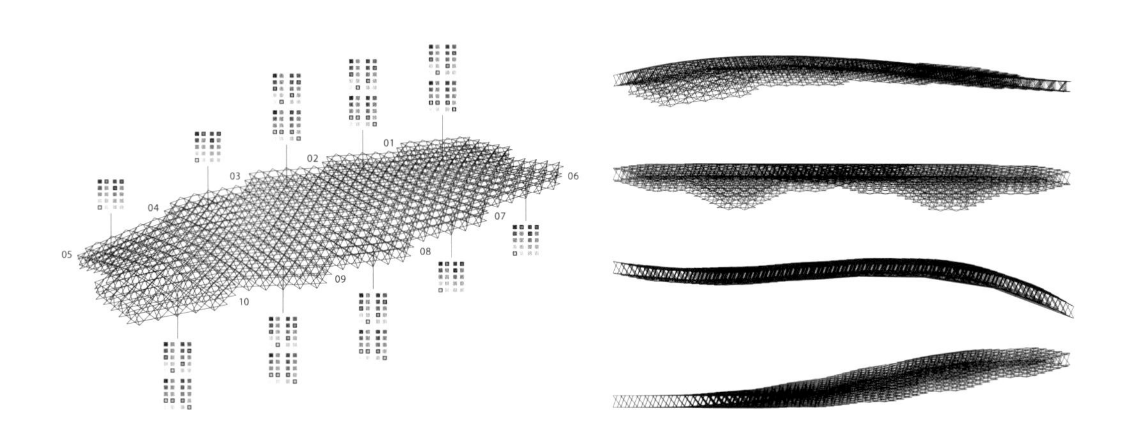

7.14

一个六边形晶格系统及对其基础系统参数的识别（左）和四种不同的六边形晶格系统（右）。参见2005年2月，马修·约翰斯顿，建筑硕士论文。

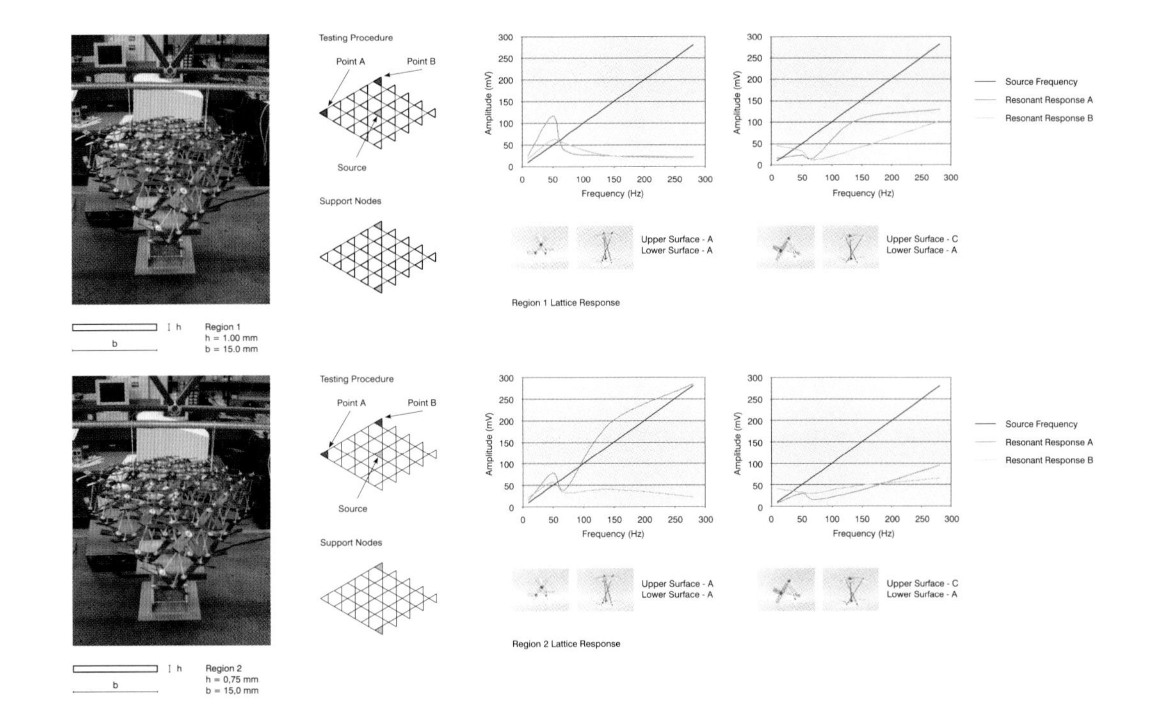

7.15

在雷丁大学仿生学中心准备接受振动测试和直接接触性振波传播分析的两种不同六边形晶格设置。参见2005年2月，马修·约翰斯顿，建筑硕士论文。

7.16

在雷丁大学仿生学中心，准备完毕进行振动测试的六边形晶格系统的特写镜头。参见2005年2月，马修·约翰斯顿，建筑硕士论文。

7.17

在雷丁大学仿生学中心，对六边形晶格系统进行的振动测试。参见2005年2月，马修·约翰斯顿，建筑硕士论文。

7.18

在雷丁大学仿生学中心，对六边形晶格系统进行振动测试的设备。参见2005年2月，马修·约翰斯顿，建筑硕士论文。

第八章

枝杈

枝杈分布在自然界中是非常常见的，从植物的整体形态，生物的呼吸系统或血管（维管）系统，甚至在河流或闪电等自然现象中也利用这种分布。自然枝杈系统为材料或能量提供了一种节省能源的分布方法。这种分布是自相似的，这意味着“每个分叉的形状与整体形状相似”（1982年，曼德尔布罗特，34页），无论它们是分散型枝杈还是会合型枝杈。虽然如此，自然枝杈系统的分叉中有时也会出现互相不同的情况。无论枝杈系统属于这两种类型中的哪一个，不同枝杈系统间的差别都是由分叉的速率和角度比例的不同决定的。有关分辨不同的枝杈分布的研究一开始并不是一帆风顺的，但菲利普·鲍尔却这样认为：

> 最近几年来，科学家发明了各种利用数学精确形容枝杈分布的工具。而现在，我们已经可以清楚明了地罗列出枝杈分布间的不同。这些工具帮助我们对枝杈形体的生成过程作出了解释。只有通过它们，我们才可以具体地分辨一个物理模型或生物模型与现实中枝杈间的不同。
>
> （1999年，鲍尔，111页）

他继续说明：

> 特别是枝杈分布，其数学描述并不像形容传统形状般说明线条的位置和长度。它说明的是它们的形成过程。这种模型与其说是描述，倒不如说是一种指令。它并不提供几何标识，如“圆”或“八面体”。它提供的是一系列叫做算法的规则。算法不一定能保证每次生成绝对相同的形态，但它能生成具有相同特性的枝杈分布。
>
> （1999年，鲍尔，128页）

为了能对植物的生长过程进行呈现和模拟，生长算法经常被使用。而关于这个课题，存在有大量的相关文学资料。

林登麦伊尔系统，也被叫做L系统，这是一种特殊的形式文法。L系统是一种迭代

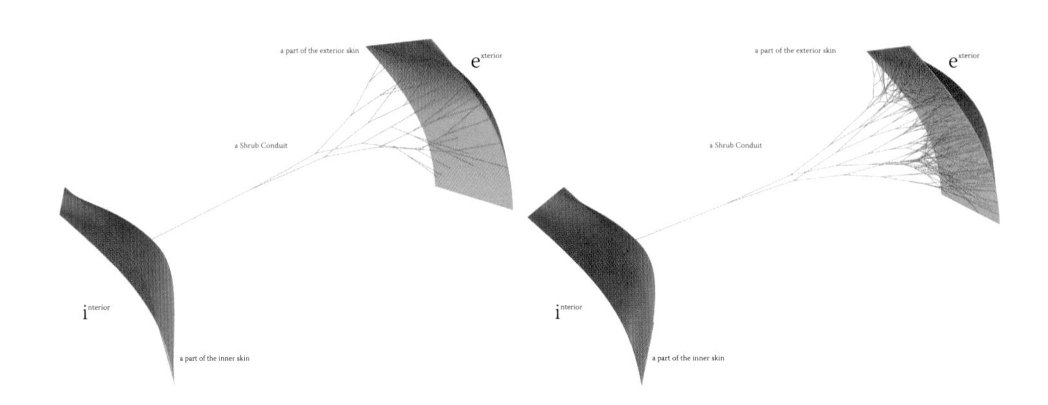

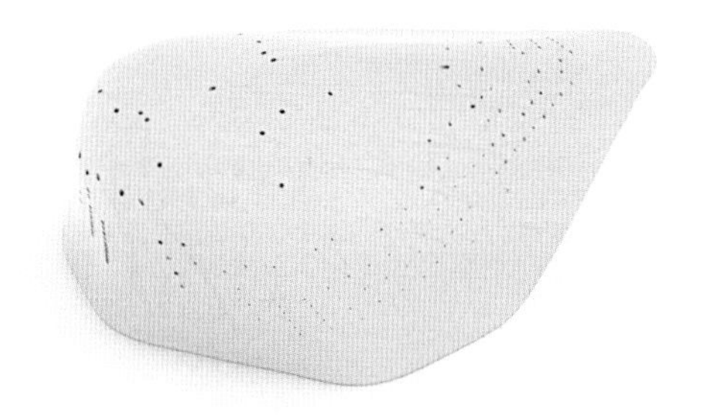

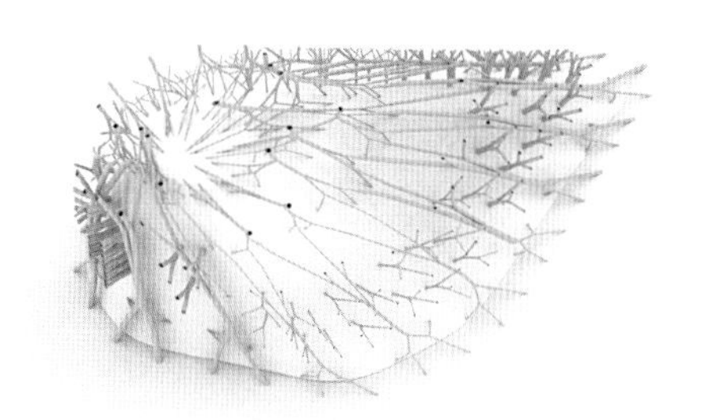

8.1（对页）

运行形心分叉算法所得出的两个结果，一个拥有较少世代（见左图），另一个拥有更多（见右图）。更高的世代数量会生成更多更密集的小分叉。参见2009年2月，纪夫·美浓部，建筑硕士论文。

8.2

结合风与日照的相关信息所生成的海胆状圆顶和由形心分叉系统生成的中密度枝杈通风系统。参见2009年2月，纪夫·美浓部，建筑硕士论文。

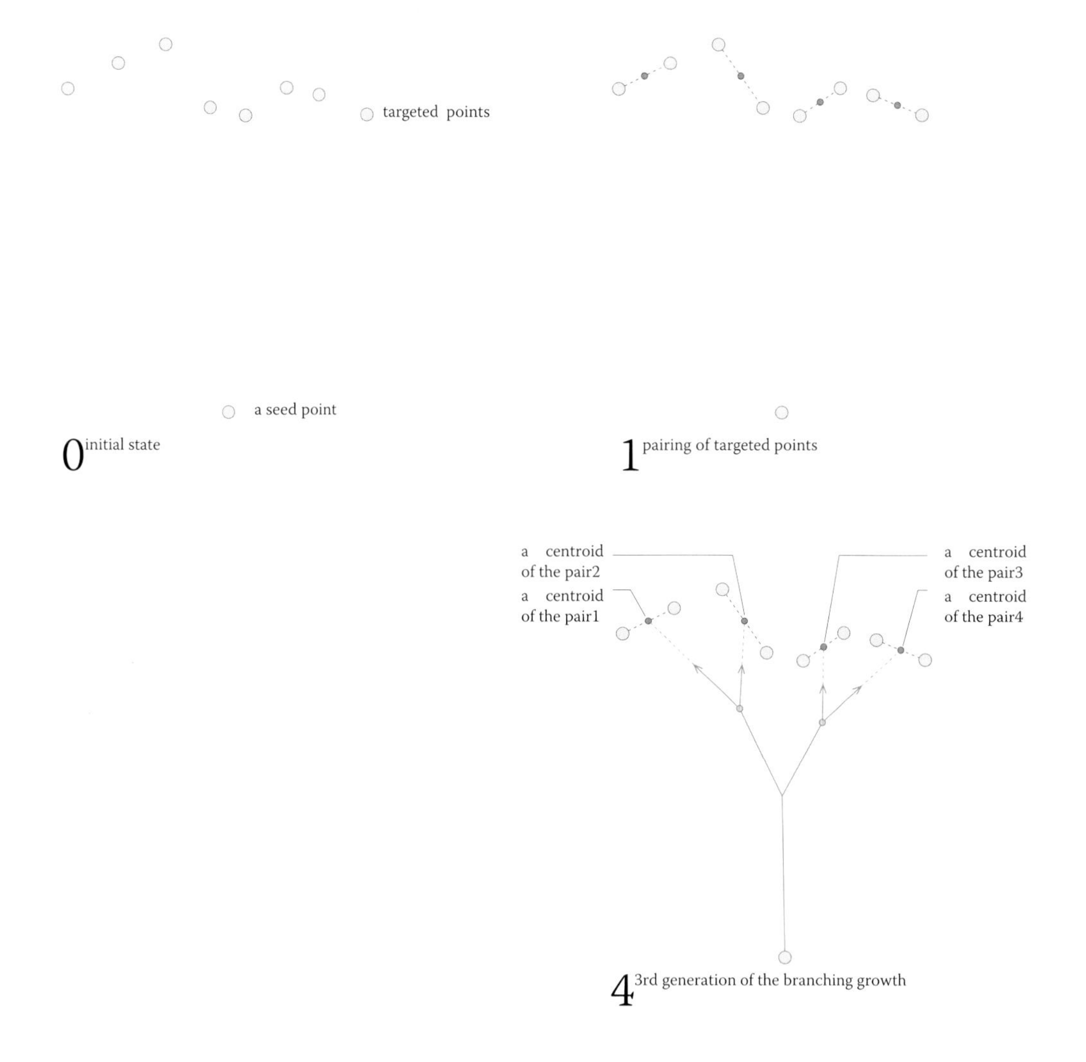

8.3

形心分叉算法在每一轮生长之中通过计算一群点的形心来决定生长方向。这个形心被设定为吸引子以帮助起始点同终点汇聚。这能根据材料内外表面上的起始点和终点形成一个枝杈系统。参见2009年2月，纪夫·美浓部，建筑硕士论文。

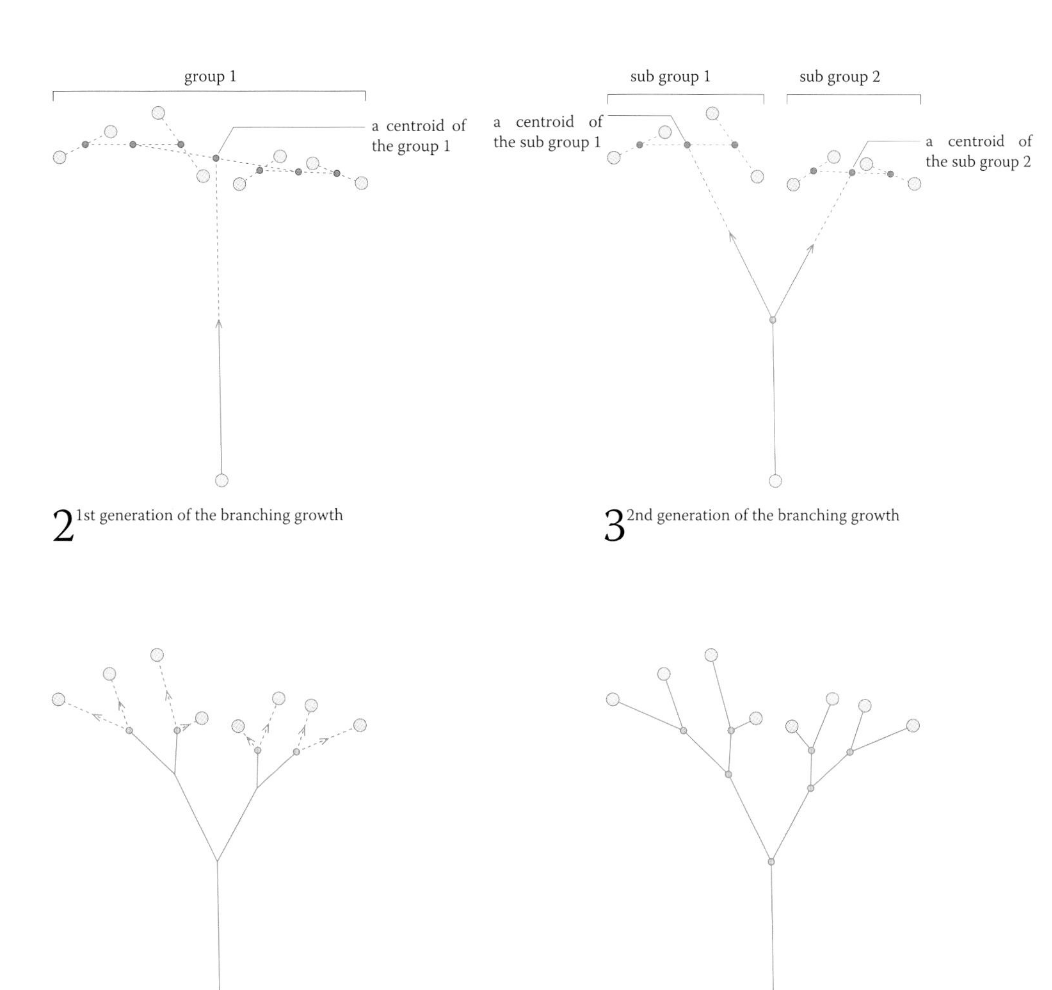

2 1st generation of the branching growth

3 2nd generation of the branching growth

5 4th generation of the branching growth

6 final state

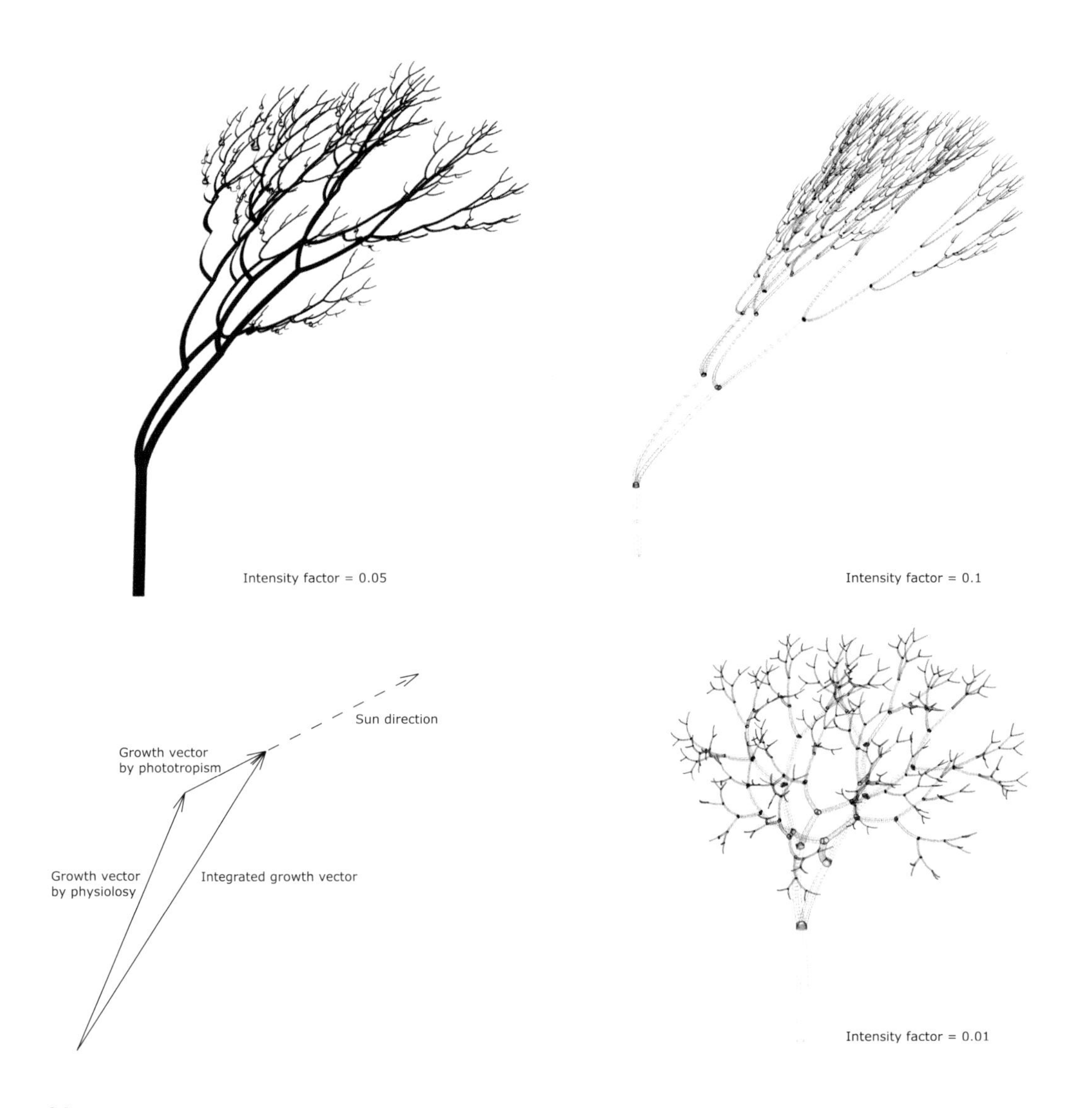

8.4

向性决定植物在环境因素的影响下根据因素方向进行生长的现象。例如“向光性”是对光的反应，而“向阳性”则针对日光，“向重力性”针对万有引力。将这种反应结合到枝杈系统的生长过程之中能产生一种环境敏感的生长模型。图表展示了在向光性下针对树木的生长模拟实验。通过在已有生长向量上加入另一个朝向太阳的向量，根据穆雷定律，只差朝光源生长。这种模型能结合多个外界因素并形成一个表型。参见2007—2008年，纪夫·美浓部，自然系统研究。

平行的改写系统。它的主要作用在于理论生物学中对植物生长过程模型的建造。L系统由匈牙利生物学家阿里斯蒂德斯·林登麦伊尔（1925—1989年）研发。它非常适合模拟枝杈分布。L系统是一个生成自相似形态的递归过程，而当一个随机逻辑被介入这个系统时，这个过程所输出的每个形态和拓扑都会产生一定变化。对“环境敏感”的L系统（见2000年，伊拉泽克，普鲁辛凯维奇等）可将大量环境因素包括进自身系统之中，如向重力性和向阳性。这使L系统有潜力利用相关的促进因素作为输入信息，并以此使整个系统受到相关信息的影响。新兴科技与设计课程经常论述或使用L系统和生长模拟，以下便是两个例子。

纪夫·美浓部在他的硕士论文中对枝杈分布的算法进行了研究。研究的目的是为了在一个壳膜铸造结构的内部和外部间生成一个拥有固定出入口的枝杈通风系统。为此他研发了两种不同的算法：形心分杈算法和球体密堆积算法。

形心分杈算法主要用于修改每个生长阶的生长方向，将事先设定的终点当作吸引子，吸引新枝杈的端点。因此，枝杈无论如何最终一定会达到吸引子所在的位置。根据吸引子和生长点之间的距离，这种由吸引子驱动的枝杈算法为每个生长阶都事先设定好了生长方向。这个算法将终点的形心作为吸引子，刚开始算法会计算每一对终点的形心，这将形成最终一级枝杈的终点。而通过计算这一组形心的形心，并将这个新的形心设定为下一个生长阶的吸引子，以此我们可以决定整体的生长方向。之后的步骤会将前一步的终点分为两组，并重复之前的计算以决定这一步的生长方向。最终的生长方向由联系最外围枝杈的终端和表面上的开口形成。

使用这种方式时，我们需对枝杈的长度进行定义，因为长度决定分叉的角度。因此，这个算法能决定枝杈分布的大体外形。通过对每级枝杈长度的改变，我们可使分布适应枝杈通风系统的多种需求，每个终点组的每个生长阶段的枝杈长度都可被单独设置。这使得我们有能力根据所需气流状况修改枝杈的长度，以结构和环境的需求驱动枝杈系统的生成。

帕维尔·海迪克2006年的硕士论文注重于由结构和环境调节需求驱动枝杈系统的物理和电脑形态形成与找形，同时也不忽视材料和生产对过程的限制。由弗雷·奥托与其团队于斯图加特的轻型结构研究所研发的物理找形方法和技巧被应用于此，但这里所使用的方法为了适应这项研究而受到了一定的修正。具体来说，这些修正的目的在于让我们能从物理实验中收集实证数据，以为形态形成和找形过程所使用的电脑逻辑提供信息。在这些实验中，松弛、浸水的羊毛线在水的表面张力下形成枝杈分布，以此形成的最小路径枝杈分布拥有特殊的结构特性和性能。

拥有随机因素的L系统被应用于在联合性建模环境（奔特力工程软件有限公司的软件“Generative Components”）中进行形态生成。在联合性环境中使用L系统使我们可以利用共有的参数逻辑，在使用自组织过程的同时让系统拥有易修改的特性。物理实践所得出将各项数值的可能范围输入模型以建立系统所能允许的参量变化。从这些实验中，

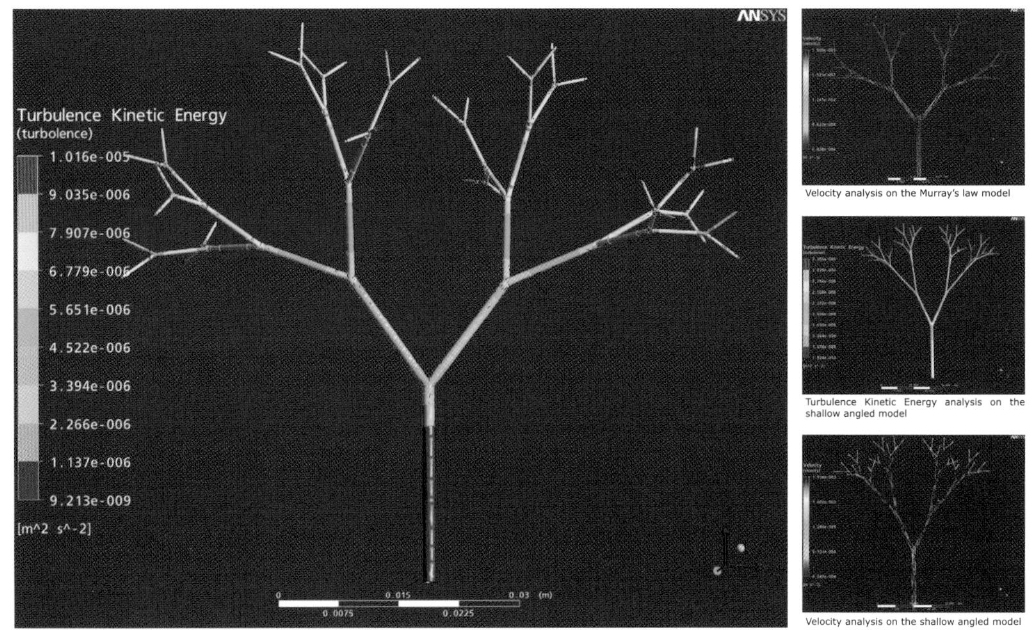

Velocity analysis on the Murray's law model

Turbulence Kinetic Energy analysis on the shallow angled model

Velocity analysis on the shallow angled model

Turbulence Kinetic Energy analysis on the Murray's law model

8.5和8.6

为了评估流体穿过枝杈管道的方式，我们使用了电脑流体力学分析。测试于两个不同的模型之上进行。第一个模型根据穆雷定律，而第二个模型则拥有较小的分叉角度。穆雷定律是一个用来解释子枝杈的半径同母枝杈的半径之间关系的公式。它一般被用于生物血液系统和呼吸系统的模型中，但也可被用于植物木质部中的微型枝杈系统上。公式目的在于计算出一个对生物能量消耗最小的最佳半径。分析基准为压力差和液体流动速度，同时还有湍流动能。参见2007—2008年，纪夫·美浓部，自然系统研究。

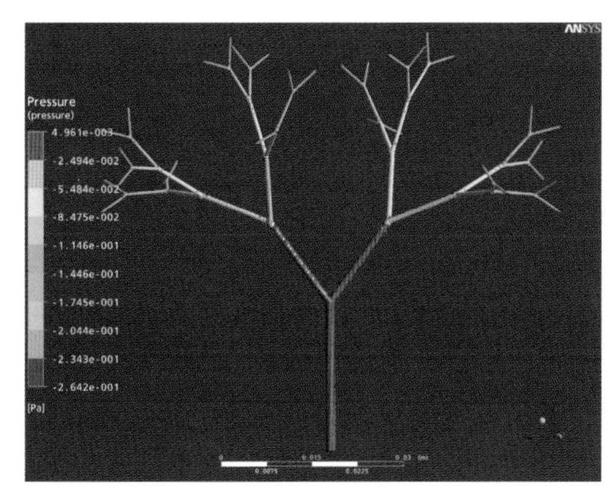

Pressure analysis on the Murray's law model

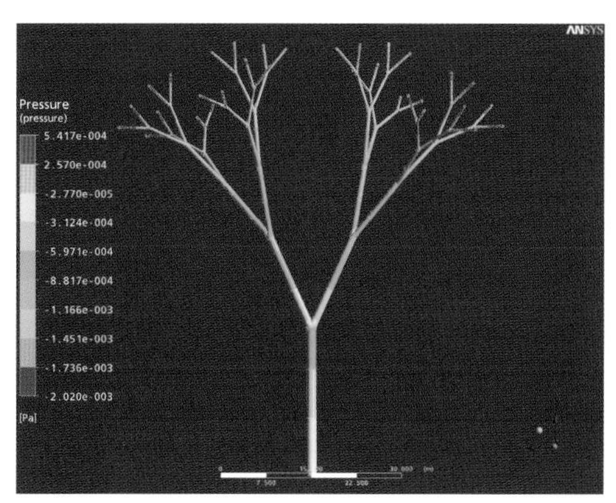

Pressure analysis on the shallow angled model

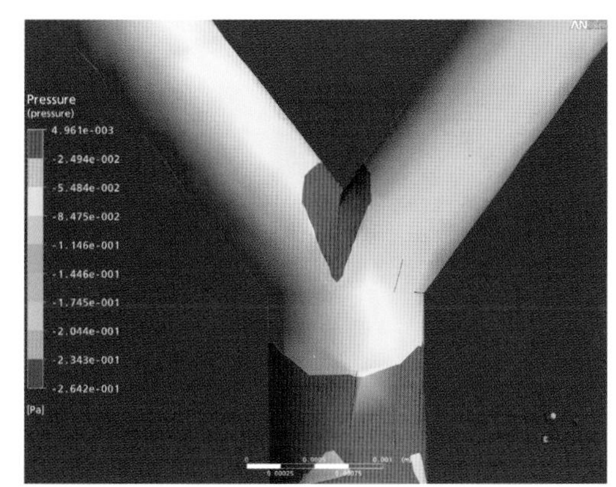

Detail of pressure analysis on the Murray's law model

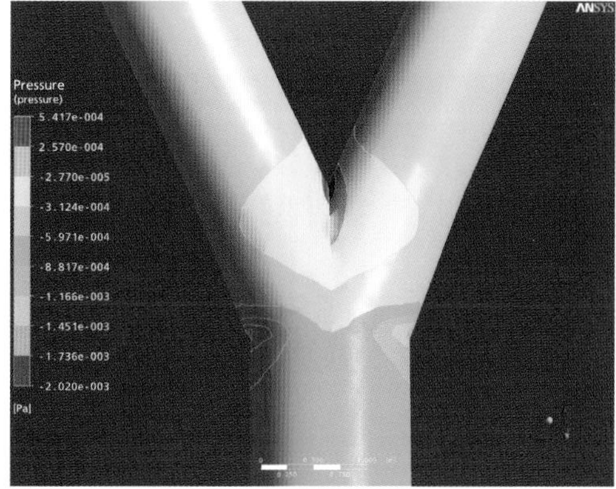

Detail of pressure analysis on the shallow angled model

A

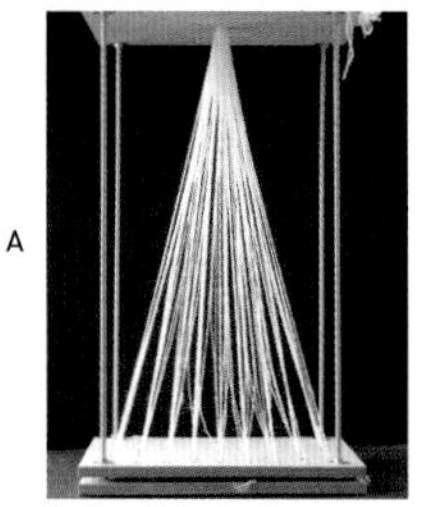
fig. 01, ex 01, dry threads

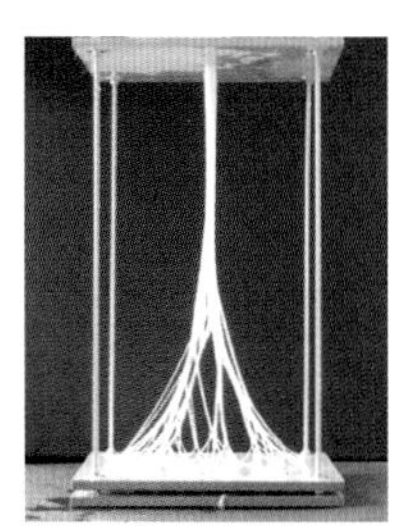
fig. 02, ex 01, threads influenced by surface tension of water

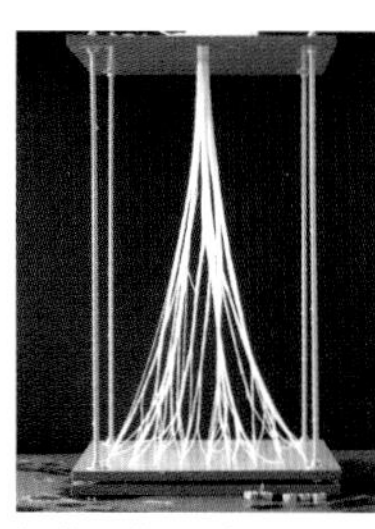
fig. 03, ex 02, level 2 threads of II. degree of slack, front view

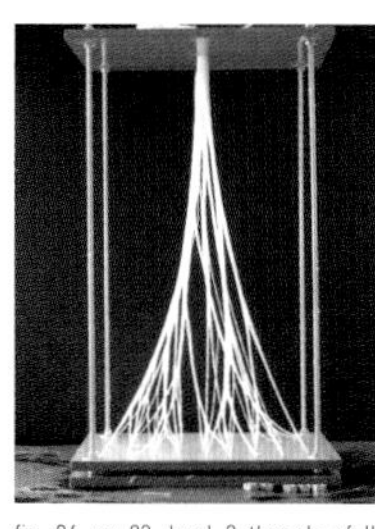
fig. 04, ex 02, level 2 threads of II. degree of slack, left view

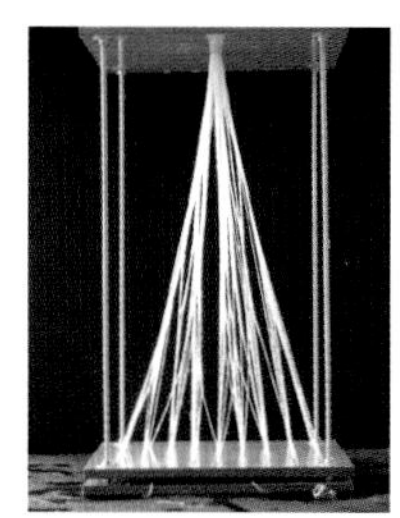
fig. 05, ex 03, level 3 threads of III. degree of slack, front view

B

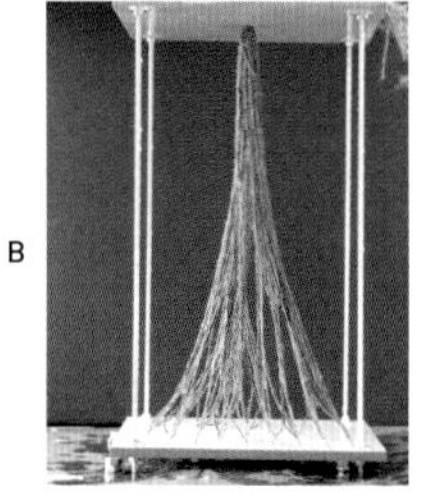
fig. 07, ex 04, thick 4 ply threads dipped into water, front view

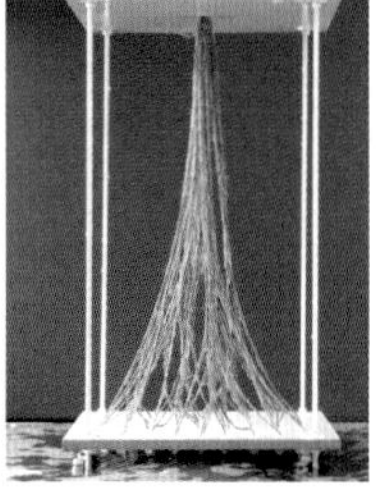
fig. 08, ex 04, thick 4 ply threads dipped into water, left view

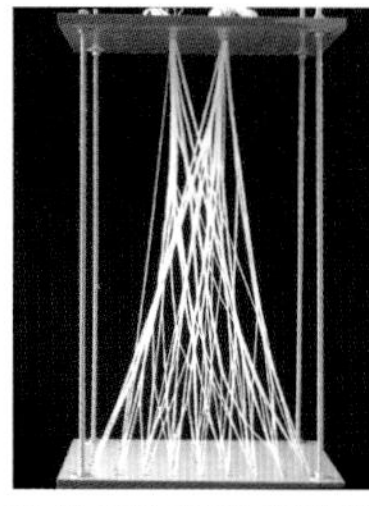
fig. 09, ex 05, threads dipped into water, 4 base 'trunks', topological change from others, front view

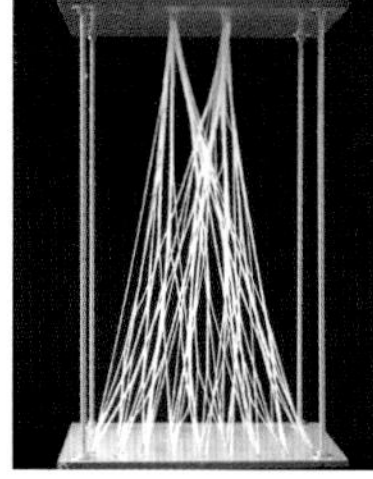
fig. 10, ex 05, threads dipped into water, 4 base 'trunks', left view

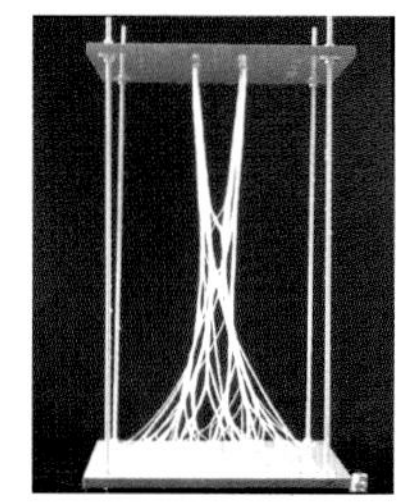
fig. 11, ex 06, threads with configuration of ex 05, II. degree of slack, front view

C

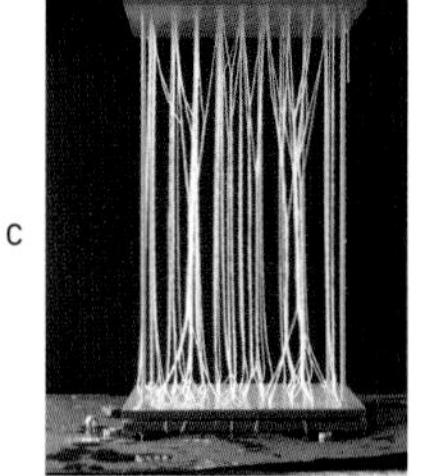
fig. 13, ex 07, 2 ply threads, co-joining of threads, bases oppposite each other, front view

fig. 14, ex 07, 2 ply threads, co-joining threads, bases opposite each other, left view

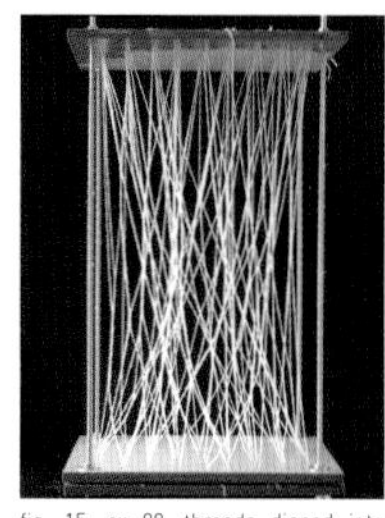
fig. 15, ex 08, threads dipped into water, bases connected according to the random function run in excel, front view

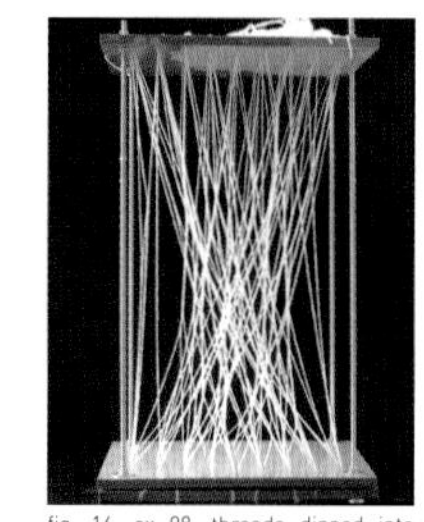
fig. 16, ex 08, threads dipped into water, bases connected according to the random function run in excel, left view

fig. 17, ex 09, threads dipped into latex, threads in two layers, 2. layer oriented - fig 02 page 14, top view

8.7

由弗雷·奥托和他的团队发展的枝杈系统找形方法，根据松弛的湿羊毛线在水的表面张力下形成的枝杈构造。这个构造在形成后受到仔细的检验以提取它的外形规则并用于一个联合性电脑过程和模型之上。参见2006年，帕维尔·海迪克，建筑硕士论文。

用来定义联合性模型和L系统设置的几何逻辑被衍生出来。而这意味着在这个L系统的设置中，枝杈长度都已经被设定。就此，整个枝杈分布的密度也已被确定。同样，枝杈的起始点分布也非常重要。不仅如此，根据所使用的材料，我们也可以嵌入一些其他的几何逻辑。因为物理模型所使用的材料是弯木条，每根弯构件的最大曲率和相对长度等信息都需通过物理实验而得出。从一开始，L系统生成的起始点、中间点和终点就被作为这些构件分布的框架。但是，因为我们还未嵌入不同构件之间曲率的延续性数据和与其相关的应力分布，所以我们必须在之后的步骤中解决这个问题。为了解决这个问题，我们制造了一系列由弯曲胶合木制成的枝杈结构进行测试，从中我们发现主要的限制在于木材的种类、胶合木板中每层木板的尺寸、胶合木板本身的尺寸、对接点的分布以及生产的局限，如胶合木制造过程中固定点的分布等。

这些限制均被加入到接下来生成的几组电脑模型之中。在一个联合性模型中，弯构件的曲率被逐渐确定下来。这些曲线由切点的旋转控制，而不同构件间的连接角度则由物理模型提供相关信息。第一组试验注重于当不同枝杈结构的构件在一个平面上形成一定密度的点时，结构系统则由向量作用体系向一个表面作用体系转换，就好像网壳中的“网格”一般（1999年，英格尔）。第二组试验所研究的则是不同枝杈结构相互交叉会聚时枝杈构件所体现的结构特性。枝杈构件会将自重和负载等“网格”所承受的压力分解成清晰的向量。在第三组试验中，多个重叠枝杈系统的整体结构性能得到了研究，所用的分析方法主要为有限元分析（ANSYS）。

枝杈分布的生成和分析可以基于多种不同的逻辑，其中一种叫做“螺旋叶序”的排列方式在一组试验中被用作枝杈系统的生成逻辑。这种枝杈系统利用L系统在一个联合性模拟环境中产生。枝杈分布生成之后，再根据有关胶合木构件的尺寸和有关不同构件之间关系的数据进行修改。从这个分布开始，我们继续对环境敏感结构进行研究，而这意味着有关施工地点的参数必须被输入生成过程之中，如：[i]可用的建筑空间，[ii]地形对枝杈系统起始点位置的影响，[iii]原有结构特性对枝杈结构的影响，[iv]枝杈结构有关对周边环境影响的相关信息，如枝杈构件网络的密度，日光穿透率和阴影模式等等。由此证明，每一种枝杈系统的结构和环境调节能力，同生成枝杈的潜在逻辑，以及用来定义L系统的参数之间都有着不可分割的联系。

在这些实验中，我们并没有事先预见由向量作用体系向一个表面作用体系（类似网格系统）的转变。但在研究过程中，这种表面作用体系的优势逐渐涌现出来。这将原本把复杂环境简化，只利用一种结构形式的设计和工程方式，演变成为一个必须考虑多种结构形式的合作——生成型的设计方式。因此，该项目一开始虽然只针对一种结构形式，但其结果却可扩散于其他结构形式之中，并使其拥有无限的潜能。

因此，之后的研究针对的是不同逻辑所衍生而出的其他逻辑，和不同枝杈系统参数的变化所造成的不同形态、分布与密度。而对于这种测试，联合性建模环境中的L系统是一个极其重要的测试平台。但是，我们还需要进行更多更加全面和更加系统化的研

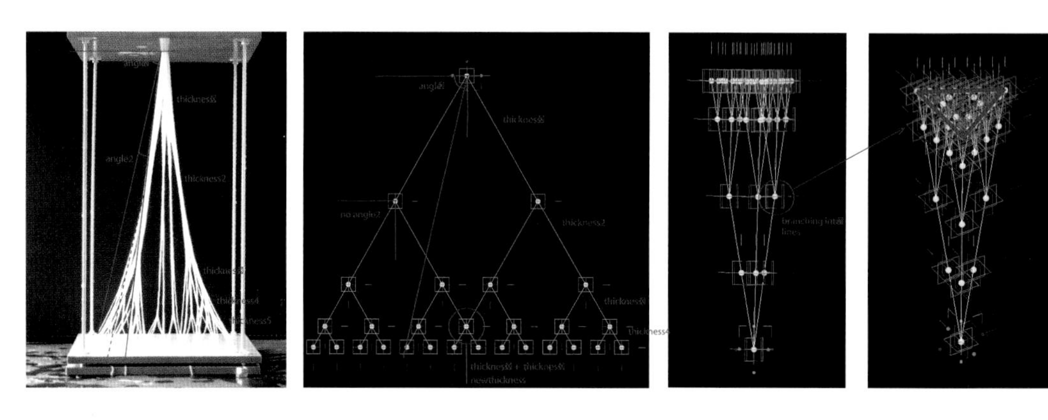

8.8

外形规则被从物理实验中提取出来，并被用于一个联合性建模环境（奔特力工程软件有限公司的软件"Generative Components"）之中。参见2006年，帕维尔·海迪克，建筑硕士论文。

究。生成过程中所使用的算法还有大量的延展空间，并可允许更多等级的分化。探索如何将找形过程嵌套于其中的可能或一个大型枝杈系统中存在小型枝杈系统的可能性。这当然也需由性能基准进行驱动，而一个更加一体化的形态形成和性能分析过程也能让更直接的信息回馈成为可能。对纤维材料的研究也能为这个课题提供更大的帮助。对纤维材料的研究能让枝杈系统使用连续性更高的纤维，并以此增加结构的强度。这可包括对于自然纤维材料，如木材，或人造复合纤维的不同使用方式。而克劳斯·马特赫克为枝杈分布和纤维的方向性间关系的研究打下了坚实的基础。他对自然界中树枝的分叉和其相关的应力分布模式及枝杈形态和纤维方向性间的关系作出了解析（1998年，马特赫克）。虽然在传统建筑中，人们已经开始利用方向性结构，如枝杈，并结合方向性材料（也就是各向异性材料）一同使用。但是，这个领域还存在着巨大的、未探索的空间。这种潜力正在逐渐改变着我们对各向异性材料和其特性的偏见。而对各向异性中这种潜力的研究已经逐渐开展（2008年，瓦格弗尔）。但是，到目前为止各向异性暂时还未被设计师们广泛地接受并应用于建筑设计之中，所以更谈不上将其使用在工程和生产之中。

总而言之，这种形态形成方法也可应用于其他系统之中，而其中一些例子在本书中也有所论述。与此同时，枝杈分布的逻辑、模式和连接方法也可作为其他系统中的一种分布方式，或作为其整体外形使用。新兴科技与设计课程自此加强了对自然枝杈系统的分析与研究，并对昆虫的呼吸系统、植物维管系统与河流的分叉等进行了深入的探析。而对现有结果的更深一步的研究和试验也在进行之中。到目前为止，我们已经发现了一些令人振奋的潜能。

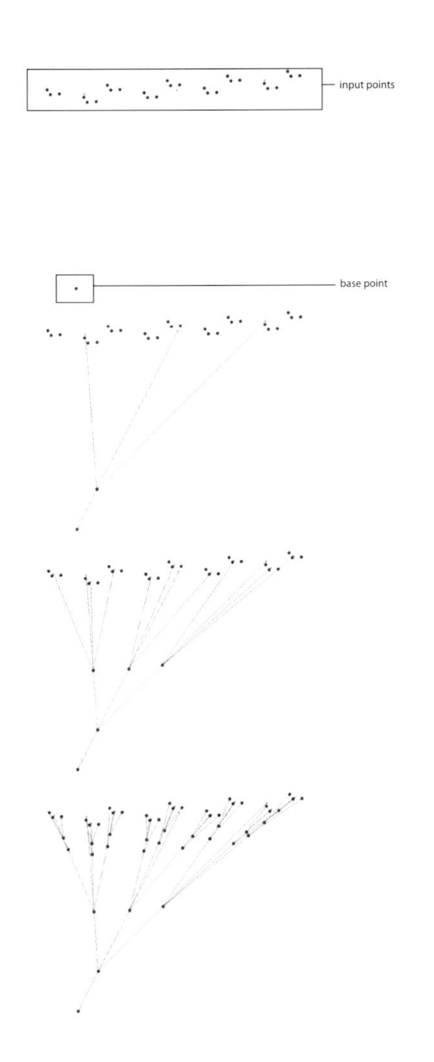

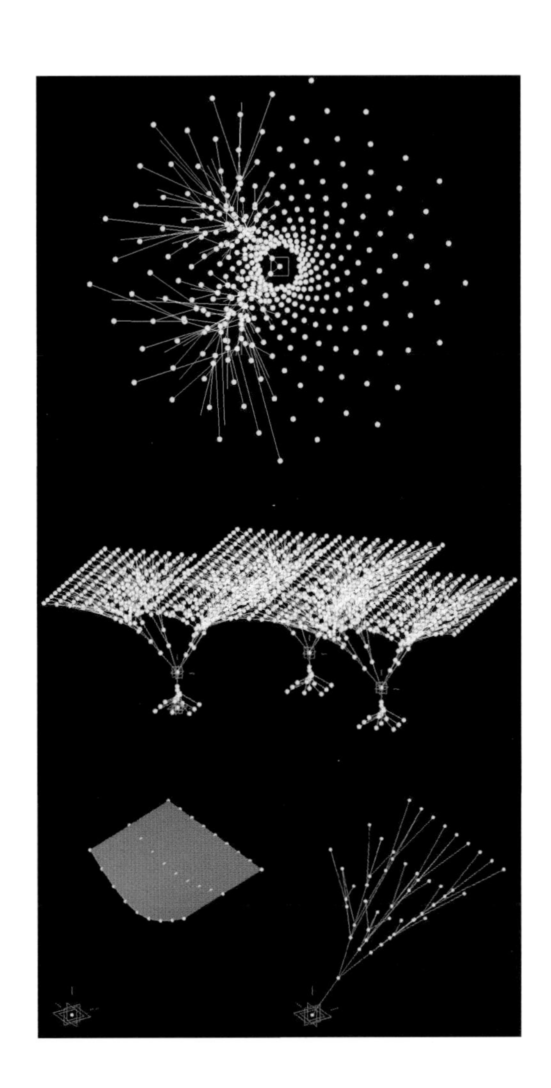

8.9

三个在联合性建模环境（奔特力工程软件有限公司的软件“Generative Components”）中由边缘重写L系统算法得出的独立枝杈系统。参见2006年，帕维尔·海迪克，建筑硕士论文。

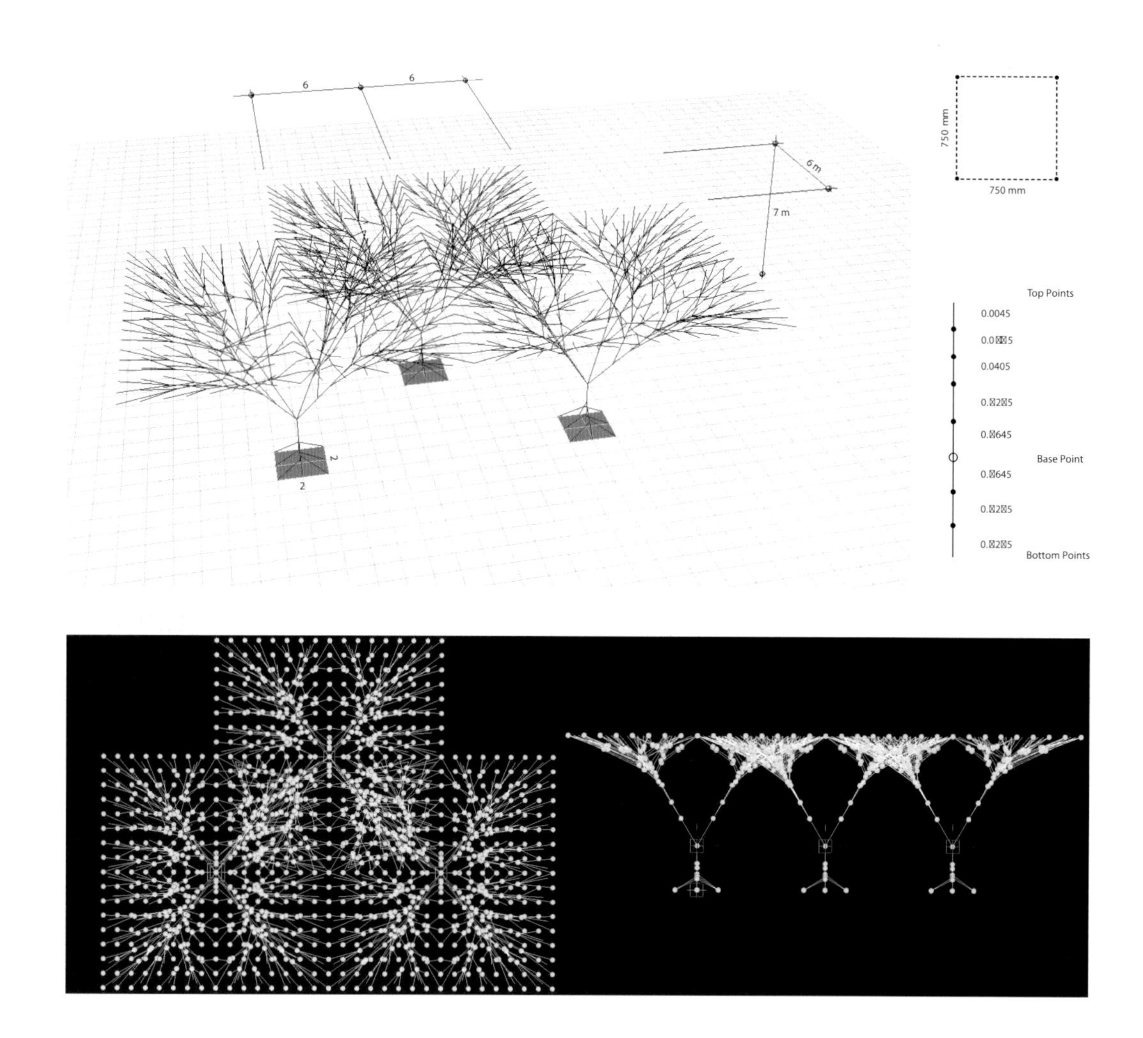

8.10

三个在联合性建模环境（奔特力工程软件有限公司的软件“Generative Components”）中由边缘重写L系统算法得出的相关枝杈系统。参见2006年，帕维尔·海迪克，建筑硕士论文。

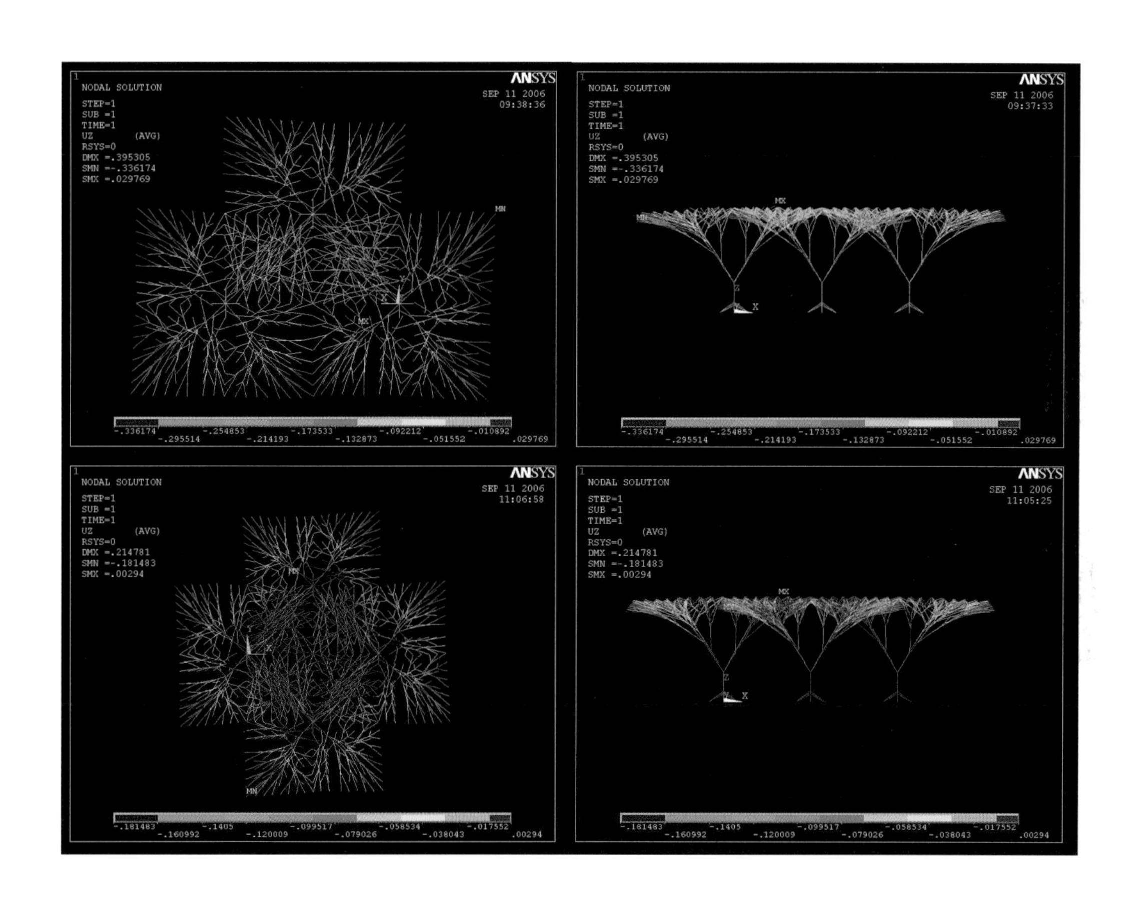

8.11

利用电脑有限元分析（ANSYS中的FEA）我们对枝杈系统子中所造成的应力分布模式进行分析。参见2006年，帕维尔·海迪克，建筑硕士论文。

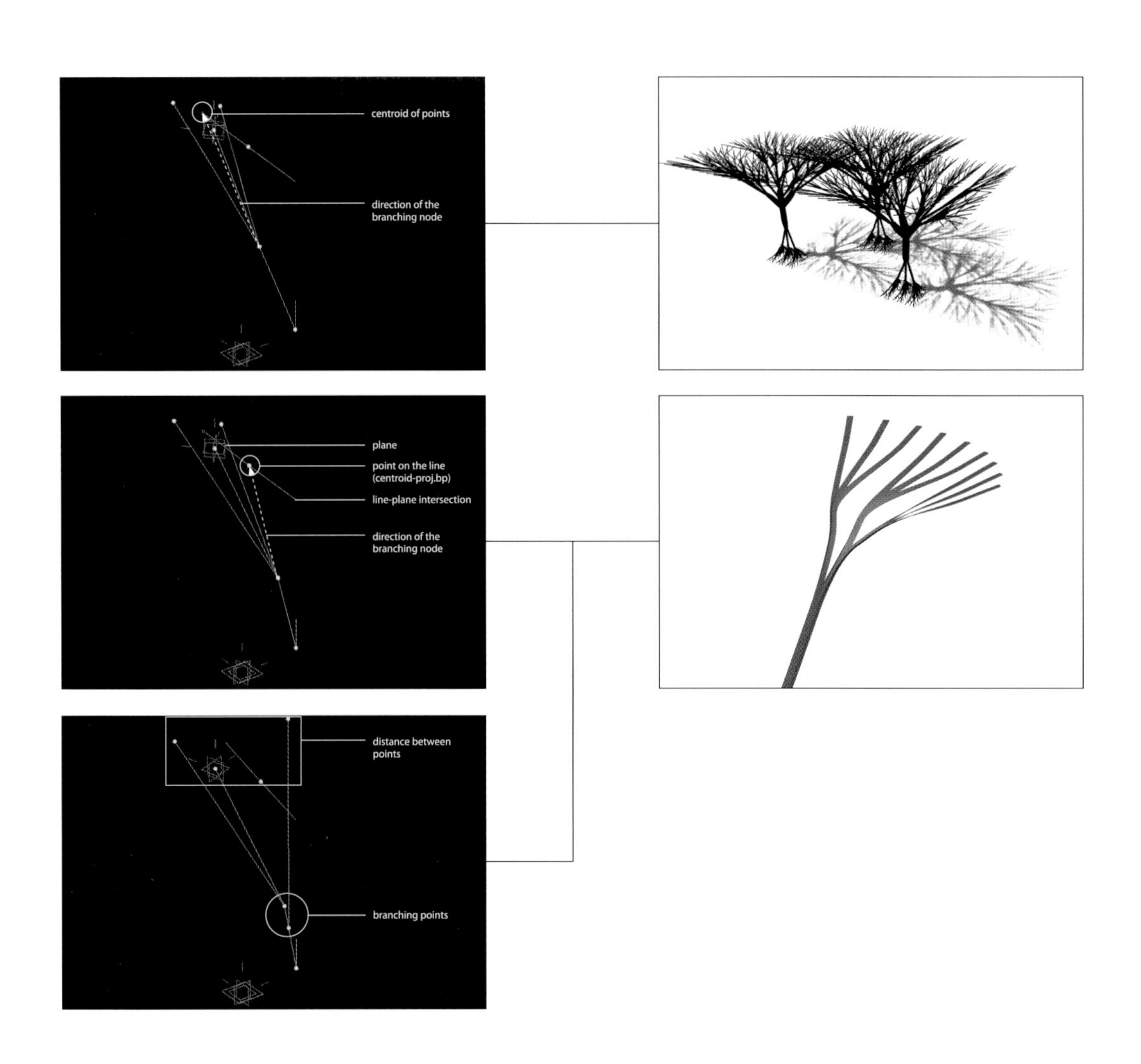

8.12

系统的分级和枝杈系统的细节设计，利用联合性建模环境（奔特力工程软件有限公司的软件“Generative Components”）中的边缘重写L系统生成。参见2006年，帕维尔·海迪克，建筑硕士论文。

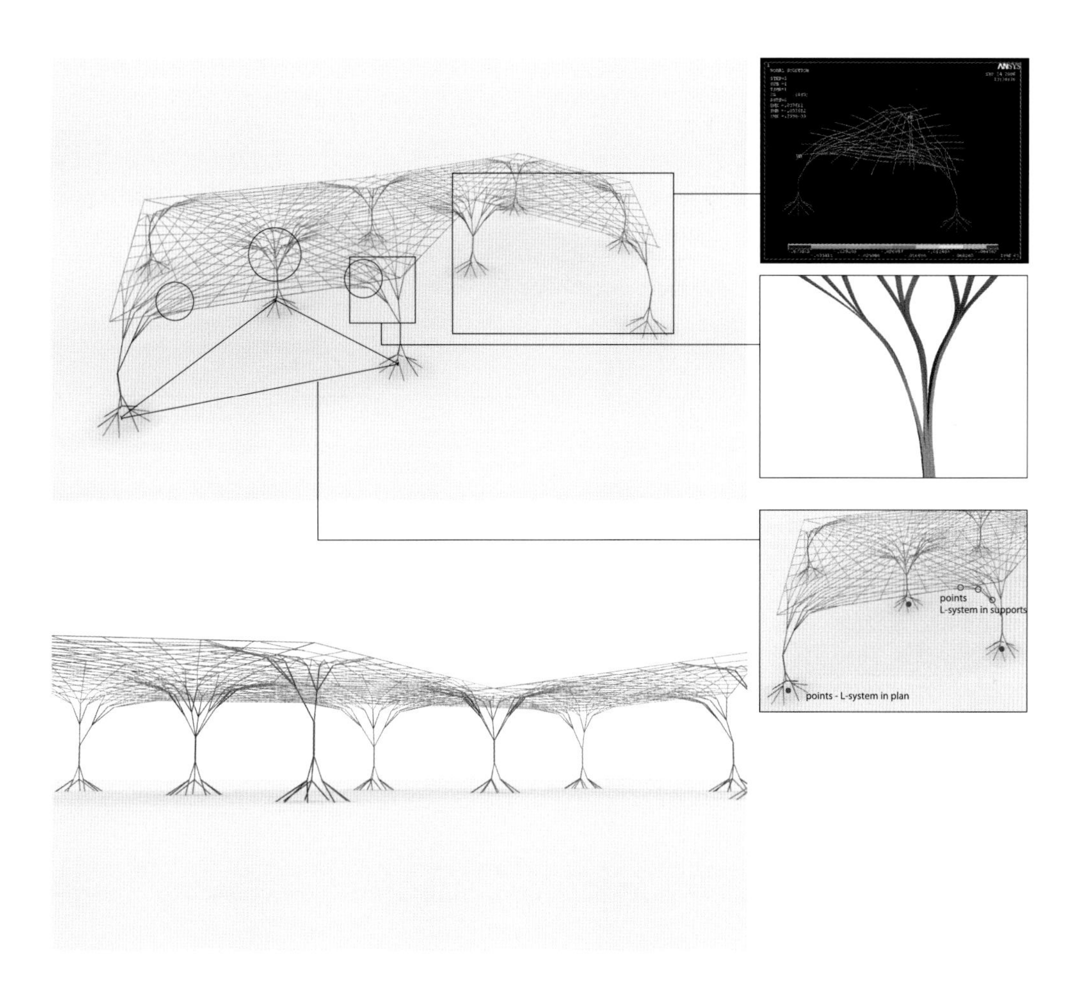

8.13

枝杈系统由向量作用体系到表面作用体系的转变，利用联合性建模环境（奔特力工程软件有限公司的软件“Generative Components”)中的边缘重写L系统生成，并由应力分析（ANSYS中的FEA)驱动。参见2006年，帕维尔·海迪克，建筑硕士论文。

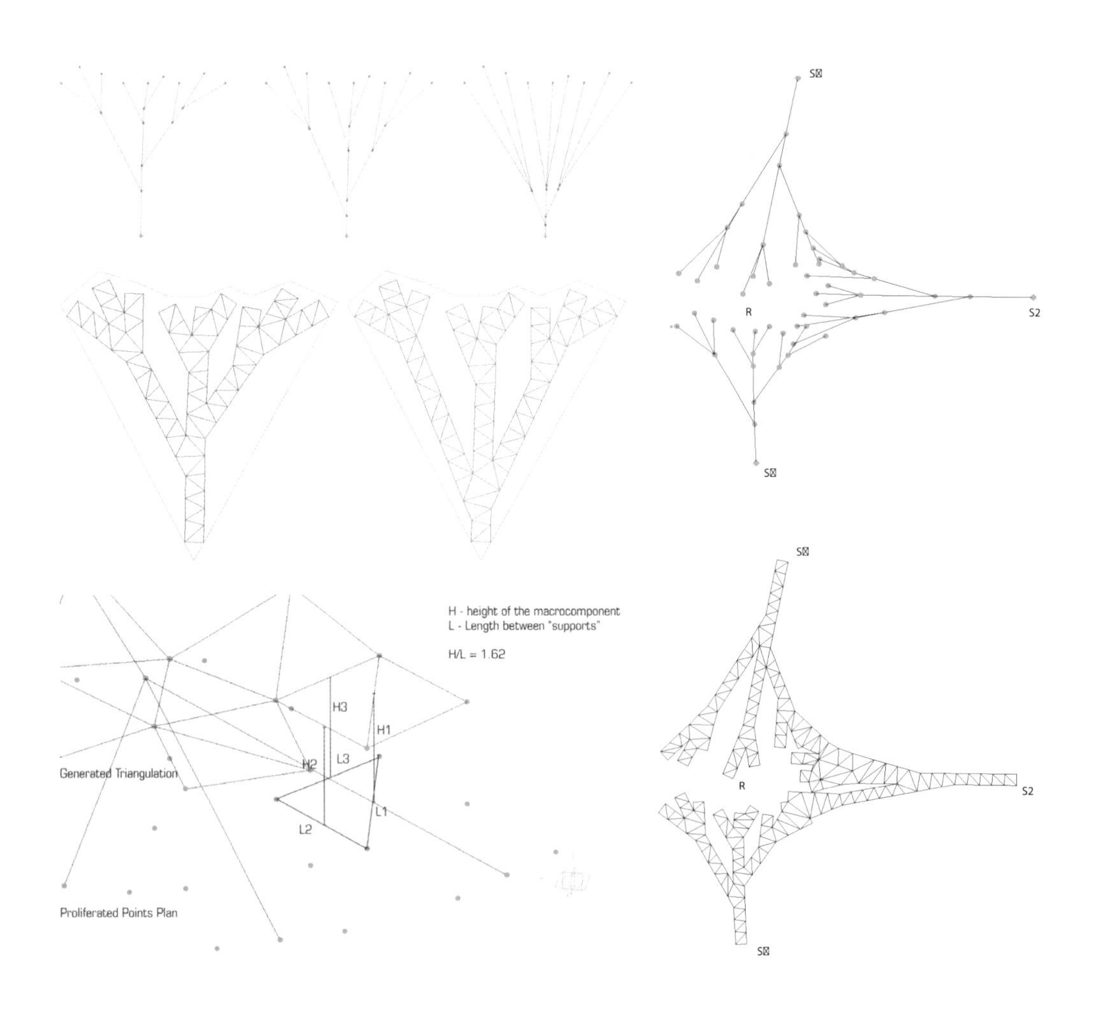

8.14

利用联合性建模环境（奔特力工程软件有限公司的软件“Generative Components”）中的边缘重写L系统生成的枝杈系统根据指定地点环境情况决定的增殖规则。参见2006年，帕维尔·海迪克，建筑硕士论文。

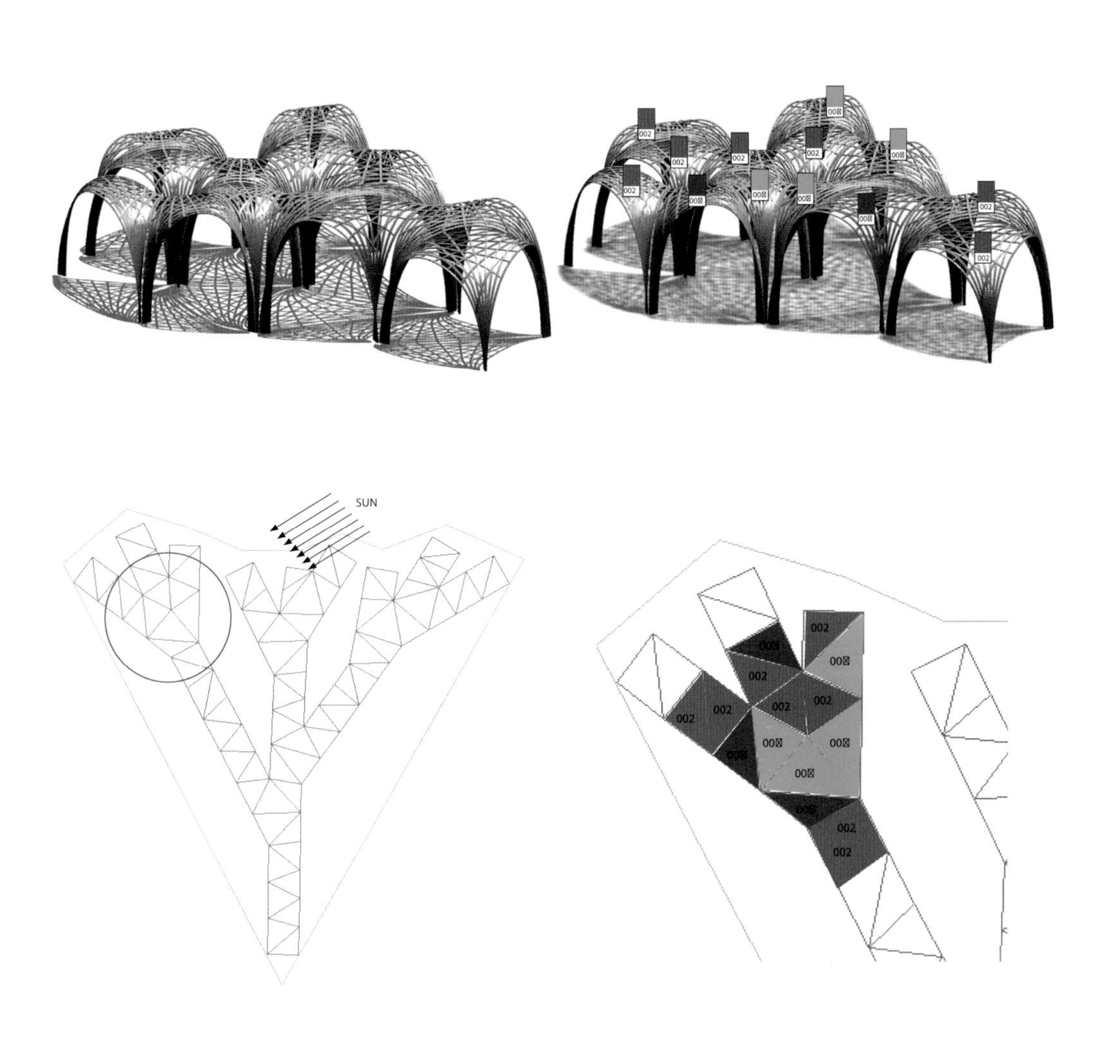

8.15

利用联合性建模环境（奔特力工程软件有限公司的软件“Generative Components”）中的边缘重写L系统生成的枝杈系统根据指定地点环境情况决定的增殖方式。枝杈相互交织所形成的网格密度受到了分析以研究它们的日光穿透率和自身这样能力。参见2006年，帕维尔·海迪克，建筑硕士论文。

第九章

单元

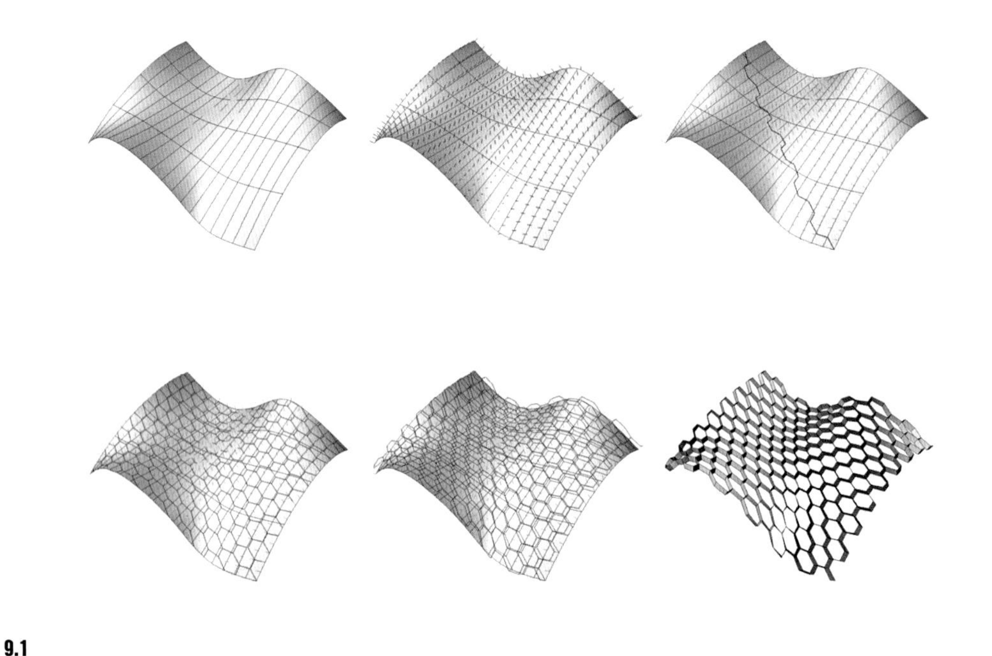

9.1

图标展示双曲表面上由算法驱动的蜂巢生成过程。过程中有6个步骤。参见2004年10月，安德鲁·卡德勒斯，建筑硕士论文。

在自然界中，细胞是生物最基础的组成部分。细胞的分化则是大部分自然系统功能的一体化及其对环境适应能力的来源。在新兴科技与设计课程中，对细胞多功能性的研究已经进行了数年，由对多孔固体的研究乃至对由单元组成的充气结构的研究发展而来。在以下的文章中，我们会利用两个具有代表性的课题作为例子。

多孔固体是一种与众不同的材料，它代表着材料科学在思维方式上的转变。直至近些年来，材料研究一直停留在针对每一种材料本身的特性之上，就像冶金学家只研究金属而聚合物学家只研究塑料一样。不难想象，这种针对特定材料的研究方法并没有对跨材料的共享特性进行研究。但是，在过去的几十年中，越来越多针对跨材料特性的研究开始重视一些存在于大量材料，无论是自然材料或人造材料之中的特性。而其中一个非常有价值的跨材料的研究就是多孔固体。在L. J. 吉布森和M. F. 阿什比共同撰写的《多孔材料固体结构与性能》中，他们认为科学研究对细胞的兴趣已经有很长的一段历史，但对细胞特性跨材料的研究和分类只是近些年才出现的新课题：

> 细胞的结构已让自然科学家着迷了至少有300年之久。胡克对其外形作出了研究；开尔文分析了它们的填装形式；而达尔文则对它们的起源和功能作出了推测，而这些信息对我们非常重要。多孔固体直接依赖于其中单元的形状和结构。我们希望能具体记录它们的特征，如它们的大小、形状和拓扑：也就是说对单元壁与孔隙空间的连通性和细胞的几何形体进行分类。
>
> （1999年，吉布森和阿什比，15页）

9.2

五个不同蜂巢单元形态的电脑（见左图）和物理（见右图）模型。它们在发展用来形成蜂巢的算法时生成。参见2004年10月，安德鲁·卡德勒斯，建筑硕士论文。

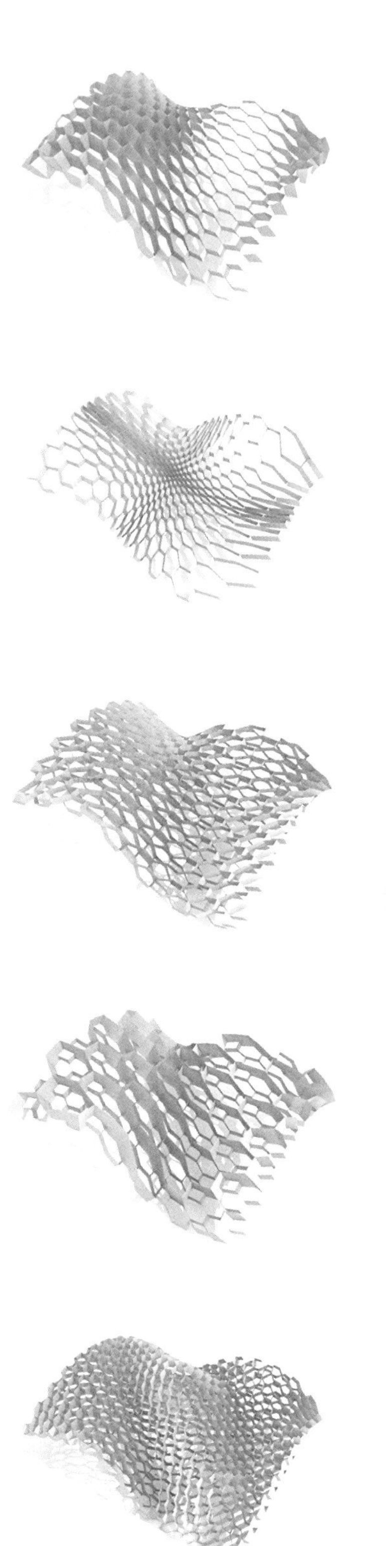

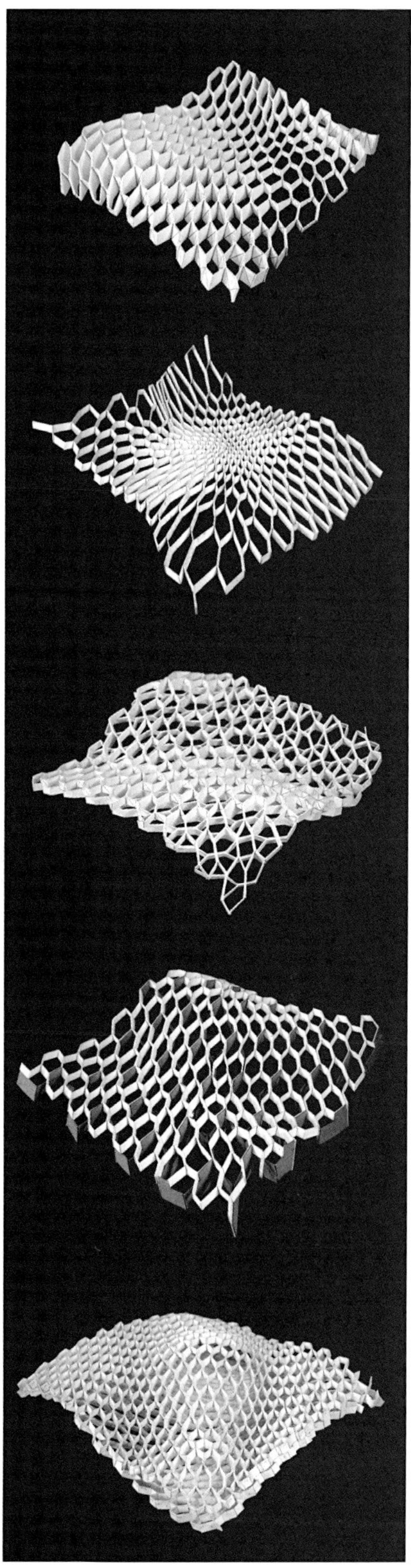

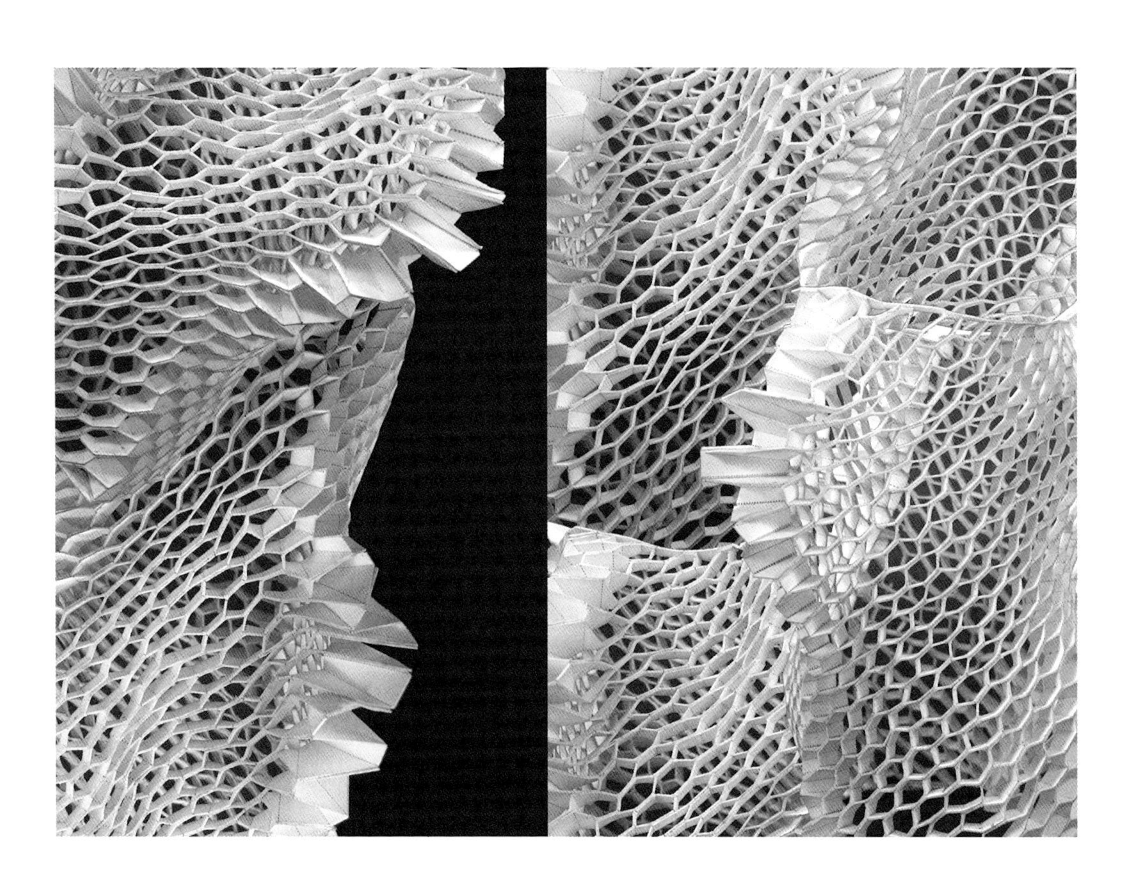

9.3

一个极为多样化的圆筒状蜂巢形态的物理模型。参见2004年10月，安德鲁·卡德勒斯，建筑硕士论文。

多孔固体最基本的定义可以将其称为单元集合体。吉布森和阿什比将多孔固体形容为一系列相互连接的固体枝杆或表面。一个简单的多孔固体可以是一个二维的，被几何图形充满的平面。这些单元集合体与蜂巢中的六边形单元非常相似。因此，吉布森和阿什比将这种二维多孔固体称为蜂巢，而三维的多面体单元组合则被称为泡沫。

安德鲁·卡德勒斯的建筑硕士论文注重对多孔固体系统的发展。他的研究目的在于提供一个以建筑为背景，对蜂巢多孔固体的几何、机械和形态特性方面进行探索。他的目标是发展一种与众不同的蜂巢结构，由现有材料建造，且使结构拥有设定每个单元大小、形状和朝向的能力。以往因生产过程的局限，现有工业用蜂巢系统均由规则的单元分布构成。而只有使蜂巢系统拥有不同的形态，人造蜂巢系统才能够更接近自然系统中存在的强大适应能力。在自然系统中，不规则性是功能一体化和适应能力的重要因素，而规则性则只是一个极少存在的异常现象。

> 单元能以大量不同的形状和大小出现。二维排列——蜂巢，如果是规则的，一般会由三角形、正方形或六边形组成。大部分人造蜂巢系统和少数自然蜂巢系统是规则的，但自然中却有大量的非规则蜂巢系统存在，这一般是由每个单元的成核过程与成形过程的不同造成的。同时也是因为当它们受到撞击时会进行重新排列。
>
> （1999年，吉布森和阿什比，49页）

因此，这项研究将蜂巢多孔固体中的不规则性作为达到一种接近自然多孔固体系统所展现的多功能一体性的方式。自然多孔固体在形态、生长过程和性能方面的一体性极高。为了允许建筑利用这种一体性材料，我们必须发展新的设计和生产流程。所以，我们首先需将多孔固体的几何与材料特性抽象化并转换成工业生产逻辑。作为一个起始点，我们对现有人造多孔固体和相关的生产流程作出了研究。蜂巢夹层板是现代工业中最常用的多孔固体之一。它们被应用于航空业，其极高的强度重量比非常适合这个行业的需求。在建筑领域中，它们也经常得到使用，例如作为建筑的表皮面板或轻型墙板的中心部分。但因受到生产流程的局限，这些面板中所能出现的弯曲数量和弯曲形式都受到严格的限制。因此，单元的大小、深浅和朝向在单一面板中的变化也非常有限。其所能生成的只是一种性能相对统一的系统，即便需求是一个更加复杂的非统一系统。通过研究数个一般不使用于蜂巢系统设计或生产之中的一些流程，我们得以利用它们增加成品形态的多样性和其相关性能的多样性。

这项研究所发展的生产方式结合了三种工业上常用的但却很少共同使用的生产技巧，使其形成了一种混合生产逻辑。这些生产技巧解决了蜂巢系统单元壁所需不规则条板的切割问题。利用大型数控机床（CNC）控制的激光或电浆切割机，我们可以切割这种外形极不规则的条板。之后，闸机会将它们折叠成形。如果这些生产逻辑能成为电脑形态形成过程的一部分，组装完毕的蜂巢系统同标准蜂巢系统相比就能产生更多的弯曲，而其单元也能出现更多的变化。但为了使电脑工具能展开这种拥有极高形态多样性

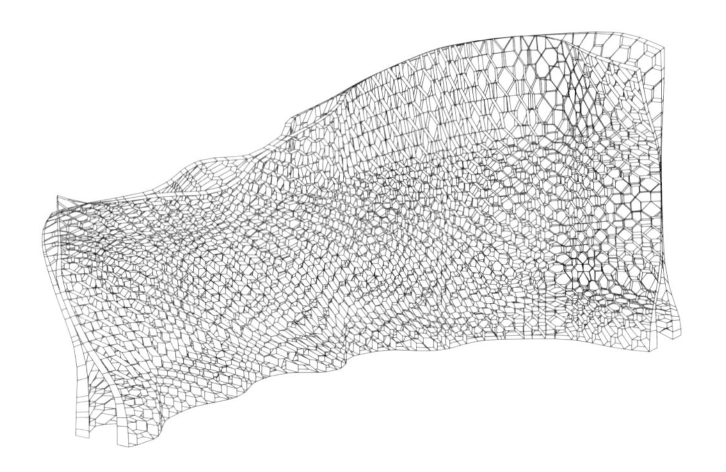

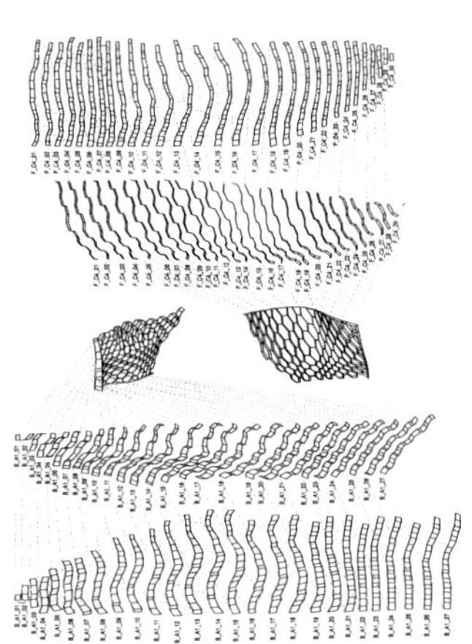

9.4

蜂巢结构原型及其轴测分解图。它展示双层结构的整体形态和一个折叠条板详细构成图。根据这个构造图，我们可以建造一个单元组成的模块。参见2004年10月，安德鲁·卡德勒斯，建筑硕士论文。

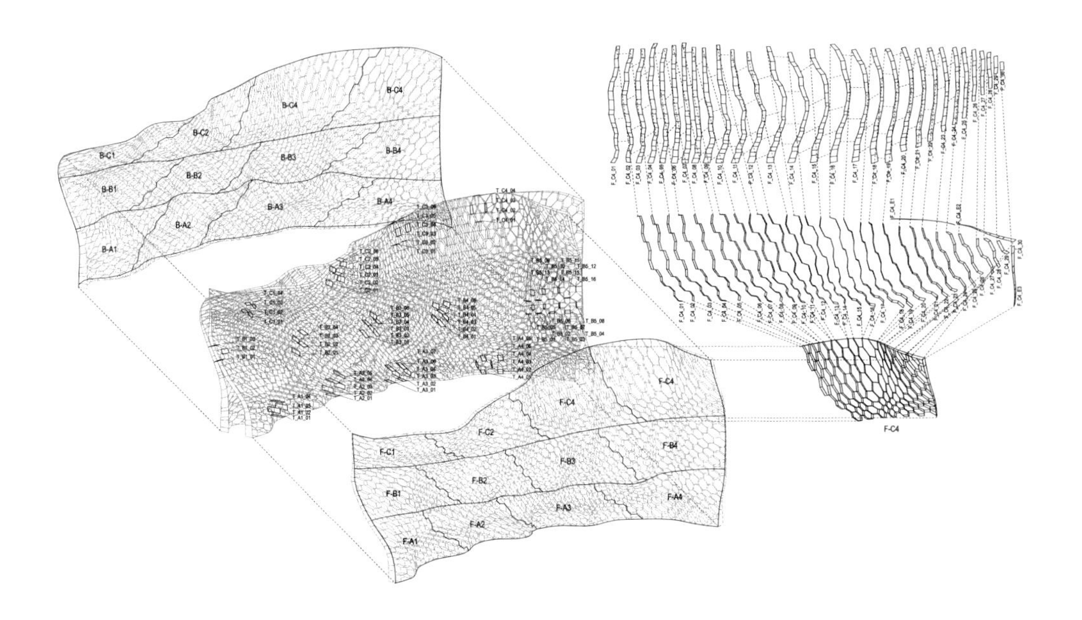

9.5

为2004年新兴科技与设计课程年终展览而建，双层蜂巢结构的电脑模型。图表展示三维模型（见左图）和展开的条板剪切模式（见右图）。参见2004年10月，安德鲁·卡德勒斯，建筑硕士论文。

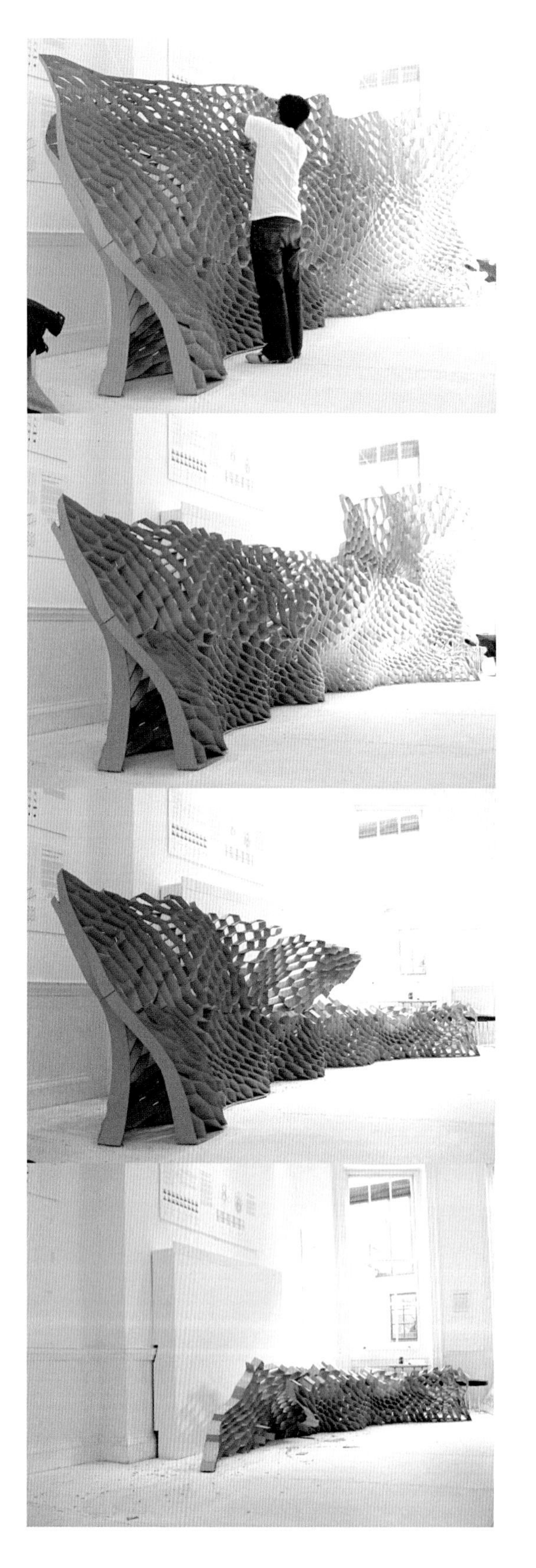

9.6（左）

实物比例原型体的组装过程。原型体由模块组成，每个模块包括一系列不同的蜂巢单元。参见2004年10月，安德鲁·卡德勒斯，建筑硕士论文。2004年，新兴科技与设计课程年终展览。

9.7（对页）

为2004年新兴科技与设计课程年终展览而建的双层蜂巢结构的照片。

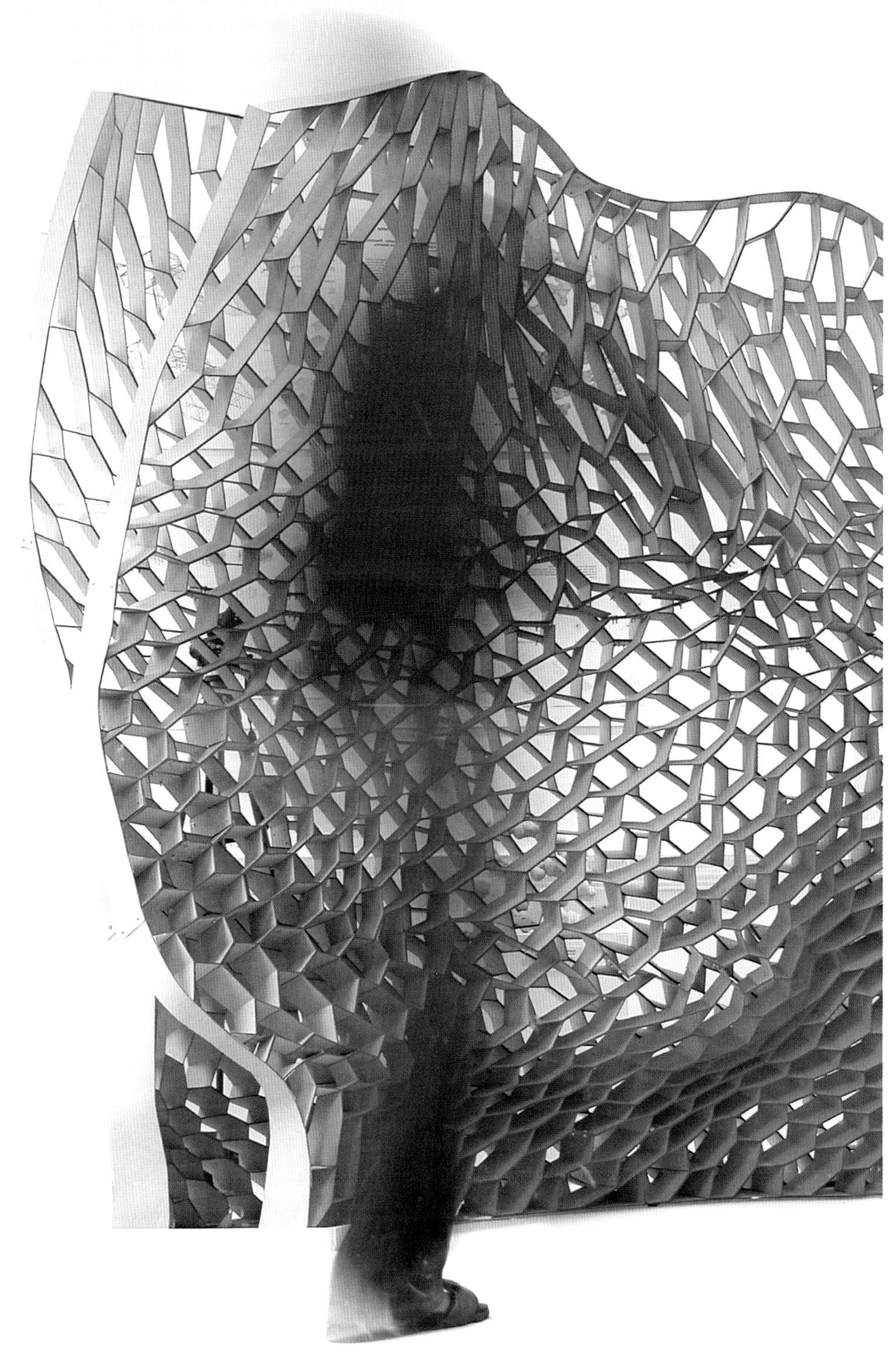

9.8

实体比例大小的蜂巢结构原型，大约长8m，高2m。整个结构由3mm厚的纸板组成。参见2004年10月，安德鲁·卡德勒斯，建筑硕士论文。2004年，新兴科技与设计课程年终展览。

的立体蜂巢，同时又能控制展开的平面不会超出机械生产能力的限制，这需要我们对三个方面作出思考。

第一点，所有单元必须保持六边形并与其相邻单元壁保持相切的关系。这将保证系统拓扑的连续性，因同导轨面成直角的折线中所存在的偏离角所造成的扭曲必须在材料所能承受的最大扭曲限制之内。为此，我们进行了大量物理测试以决定局部曲率极限与其对单元壁的影响。第二点，因为所有组成系统的条板都是从一个二维平面上切割的，构件的电脑生成必须对这种生产技巧的限制有所考虑，特别是材料平面大小和材料特性所造成的限制，如折叠能力。在这项课题之中，我们探索了激光切割的各种参数，并找到了一种不同的，只适用于在这种情况下帮助纸条板折叠的方法。通常，材料折叠方向相反的一面都会被留下刻痕以帮助折叠。激光切割机的强度和速度可以被设定以达到这种刻痕的需求。但是，这个系统中的刻痕必须是两面的，以允许条板向正反两个方向折叠。因此，第三个变量是频率，也就是激光切割机在制造完全穿透的折线时所使用的频率。通过改变频率，也就是每英寸中激光穿透材料的次数，从而我们可以制造特定的折线。第三点，则是决定组装过程中所有构件的标注和组装顺序。

根据上述的几点，我们发展了一种蜂巢系统生成算法。它能利用一系列物理测试不断地对生成过程进行反馈。最终，电脑生成过程由以下几个步骤构成。为了定义蜂巢系统中条板定点的最终位置，设计师先设定一系列的点并利用电脑将其绘制于一个表面之上。这些点之后还可继续接受不断的修改，因此与点分布相关的参数和表面特性也可以被修改。通过连接这些点，我们能利用算法得出一个能代表折叠条板路径的线。再通过多次运行这个算法，我们便能生成一个蜂巢系统。之后，整个过程会在一个略有改变的点的分布上运行以生成第二个蜂巢系统。蜂巢结构通常容易受到切力的影响而产生变形，因此大部分工业上对蜂巢结构的使用一般需要外加一层表皮。为了增加结构的强度，特别针对切力，我们生成了第二个蜂巢系统。这层蜂巢中的单元朝向大致与第一层相反，每隔一个单元壁便会有一个单元壁同第一层的单元壁相连接。所有的蜂巢中的条板最终被自动展开，标注并嵌套其中以便于生产。

结合形态形成和生产这两个过程，我们产生的是一个双层的蜂巢系统。其中每个单元的形状、大小、深度都有所不同，这允许在单元密度中产生变化和大范围不规则曲线的形成。它所生成蜂巢系统中的多样性可以形成许多功能上的变化，而这样的系统有能力适应特定结构、环境和其他的力。我们并不需要对整个系统进行修改，每个区域都可通过改变局部的单元大小、深度和朝向来对其进行适应。将人造多孔固体材料与其生产技术的潜力和限制嵌入形体形成技巧与其参数之中，这已经成为利用多孔固体来满足多个功能基准的主要方法。

阿明·萨迪吉的理学硕士课题同迈赫兰·卡勒格的建筑硕士课题共同将通过形态分化来达到功能的一体化作为他们项目的研究目标。除此之外，他们希望能在一个充气单元系统之中利用主动响应构件达到这样一个多功能，且可自我调节的围护。大量的物

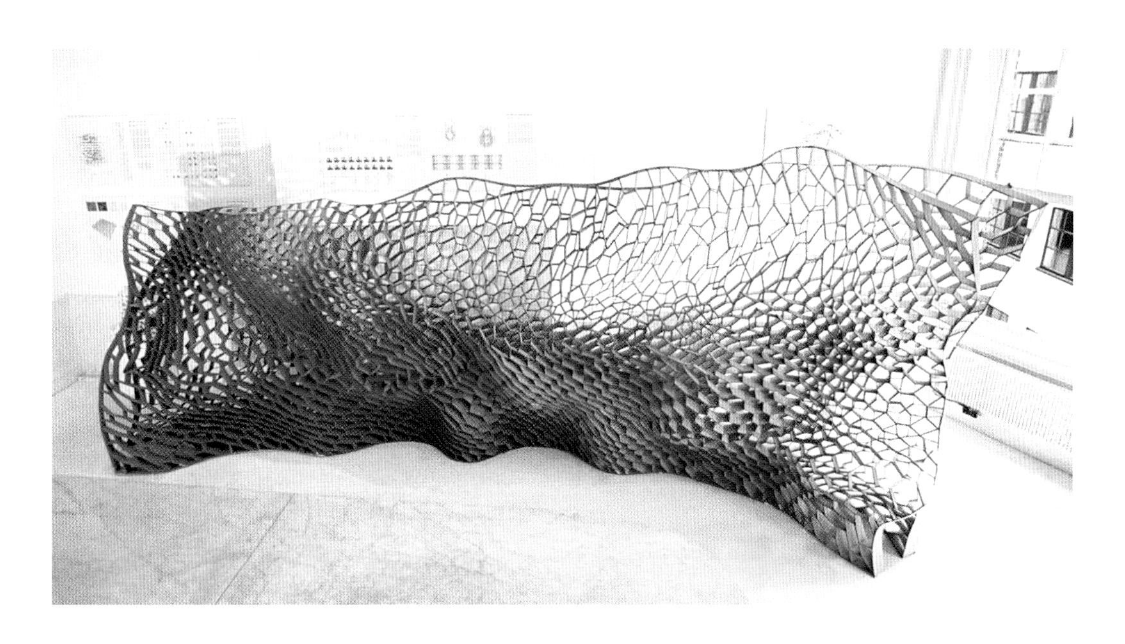

9.9（上）

照片展示算法生成的蜂巢原型。每个单元都拥有独特的形状、尺寸和深度。这允许单元密度和双曲表面整体形态产生更多的变化。参见2004年10月，安德鲁·卡德勒斯，建筑硕士论文。2004年，新兴科技与设计课程年终展览。

理和电子测试被用于发展这个由两部分组成的单元。第一部分由四个拥有相同中心点的圆锥充气体组成。这些构件通过顶部四个构件相交处的三角缝线和左右两面尖端接触部分的直缝线相连接。成品是一个结构稳定，并有四个开口的形体。第二部分是插入部分——一个由两个圆锥体组成的充气体，它可沿其中轴旋转以控制开关组件的开口。这种旋转动作是由一个气动肌肉的收缩或膨胀所决定的。收缩或膨胀又取决于充气体的内部压力。当结构受到阳光直射时，内部压力便会升高，而当这个压力变化被压敏阀察觉时，减压阀便会自动开启使气动肌肉转动并让组件开启。系统建造的可行性、结构强度和功能均接受过多次电脑或实物模型的测试。与此同时，一个功能齐全，与实体大小相同的系统原型体，由一个专门从事生产非标准充气结构的厂家制造。

系统对整体配置与局部环境影响的固有适应能力在一个建于伊朗的主动响应充气围护的项目上得到了进一步的体现。建于一个极其干燥的环境之中，这个项目尝试通过控制阳光穿透率和利用自然通风这些被动冷却手段来调节室内的环境。这个项目将建造地点的大气候和小气候特征都加入了考虑。根据项目的建议书，这个系统将被建于已建成的建筑物之间，作为原本暴露于外界恶劣气候之中的一个院子的气候调节围护。这个围护的整体形态是由一个根据系统材料特性和性能来平衡多个功能需求的过程而形成的。最重要的几个功能需求均属于以下四个类型：[i]空间品质和空间高度的限制；[ii]组装和生产的限制，它们必须同复杂的边界条件和基于等参数曲线的排序系统相协调；[iii]结构的承重能力，不光是承受自重，也包括对风压等的承受能力；[iv]环境调节，特别是加强不同季节和不同时间情境下的交叉通风。而环境调节的另一个重点在于对直射阳光和阴影的控制。

根据电脑模拟和分析工具的不断反馈，我们利用全部四种需求为迭代电脑形态形成过程提供信息。例如，对太阳轨道的分析让我们可以对不同时间和季节的阳光进行模拟。这让我们可以极其准确的模拟每个开口的方向和它们所造成的自身遮阳效果，并让我们有能力测量整个系统的阳光穿透率。在建议书中，遮阳功能占有举足轻重的地位。在这个充气系统中，我们利用两个方法控制阳光的穿透率。第一种方法利用了充气系统因渗透或密封问题而不可避免的需要供气这个缺陷，通过测量局部阳光强度的传感器，系统可在供气中加入烟雾并将充气结构的一部分由透明变为半透明。虽然这能增加散射光的比例，系统中的开口还是能让直射光进入建筑内。因此，我们必须另外为开口设计一种令其达到自身遮阳的方法。通过一系列的电脑试验，我们对组件的遮阳行为作出了考究。最终通过数个外形的变化，如改变单元的高度和半径，这些构件在每天最热的时间段中都会将开口遮掩在阴影之中。

以上所得到的信息是发展适应场地环境围护所需信息的第一部分。在这之后，我们进行了覆盖空间的结构和热力学分析，它是通过对比温度和气压变化与外界的空气流动模式而得来的。一系列试验证明，我们起初使用的整体形态在某些时间段缺乏交叉通风。这就造成围护中缺乏新鲜空气。根据相关信息，包括组件在不同开关状态下的详

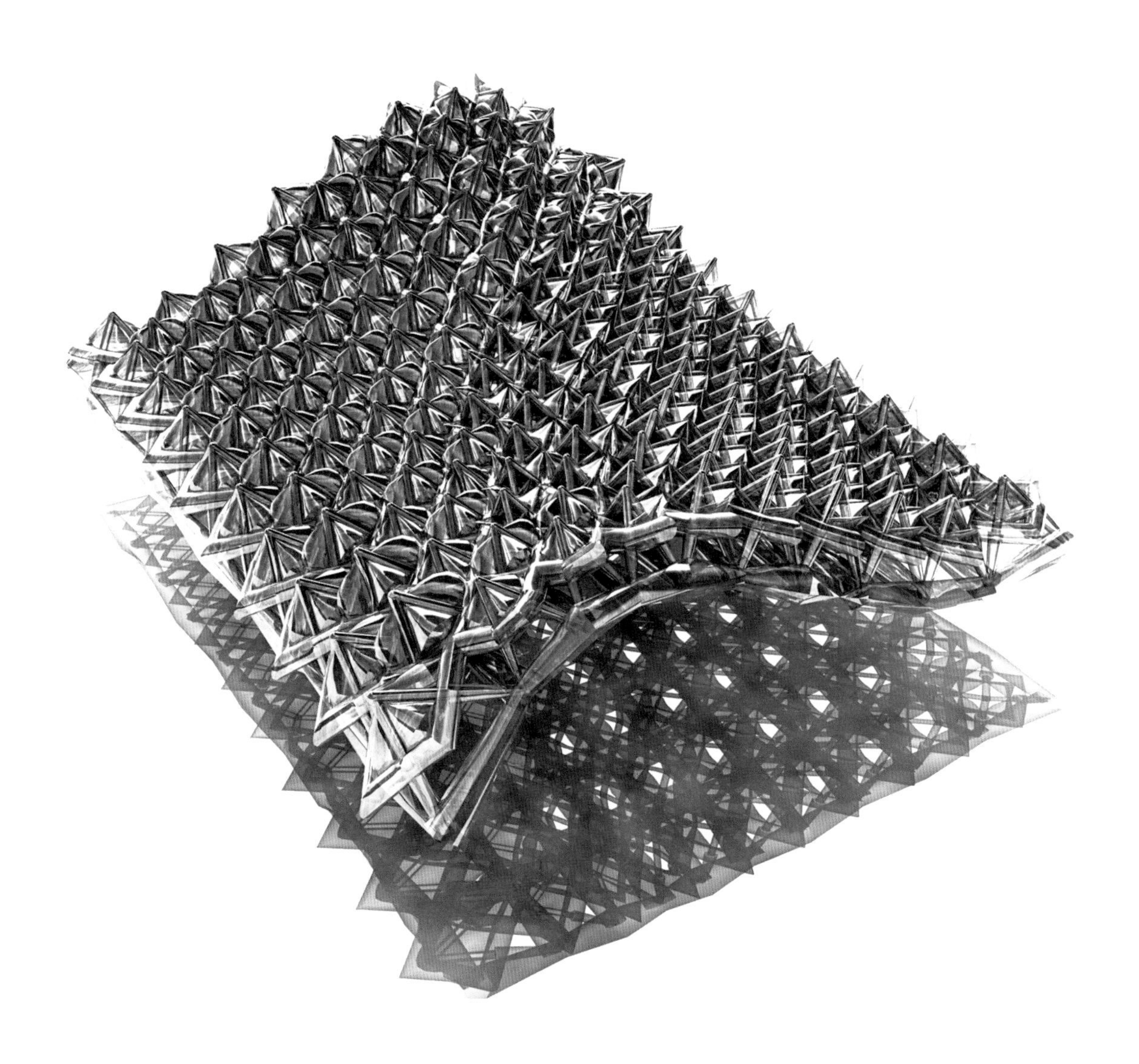

9.10

一个充气组件系统的电脑模型，包括其形态和阴影布局。参见2008年10月，阿明·萨迪吉，理科硕士论文。和2009年2月，迈赫兰·卡勒格，建筑硕士论文。

细局部分析和对整体结构的模拟，我们利用元胞自动机算法进行了数轮形态形成计算并对系统的外形进行了修正。这些更改让围护的交叉通风无论在什么时间均能得到极大的改善。不仅如此，通过使用这种自身遮阳能力极强的表面，夏日太阳热力的传入被有效控制。根据分析整个形体的遮阳能力，超过80%的表面，在夏季最炎热的几天中都能受到遮掩。

以上两个项目显示了单元结构功能的一体性和多样性。每个单元构件的形态均基于同样的一组数据，包括材料、几何与生产限制等方面，这让我们能够达到较高的功能一体性。而当我们在未来研究诸如多功能单元等课题时，我们可以进一步发掘潜伏于此系统中的更大的潜能。

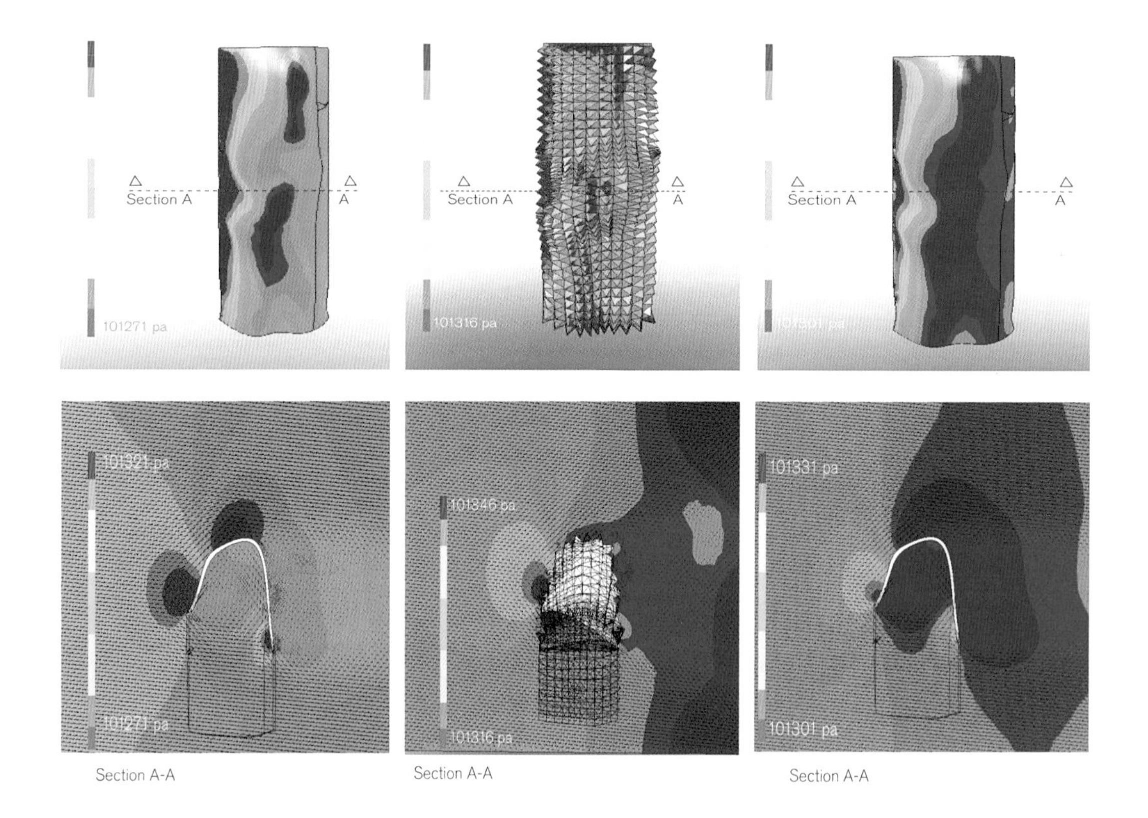

9.11

充气组件系统在作为一种存在于现有建筑间的适应性屋顶结构时的电脑流体力学分析。这展现了系统调节局部空气流动方式的能力。参见2009年2月，迈赫兰·卡勒格，建筑硕士论文。

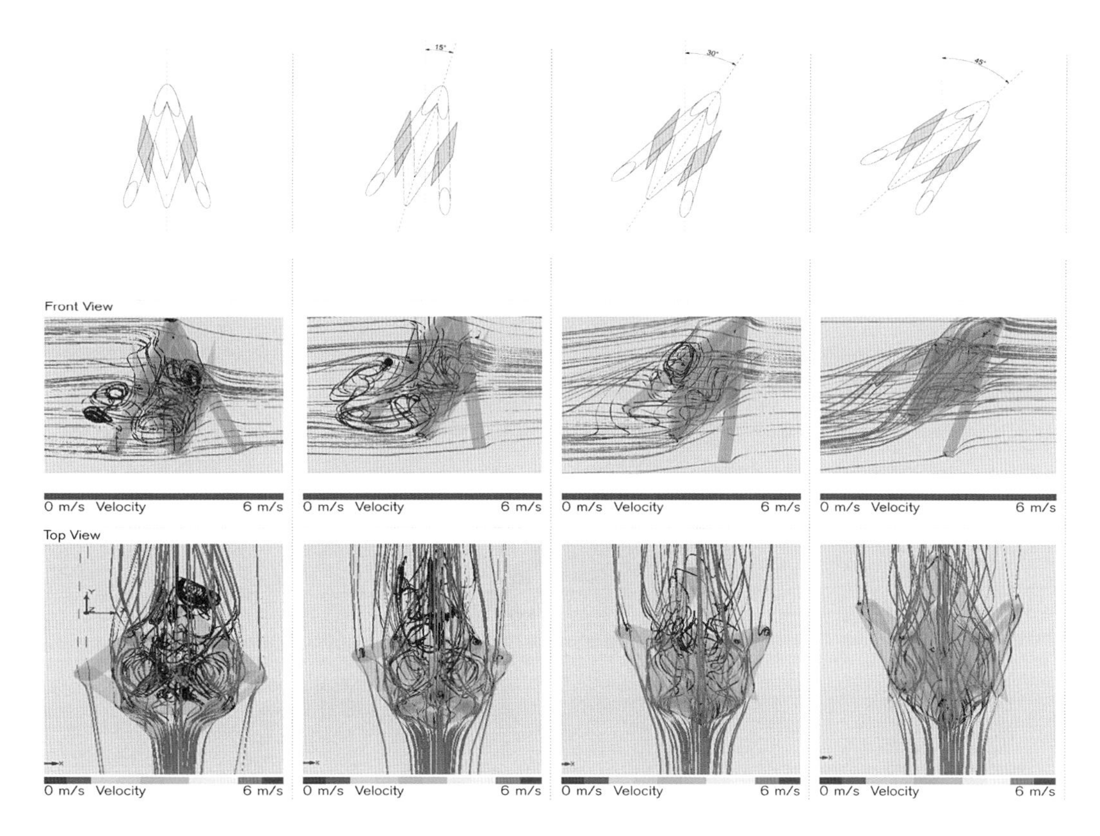

9.12

电脑流体力学分析展示适应性充气组件在不同开启状态下对气流的调节。参见2009年2月，迈赫兰·卡勒格，建筑硕士论文。

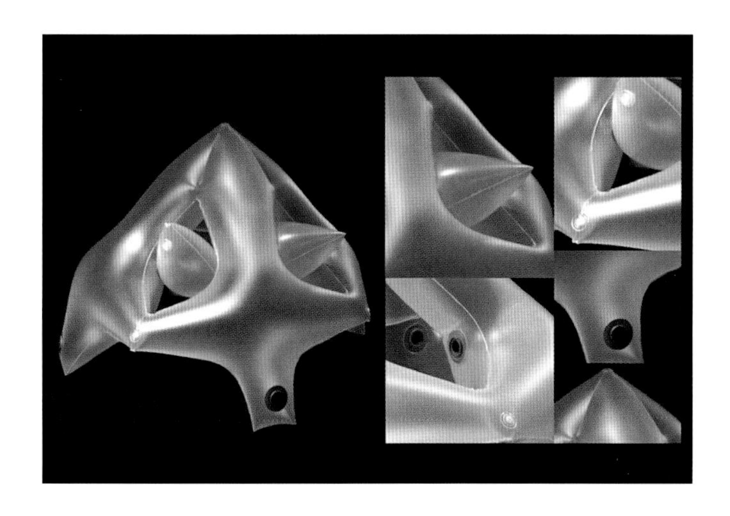

9.13

照片展示实物比例充气组件的四个可开关开口（见左图）和开口、缝线、连接和压敏阀的近照。参见2009年2月，迈赫兰·卡勒格，建筑硕士论文。

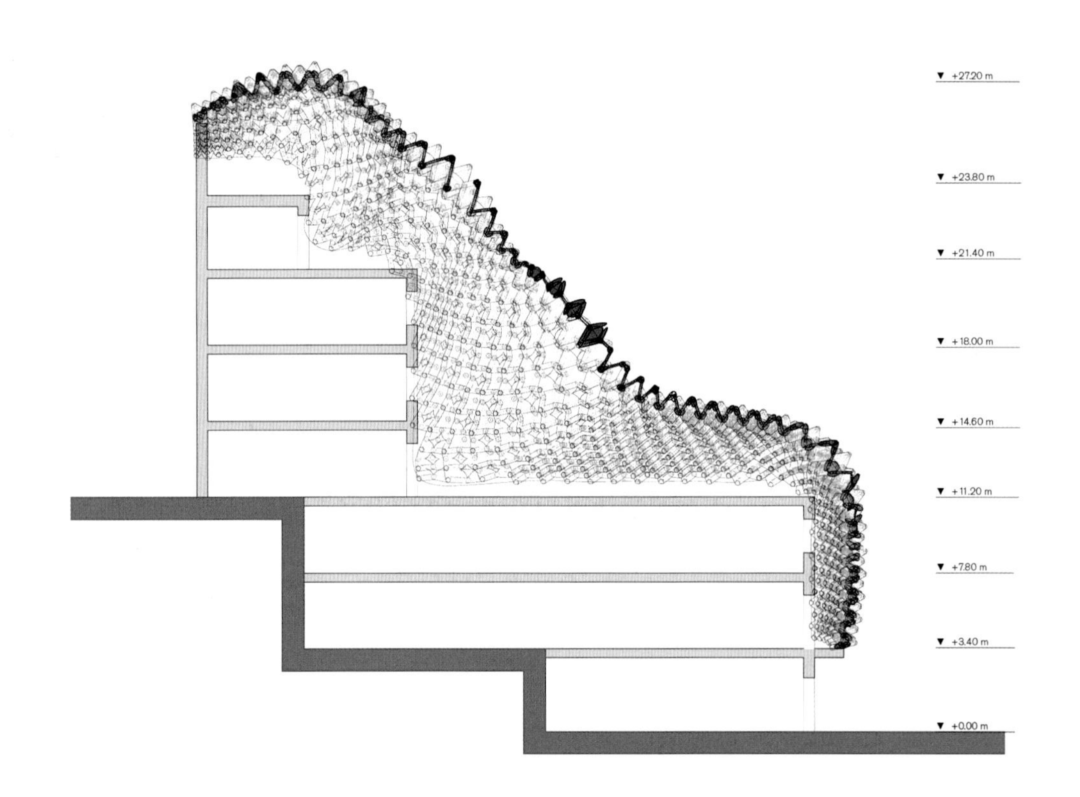

9.14

用来覆盖现存建筑之间露天空间的充气组件系统。参见2009年2月，迈赫兰·卡勒格，建筑硕士论文。

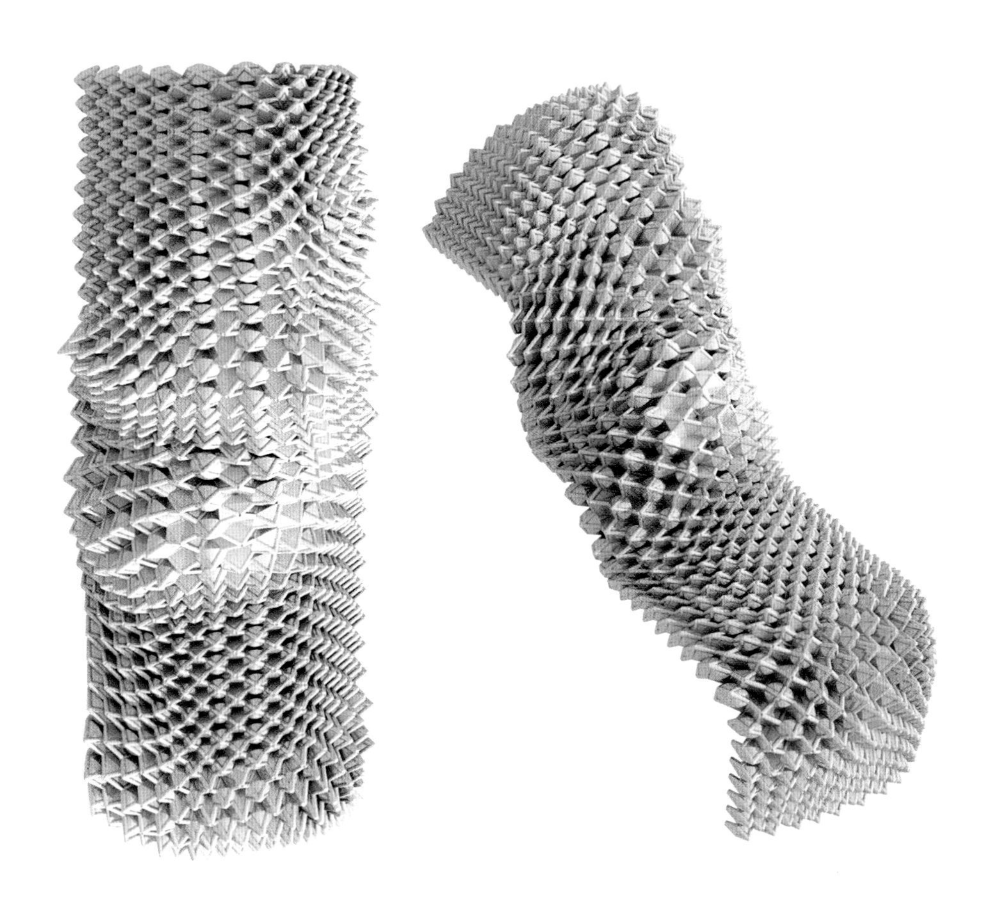

9.15

通过衡量多个设计基准，包括通风、遮阳和结构形成的充气组件系统形态的渲染图。参见2009年2月，迈赫兰·卡勒格，建筑硕士论文。

第十章

质量组件

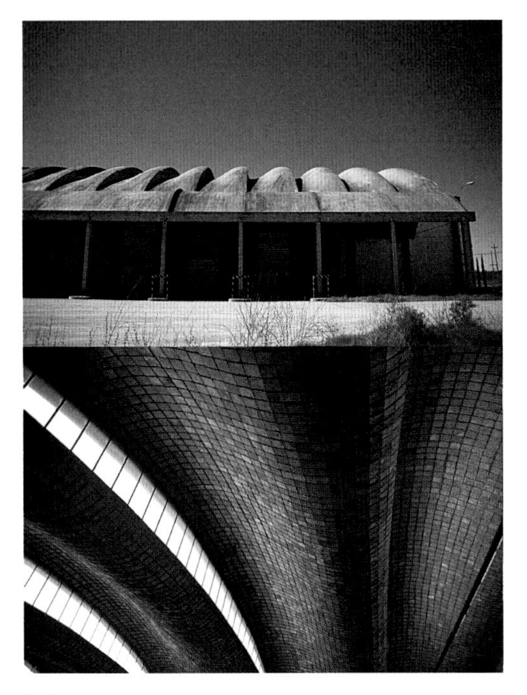

10.1

坐落于茹阿尼克的ADF羊毛仓库（1992—1994年，乌拉圭）由埃拉迪奥·迪埃斯特设计，这里所展示的是他的主要发明之一：高斯穹顶的室内形态（见下图）。它演示了利用双曲表面来调整建筑内部采光的方法。摄影：德弗妮·孙格若格鲁。

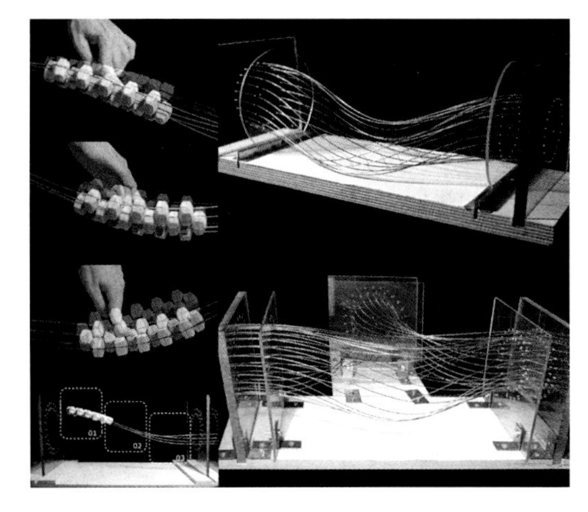

10.2

用来推断弯曲杆和砖块一同使用时特性的初步物理模型，它也被用来测试这种系统的自我调节能力。除此之外，纤细的弯曲杆在扭转屈曲状态下的参数化问题也被解决。参见2007年10月，德弗妮·孙格若格鲁，理科硕士。

砖，作为一种建筑构件从第一次被人类使用至今，它的尺寸和重量一直保持相似。它的大小及重量让砖匠能以一只手轻松移动砖块而另一只手使用如泥刀等操作工具，并以此让建造过程更加快速、便捷。砖是最古老的，接近标准化的建筑材料之一。自公元前7500年，砖已开始受到广泛的使用。我们在安纳托利亚东南部的新石器时代城镇恰约尼找到了砖的使用证据，在巴勒斯坦的杰里科和土耳其西部的恰塔霍裕克也找到了其他佐证。恰塔霍裕克居住着甚至有可能超过8000个居民。这些新石器时代聚居部落为我们提供了有关当时城市规划、建筑、农业、科技和宗教发展等方面丰富的信息（2003年，盖茨）。查尔斯·盖茨对杰里科在无陶新石器时代A阶段和无陶新石器时代B阶段，大约公元前8500—6000年时人类对砖的使用做出了陈述：

> 在无陶新石器时代A阶段聚居部落分散于大约4公顷的土地上，我们发现他们拥有房屋和具有防御功能的墙。房屋为圆形的，用一种特殊圆顶的泥砖（也叫作“拱背砖”或“平凸砖”）建造。杰里科在无陶新石器时代B阶段期间拥有一种全新的建筑形态，并可能暗示社会发展的变迁。建筑由此摒弃了原本圆形的房屋转而开始建造围绕中央庭院式

> 的长方形房间。这些建筑使用的是一种雪茄形的风干泥砖。砖墙的表面因砖匠用手将泥制砂浆压实而布满手印。
>
> （2003年，盖茨，18—19页）

早期的砖一般是由手工制作并晒干的。烧结砖大约在公元前3000年时才开始在中东出现。当时的人们发现经过火烧能加强砖的特性，使其变得更加坚固，同时砖还能防潮，适合人类在更加恶劣的环境中使用。因为砖块的品质还具有吸收热能的特性，特别是当砖块在夜晚释放储存的热量时，还能用于调节建筑物内部的气候。

砖在古埃及、印度河流域和古罗马时期就受到人类的青睐。从罗马军团散落于罗马各处的烧砖用的可移动砖窑就可以看出，他们将砖的使用方法推广至整个罗马帝国。这让他们拥有建造大量的永久性建筑的能力，同时也能加快大型工程的建造速度，如高架渠、水塔和大跨度的拱式结构，为当时的建筑创造新模式而打下了基础。

回溯砖的历史，它同砂浆的发展历史是不可分割的。砂浆的进步使砖的使用有了长足的进展和创新。砖当然也能单独使用，但为了达到更坚固的结构性能，砖需要砂浆的参与。砂浆的使用也是为了弥补砖在烧制过程中脱水后尺寸会发生变化这个缺陷。虽然古埃及、美索不达米亚和罗马当时都使用过不同种类的砂浆，但是硅酸盐水泥在砂浆中的出现为砖结构带来全新的面貌。这项重要的发现起始于1829年，由约瑟夫·阿普斯丁利用水硬石灰为原料生产水泥。而他的儿

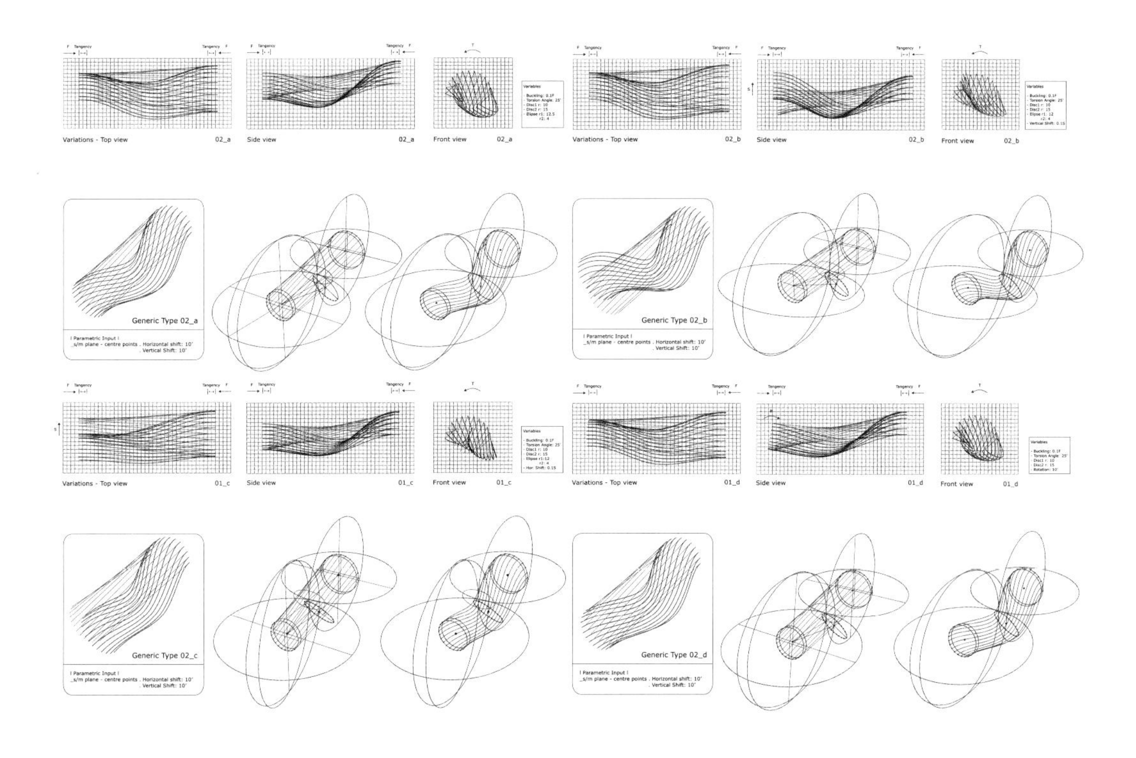

10.3

在不同扭转屈曲模式下弯曲杆的参数定义和电脑模型。参见2007年10月，德弗妮·孙格若格鲁，理科硕士。

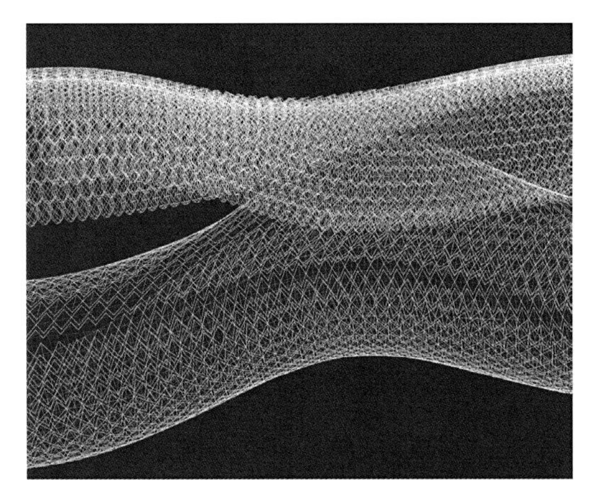

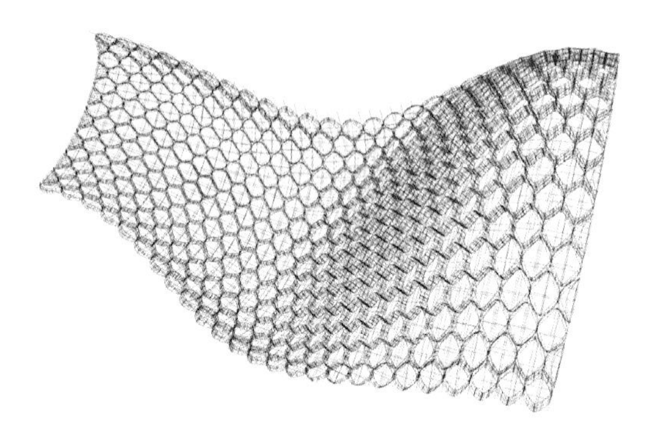

10.4

一个参数设定的双曲表面电脑模型，由弯曲杆和砖块之间的互动形成。参见2007年10月，德弗妮·孙格若格鲁，理科硕士。

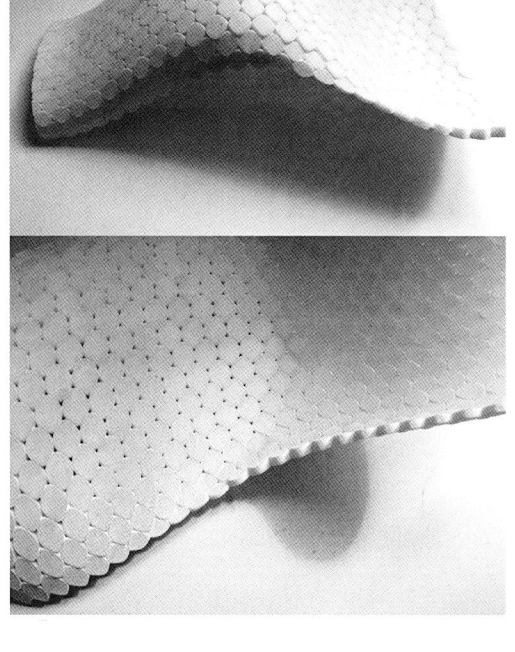

10.5

一个特定双曲表面的激光快速成型模型：这个具有代表性的模型被用来检查所有构件外形的正确性。参见2007年10月，德弗妮·孙格若格鲁，理科硕士。

子，威廉·阿普斯丁则完全提升了这项发明，并得到了硅酸盐水泥发明者的称号。他利用这种水泥制造的砂浆有两种特性：耐火并具有非常短的凝结时间。这使得砖的结构能在短时间内达到很高的结构强度。加泰罗尼亚建筑师拉斐尔·古斯塔维诺（1842—1908年），很快便发现并利用了这项潜能。古斯塔维诺利用这项潜能为低拱加泰罗尼亚穹顶发展了一种新的建筑方式，他利用砂浆黏结的多层瓷砖，就是所谓的“古斯塔维诺瓷砖”或“砖拱系统”，并在1885年注册了此项专利。

令人感叹的是，砖的使用甚至在现代化的脚步中存活了下来。路德维希·密斯·凡·德·罗经常将砖用于他的作品之中，并称赞砖的简单。这能让他有能力开始使用许多种不同的表现方式成为可能。他也强调了一些掌握这种材料所需的知识。埃拉迪奥·迪埃斯特（1917—2000年）的作品让砖的使用展现出了长足的进步。作为一个乌拉圭的建筑师和工程师，他认为砖“拥有无穷的发展空间，但它却被飞速发展的现代科学技术完全的忽略”（1997年，迪埃斯特）。迪埃斯特将砖的使用和混凝土预应力技巧相结合。除了由他设计大胆的悬挑筒拱穹顶和独立拱门之外，由他设计的高斯穹顶也非常令人赞叹。他的作品对这项专题的研究非常重要。高斯穹顶是由一层砖块制造的壳结构组成，依靠穹顶的形态利用一种双曲排列的悬链线来抵抗屈曲行为。

迪埃斯特对这种结构中外形的重要性做出了说明：

> 这种结构抵抗屈曲的能力是从它们的形态中产生的；它们的稳定性是由它们的特定形态造成而不是依靠材料的随意堆积。利用形态来抵抗外力，没有什么能比这种结构更卓越或更高雅的了。
>
> （1997年，迪埃斯特）

迪埃斯特在他的筒拱穹顶中利用的是加固和预应力技术，以砖表面之外固定于结构两端的缆绳来为结构施加预应力，并固定两边之间的距离。独立拱门利用的也是加固和预应力这两种方法，使用钢丝网并在其外覆盖混凝土，于横截面上施加预应力，并利用拱本身拥有的拱形作用保持结构的强度。钢丝网能帮助抵挡纵向的弯拉应力。正如之前所说的那样，高斯穹顶将这种形态本身的拱形作用、加固和预应力之间的互动带上了另一个台阶。

以上述的方法使用，砖的外形与结构潜能还远未完全展现出来。如果我们回到有关砖结构对内部环境的调节这个问题上，这一切就显得更加有意思了。将砖结构作为蓄热体的运用早在砖的使用初期便已经开始。在酷热的中东地区的建筑物中，砖穹顶经常出

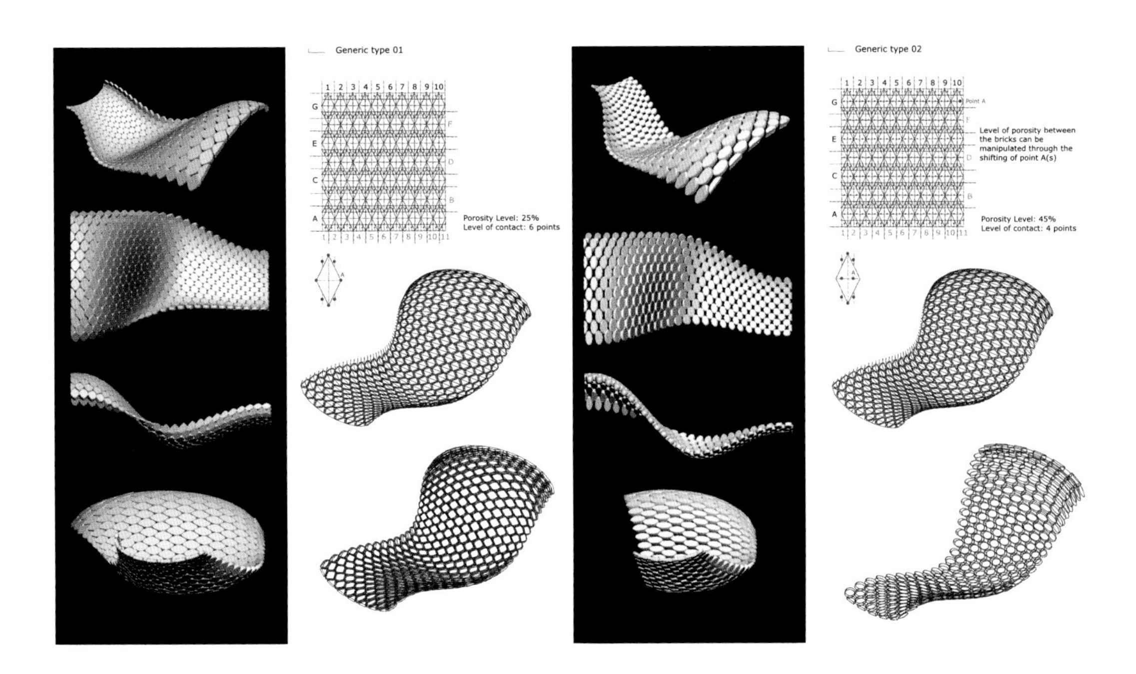

10.6

一个特定双曲表面中砖块和开口参数的变异。参见2007年10月，德弗妮·孙格若格鲁，理科硕士。

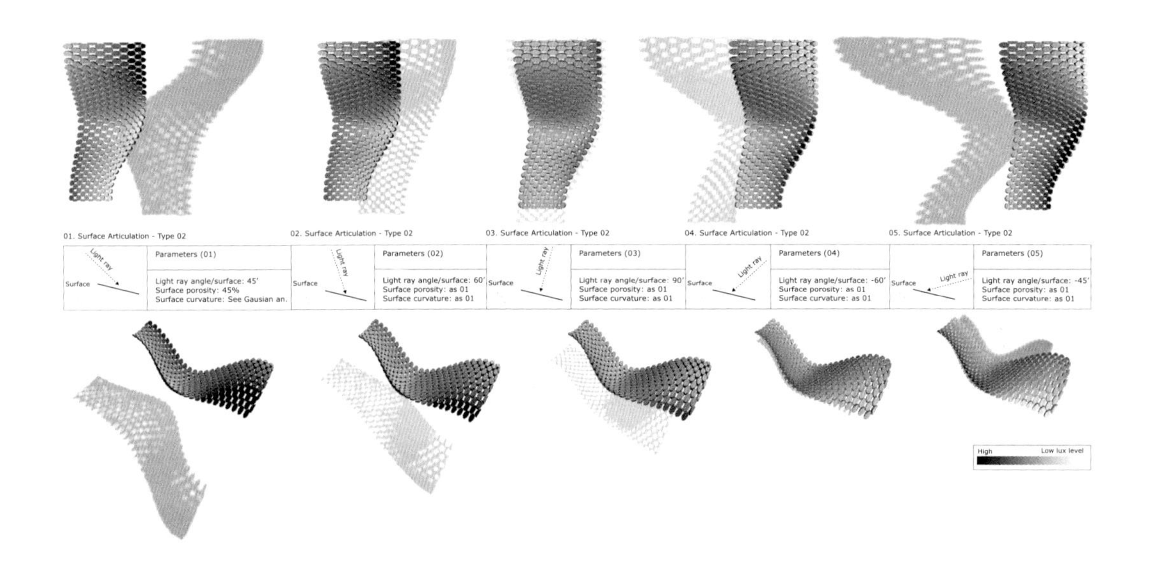

10.7（上）

一个特定双曲表面布局在特定地点6月21日五个不同时间的自身遮阳能力和阴影布局分析。参见2007年10月，德弗妮·孙格若格鲁，理科硕士。

10.8（对页）

一段双曲多孔砖面的电脑流体力学分析。分析展示同表面垂直气流所造成的气流和乱流。参见2007年10月，德弗妮·孙格若格鲁，理科硕士。

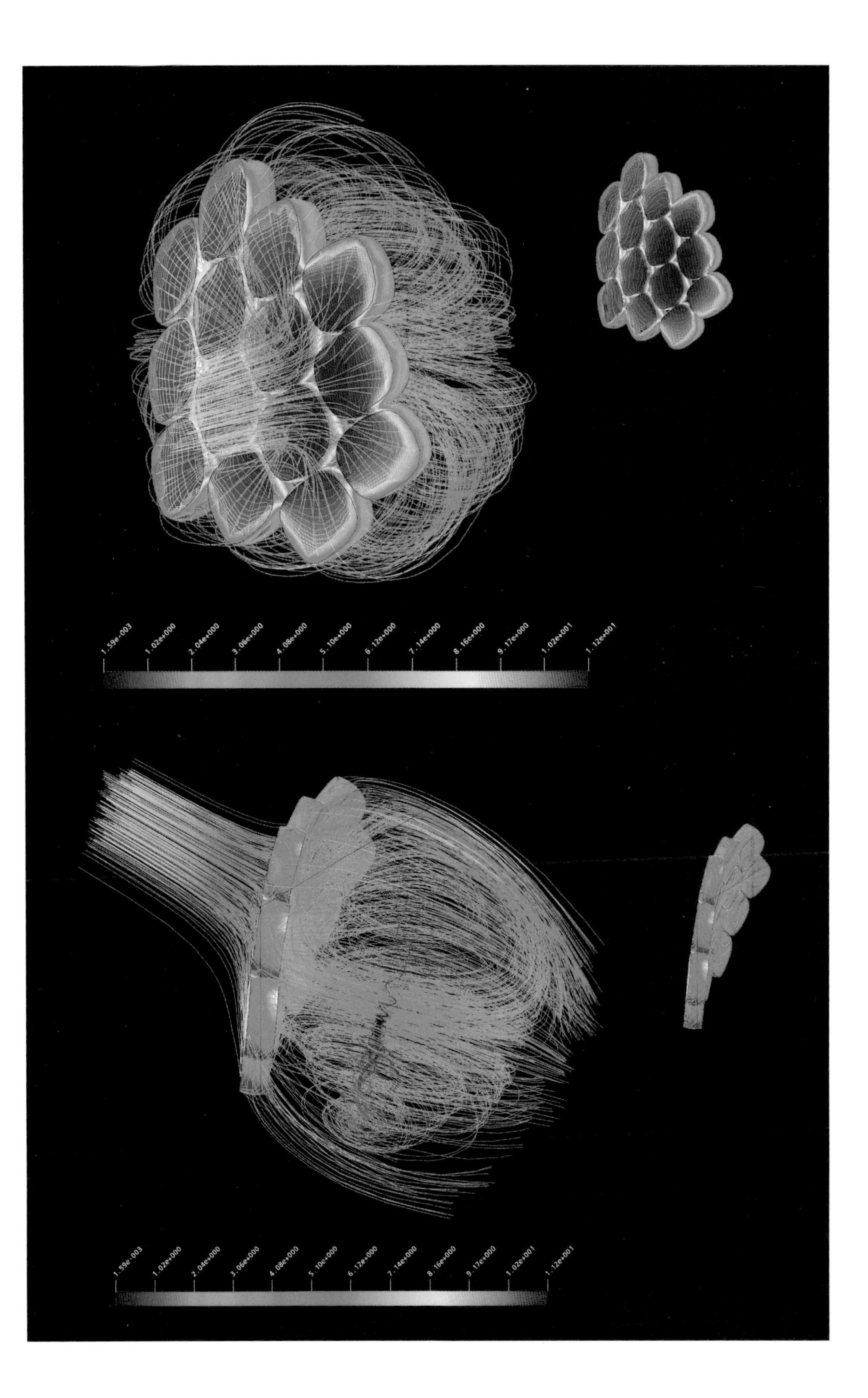
1.59e-003
1.02e+000
2.04e+000
3.06e+000
4.08e+000
5.10e+000
6.12e+000
7.14e+000
8.16e+000
9.17e+000
1.02e+001
1.12e+001
1.59e-003
1.02e+000
2.04e+000
3.06e+000
4.08e+000
5.10e+000
6.12e+000
7.14e+000
8.16e+000
9.17e+000
1.02e+001
1.12e+001

现，它们利用其自身的这种特性减弱环境造成的热冲击。同样，我们也能利用其相反的一面：利用一个特定方向朝向太阳轨道以增加暴露于阳光之下的表面积，并增加热量的吸收。不仅如此，建造有孔洞的幕墙，如伊斯兰的马什拉比亚、沙南什而或加利，或更现代的巴西克伯格，它们都体现多功能一体性，正像哈桑·法特希所说的那样：

> 马什拉比亚幕墙有五项不同的功能，它们以不同的图案来满足一系列不同状况的需要，而这些状况可能只需要用这五项功能中的其中几项。这五项功能是：（1）控制光的穿透率；（2）控制空气流通；（3）降低气流温度；（4）增加气流湿度；（5）保护隐私。每个马什拉比亚幕墙都是为了满足这些功能中的其中几项而设计的。在其设计中，空隙大小和细杆的直径决定着这些特性的发挥。
>
> （1986年，法特希，47页）

法特希继续对这些功能进行解释。有趣的是，这是一种非常适合联合性建模和基于环境分析的多功能建筑。如此而产生的问题便体现于如何将砖的这些性能一起发挥，并最终将这结合成一个系统化的建筑方式。

德弗妮·孙格若格鲁在她发表的理学硕士论文中所追求的正是这个问题的答案所在。她的研究课题基于埃拉迪奥·迪埃斯特将外形看作结构性能的基础这种理念，同时她也利用一个重要的问题来拓展这种思想——我们能否为设计过程提供一种将结构与其对环境影响直接联系在一起的方法，并进一步的发展砖系统的表面细节？研究一开始便注重于依赖结构来丰富砖系统的外形变化。我们放弃了传统的对砂浆的使用并探索不同的预应力施加方法。这包括利用一些弯曲的杆来对抗扭转屈曲，或将其作为一种为同向弯曲砖面施加预应力的方法（在这之前，结构工程领域一直认为这是不能做到的）和利用索网帮助同向弯曲的砖面，或更准确地说双曲抛物砖面获得预应力。研究利用大量的缩放物理模型来模拟预应力系统和砖之间的复杂互动，和它们所形成的压力稳定系统。这需要在许多种不同的范围进行测试，从局部的互动，如砖与砖、砖与杆或砖与缆索，以至在一定范围内组件群之间的影响和边缘特性，直至最终对整个系统进行评估。根据这些研究，我们开始在一个联合性建模环境中进行电脑模拟。这将产生几种结果，一是调查不同的形态对砖之间的互动以致其对砖的整体形态、生产过程与承受能力的影响。除此之外，这也是为了加速对系统布局的修改以对环境调节能力进行分析，进而探索有关空气流通、自身遮阳和日光穿透率等信息。这些对砖布局的研究能让我们在砖与砖之间产生开口却不损害结构系统整体性或其承重能力。这意味着我们需对砖的形状进行修改以保证它们在被用来建造作为一个空间的外壳时，砖与砖之间有足够的接触空间，同时开口大小也能允许内外两边有足够的空隙进行互动。

我们对一系列不同的系统配置进行了深入的环境调节能力的测试。电脑流体力学模拟和分析帮助我们将实地环境的主要风向与太阳轨道方向和日光照射角度同系统的形态和朝向之间建立联系。对砖面性能的分析包

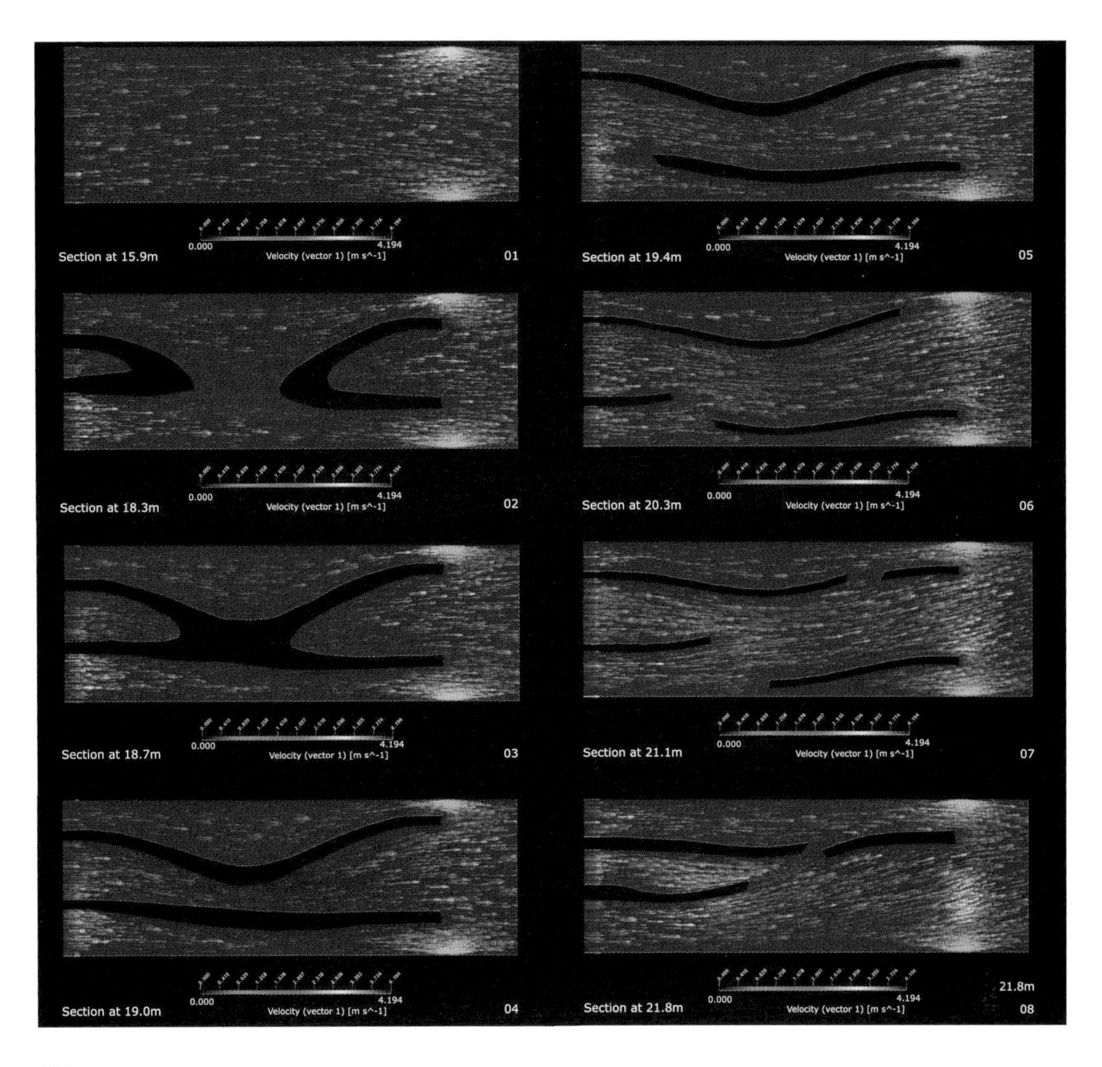

10.9

针对一个复杂双曲砖面数个不同区域气流的电脑流体力学（CFD）分析。分析的结果探索整体系统对气流加速或减速的影响。参见2007年10月，德弗妮·孙格若格鲁，理科硕士。

10.10

一个双曲抛物面的激光快速成型模型，它使用索网并以砖作为受压构件。参见2007年10月，德弗妮·孙格若格鲁，理科硕士。

括对局部个别砖块的分析和大范围的整体表面的分析。(可同第三章中由纪夫·蓑部的作品相比较)

关于此项研究的一个难点则是如何发展一个能够在计算系统结构性能时所需要使用的数学工具。这种复杂的数学工具依赖于由实体大小的模型中所取得的各种数据。为了制造一个实体模型，我们相应的就需要了解结构所有构件，包括砖、杆和绳索的尺寸与系统边缘的有关信息，如边界缆绳和锚点。因此，我们必须模仿建立一系列功能齐全的小型模型并逐渐增加模型大小以建立用来衡量构件尺寸的一些基准。时至今日，我们已经达到了比例为1∶10大小的模型。但是与此同时，我们也必须考虑到砖的生产和制造过程。系统配置的对称程度决定砖块外形的重复率。对称度越小，系统便更倾向于更加分化的砖块外形。在建造小型模型时这并不重要。激光快速成形技术可被用于制造类似砖的受压构件，并能轻易解决构件之间差别较大的问题。但在建造大型结构时，构建必须最终使用真正的砖块，而这是一个非常棘手的技术问题。特别是在这个项目中我们不会使用砂浆帮助系统在建筑过程中保持可调节性。这让我们对烧窑过程中砖块尺寸改变这种问题的承受能力大大减弱。德弗妮·孙格若格鲁已经开始在她的博士研究课题中处理有关系统建造的一系列问题，其中包括生产差异较大的砖块。她研究的另一个领域在于砖的成分，例如利用纤维加强结构以承受更高的应力，或让砖块拥有更高的多孔性以减轻重量并改变其环境调节能力。空隙的数量、大小和朝向也需受到测试以确定砖的结构特性。

虽然砖的生产方式意味着它拥有较高的碳足迹，然而就之前的砖研究中展示的复杂砖系统也说明砖有能力极大地减少一个建筑空间的碳足迹，因为砖系统可以根据环境进行精确的调整，并能被动满足大量不同性能的需求。无论如何，这项研究表明新兴科技与设计的研究方法能重新审视这些常见的构件生产过程，建筑材料、构件及生产过程。继续以上所说的这种研究，特别是这个项目的专题研究，取得的成果一定能引起人们极大的关注。

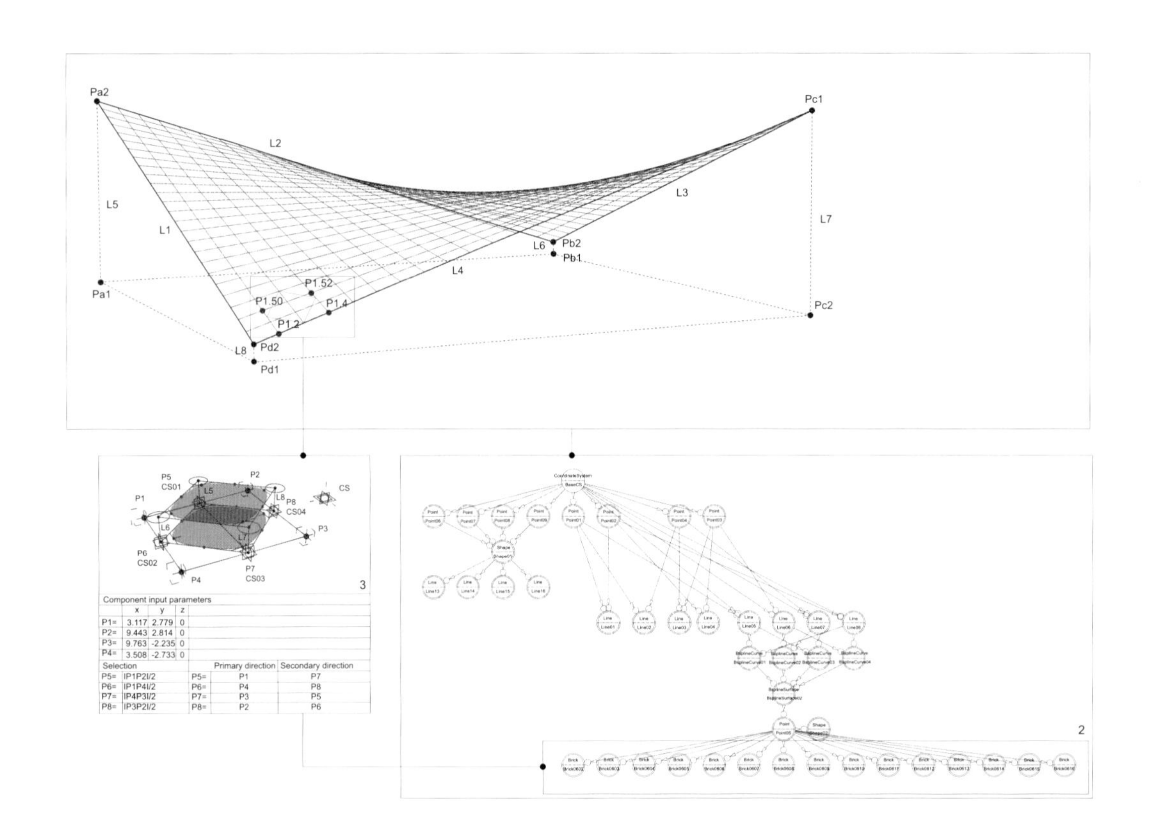

Component input parameters			
	x	y	z
P1=	3.117	2.779	0
P2=	9.443	2.814	0
P3=	9.763	-2.235	0
P4=	3.508	-2.733	0

Selection			Primary direction	Secondary direction
P5=	IP1P2I/2	P5=	P1	P7
P6=	IP1P4I/2	P6=	P4	P8
P7=	IP4P3I/2	P7=	P3	P5
P8=	IP3P2I/2	P8=	P2	P6

10.11

一个双曲抛物面的相连逻辑：这个电脑模型被用来在一个两轴对称系统中决定砖块的形状以生产1/10模型。参见2007年10月，德弗妮·孙格若格鲁，理科硕士。

10.12

一个双曲抛物面的1/10模型建造方式，它将索网和砖结构结合。参见2007年10月，德弗妮·孙格若格鲁，理科硕士。

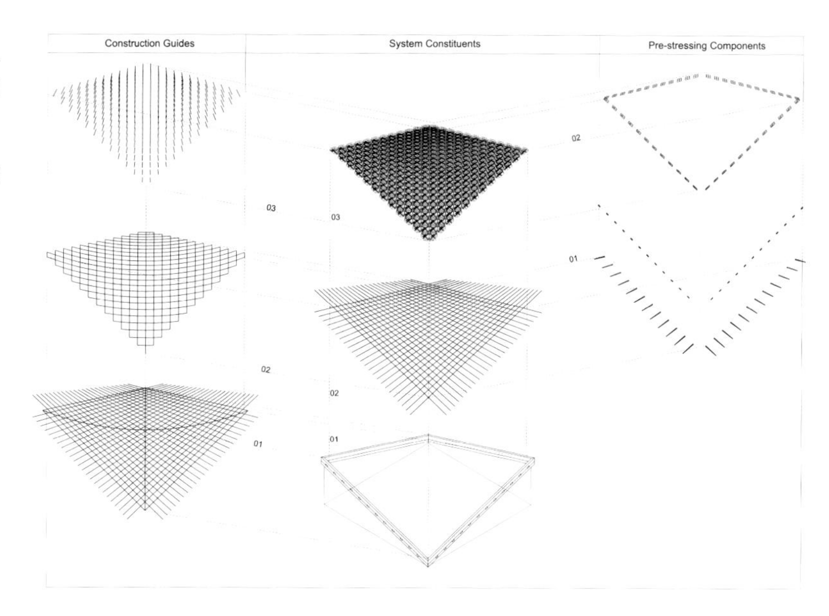

10.13

一个双曲抛物面的1/10模型的几何定义和这个系统中砖的尺寸。参见2007年10月，德弗妮·孙格若格鲁，理科硕士。

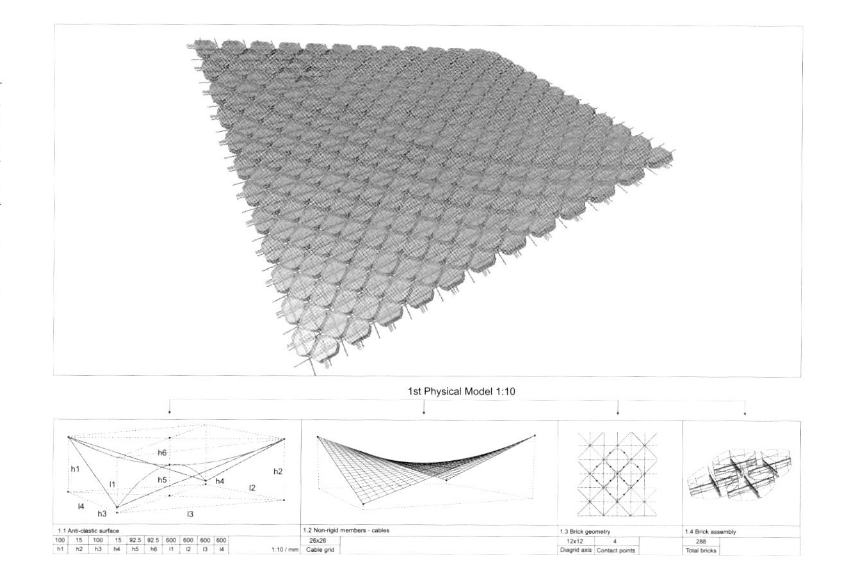

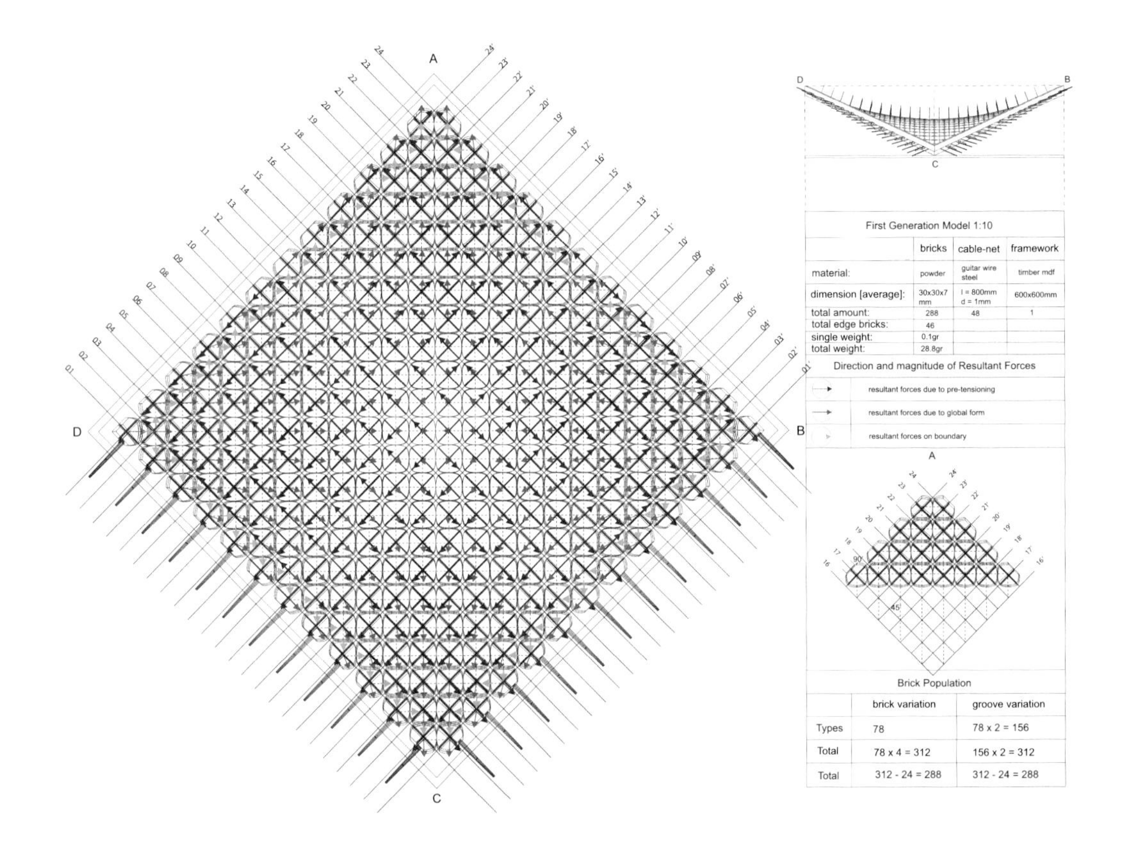

First Generation Model 1:10			
	bricks	cable-net	framework
material:	powder	guitar wire steel	timber mdf
dimension [average]:	30x30x7 mm	l = 800mm d = 1mm	600x600mm
total amount:	288	48	1
total edge bricks:	46		
single weight:	0.1gr		
total weight:	28.8gr		

Direction and magnitude of Resultant Forces
resultant forces due to pre-tensioning
resultant forces due to global form
resultant forces on boundary

Brick Population		
	brick variation	groove variation
Types	78	78 x 2 = 156
Total	78 x 4 = 312	156 x 2 = 312
Total	312 - 24 = 288	312 - 24 = 288

10.14（上）

一个双曲抛物面中所有构件的规格和结构中所有构件互动的示意图。示意图被覆盖于平面图之上。参见2007年10月，德弗妮·孙格若格鲁，理科硕士。

10.15（对页）

两个1/10模型中的一个。这个模型展示索网和砖块之间的互动及系统内部应力的调整。参见2007年10月，德弗妮·孙格若格鲁，理科硕士。

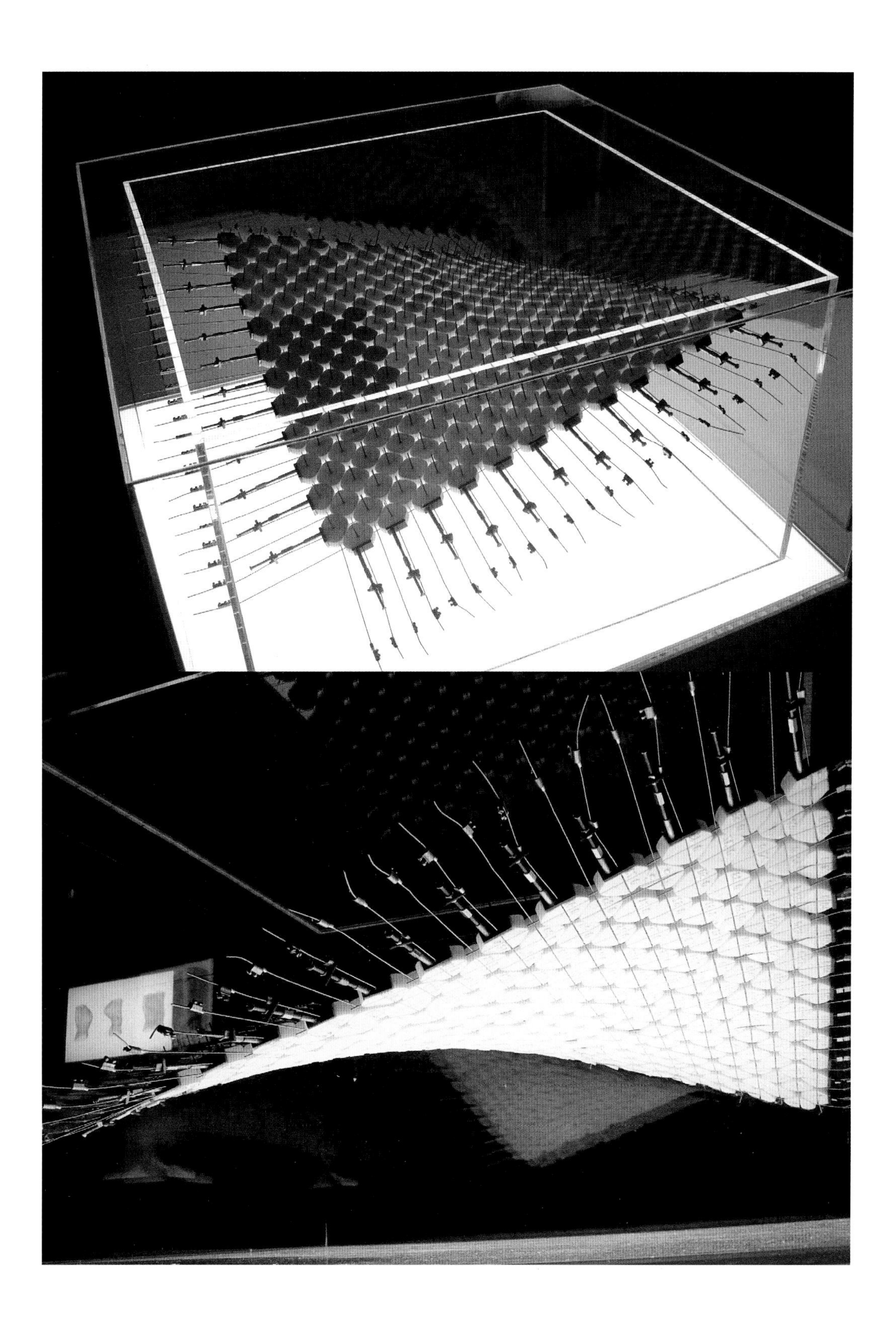

第十一章

铸件

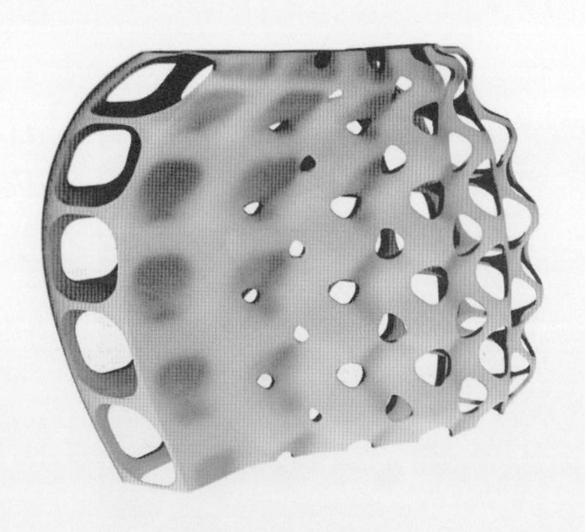

盖布里埃尔·桑切斯·加林在他2007年理学硕士论文中所述论点的灵感源自于建筑协会第4期文凭课程，而这篇论文中的基础原理也是在那里得到奠定的。论题起始于生物学家约翰-格哈德·黑尔姆克和弗雷·奥托在生物和建筑研讨会上的合作。他们的研究针对的是硅藻属生物的外壳和放射虫的骨架。这项跨学科的研究是从他们对自然界中一些生物的构造产生兴趣开始的，进而他们又论证了这些构造可用于轻型结构和其相关的自动成形过程的可能性，并认为它们能够直接作为一项技术构想，甚至可以构成建筑设计的实物模型。

硅藻属生物是一种单细胞或群体性藻类。这种生物的细胞被包裹在外形极为多样的硅酸化细胞壁之中。放射虫属于海洋中的浮游原生生物，并拥有一个壳质心囊和大量硅质毛刺。这些外壳和骨架的形成是由细胞壁外围的硬化造成的，而黑尔姆克和奥托将这种硬壳叫做“气泡”。乌尔里克·库尔将这个过程解释为：

> 为了能产生这种结构，生物必须让它们的细胞分泌可以沉积成结晶体的材料……简单的多细胞生物一般都是拥有数个硬气泡的柔软组织；它们的稳定性来自于一种气泡包裹气泡的结构，一般被称为水骨骼……硬气泡结构能在任何一种有骨骼的生物中找到。如果气泡覆盖在生物的表面，这种生物便有外骨骼，如昆虫的外壳。如果气泡存在于生物体内，它们便会组成内骨骼，就好像脊椎动物体内的骨架一般。外骨骼和内骨骼在单细胞生物中，如放射虫（内骨骼）、有孔虫和硅藻属（外骨骼）中也可以见到。
>
> （2009年，库尔，46—47页）

材料系统在发展初期注重于生产一个由大量气泡空隙间形成的骨骼网络。特别是在第一组试验中，通过在充气气球之间灌注石膏的方法模仿放射虫骨骼和硅藻属外壳中气泡之间的矿化骨架。而根据不同的气球排列，我们可以得到四个、五个甚至六个支臂的布局，它们是整个材料系统的基础构件。每个构件的参数定义都由气泡排列和气泡内部气压之间的关系所决定，从而能对构件特性，如容量、形状和厚度产生影响。根据以

11.1

这张显微镜照片展示的是一个约翰-格哈德·黑尔姆克和弗雷·奥托一同研究的硅藻属生物。硅藻属是一种单细胞或群体性藻类，其细胞壁形态多变并饱含二氧化硅。硅藻属多孔的细胞外壳为发展一种多变、功能性的铸件屏障提供了一系列有趣的想法。

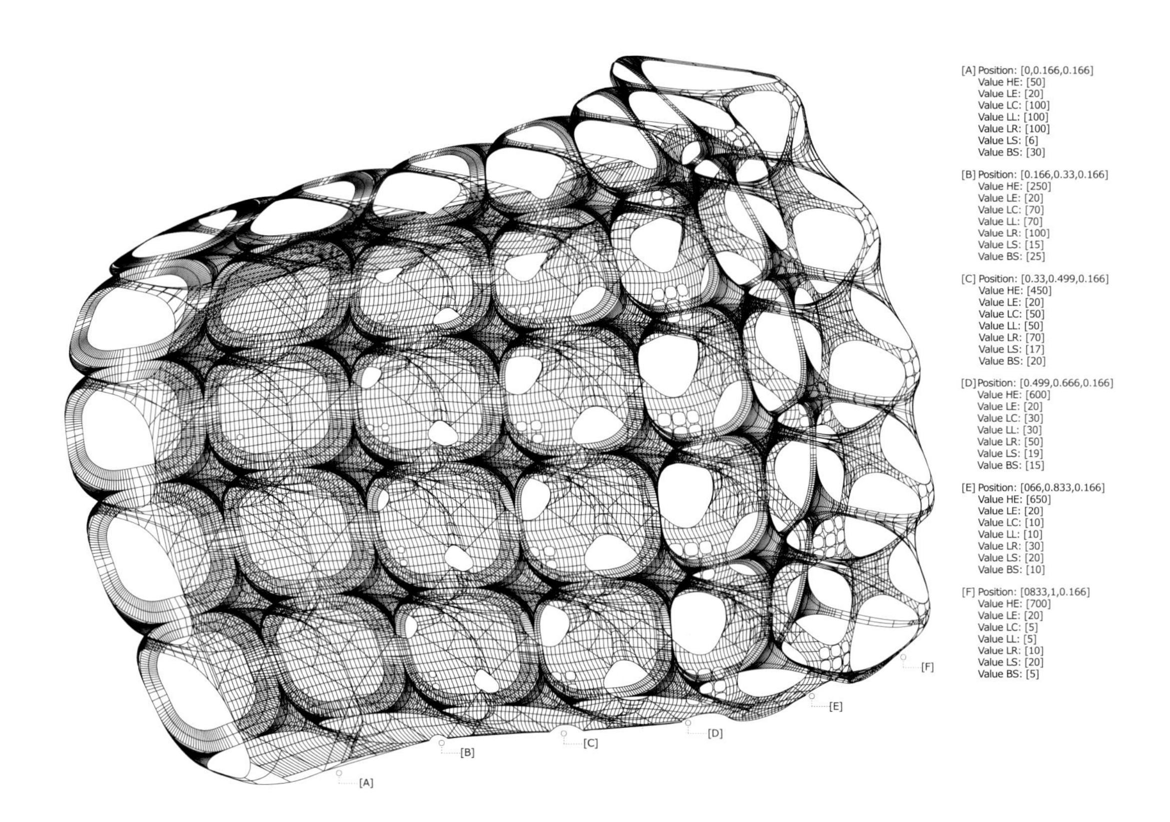

11.2

图表展示的电脑透视图由一个铸件中的一系列充气单元之间的互动形成。通过对参数的改变和根据铸模形状与弯曲对自身的调整，这个系统能形成拥有不同多孔性的形态。参见2006年，布里埃尔·桑切斯·加林，第4期文凭课程毕业项目。课程主任：迈克尔·亨塞尔和阿希姆·门奇斯。

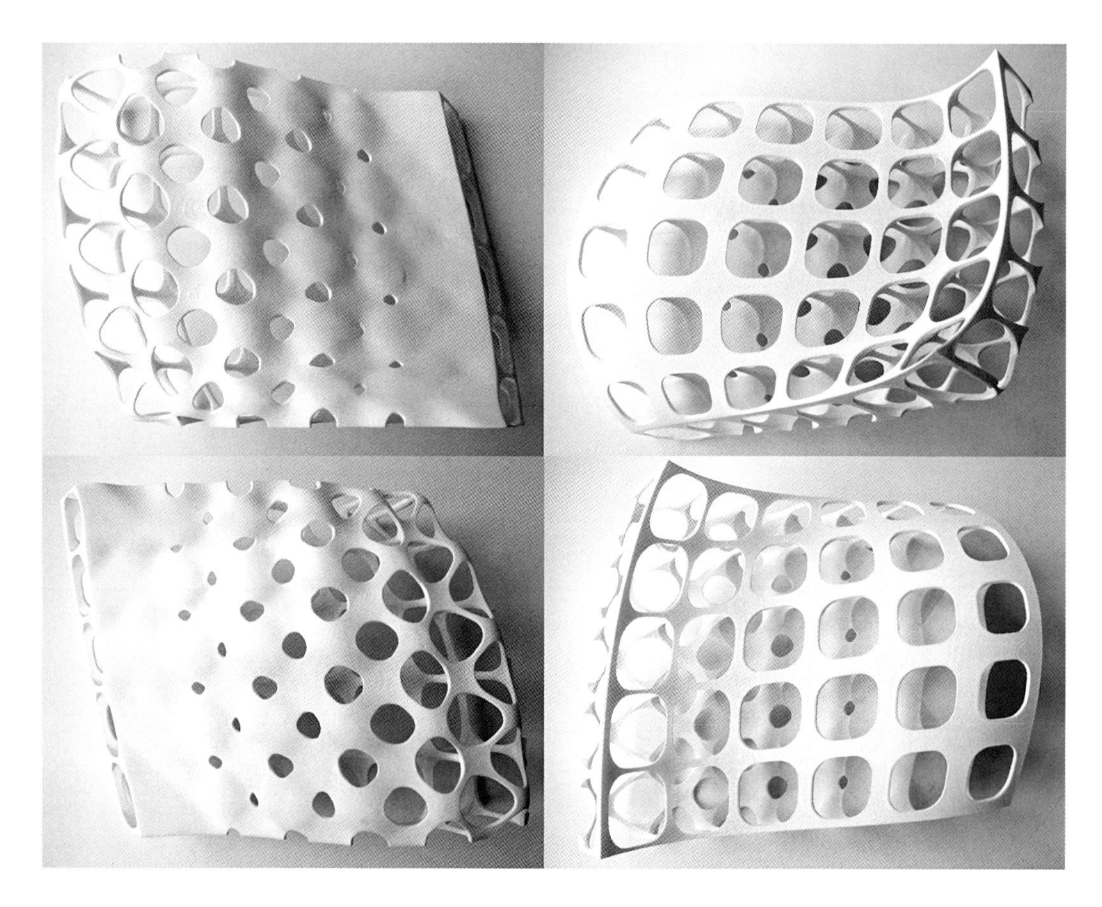

11.3

四张照片展示使用选择性激光烧结快速成形技术生产，用来研究系统形态的模型。通过一系列实验测试由压紧的充气单元之间的空隙形成骨骼框架的特性，我们最终能利用实验结果在电脑中生成不同的形态。参见2006年，盖布里埃尔·桑切斯·加林，第4期文凭课程毕业项目。课程主任：迈克尔·亨塞尔和阿希姆·门奇斯。

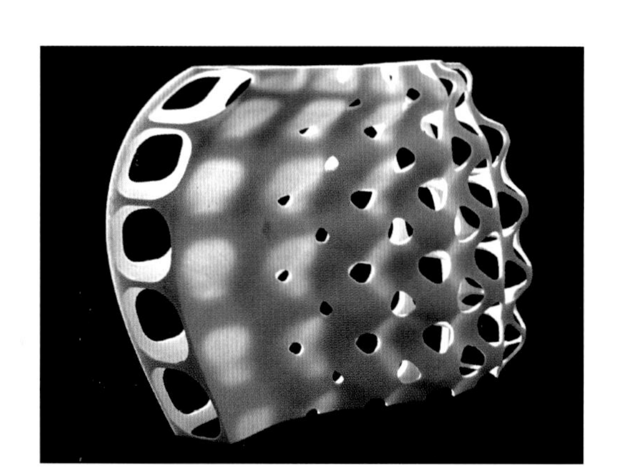

11.4

照片展示使用激光快速成形技术生产，用来研究系统形态的模型。模型展示浇注系统中的空腔和完成后的多孔结构。参见2006年，盖布里埃尔·桑切斯·加林，第4期文凭课程毕业项目。课程主任：迈克尔·亨塞尔和阿希姆·门奇斯。

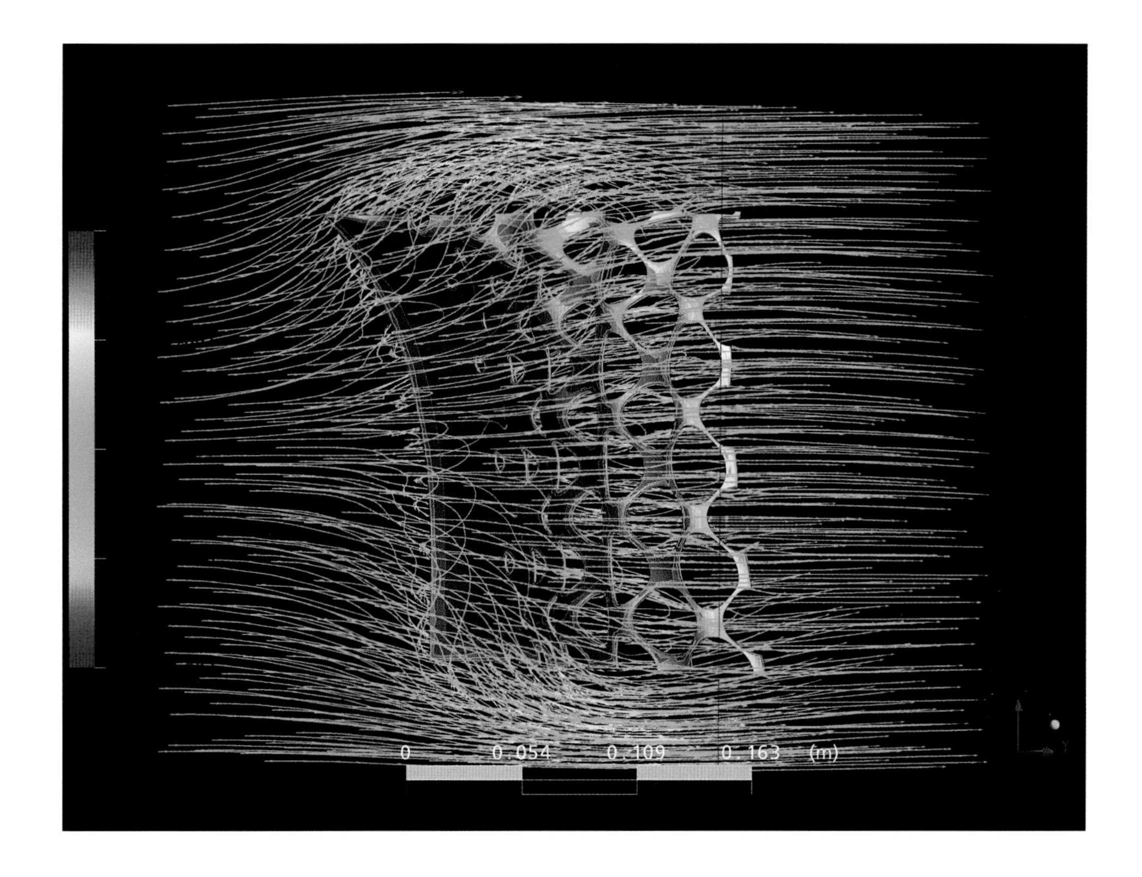

11.5

电脑流体力学分析显示浇注系统通过区域性与局部性孔隙度的分级来调节气流的能力。孔隙度对沿着系统边缘和横穿系统气流的影响能通过改变充气单元的参数设置进行调节。参见2006年，盖布里埃尔·桑切斯·加林，第4期文凭课程毕业项目。课程主任：迈克尔·亨塞尔和阿希姆·门奇斯。

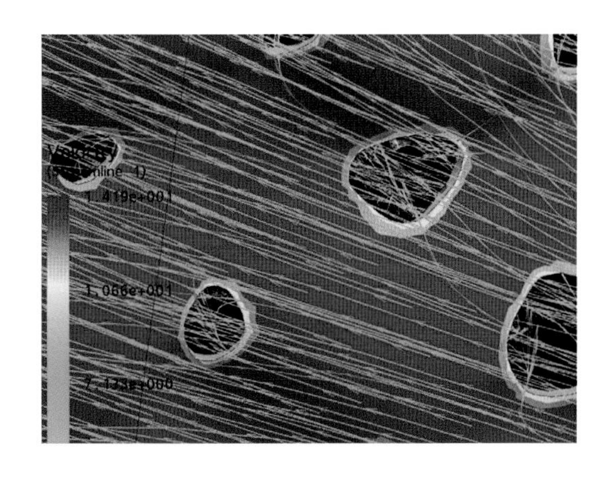

11.6

利用电脑流体力学（CFD）对局部气流的分析。这让我们能将系统形态和系统的空气动力学特性之间进行联系。电脑分析结果会为之后的原型体建设提供信息。参见2006年，盖布里埃尔·桑切斯·加林，第4期文凭课程毕业项目。课程主任：迈克尔·亨塞尔和阿希姆·门奇斯。

11.7

一台五轴数控机床被用来在一块高密度聚苯乙烯上研磨出一个铸型以作为原型结构的铸模。模型表面上的起伏便是浇注过程中充气单元的位置。参见2006年，盖布里埃尔·桑切斯·加林，第4期文凭课程毕业项目。课程主任：迈克尔·亨塞尔和阿希姆·门奇斯。

上的配置，一系列电脑模型被生成。而更小范围内的形态是由大型气泡缝隙间放入中型或小型气泡再进行进一步分割产生的。下一系列的试验则看重于利用可融化的蜡球以便使铸件可以贯通。

我们对一系列铸件的不同热能特性进行测试和设定。之后利用物理实验和电脑分析帮助分析并设定阳光的穿透率，空气流动与形态特征（如孔洞的大小、密度和材料系统的其他特性）间的联系。

之后，这一系列的生产方式直接接受测试检验。最终，我们结合电脑辅助生产过程和气动找形作为生产方法，为这个材料系统制造出一个与实体大小相同的原形体。首先我们使用一台五轴数控机床将一块高密度聚苯乙烯研磨出铸型。利用这个铸型，我们制造出一个玻璃纤维铸模，然后再使用石膏制造出另一个铸模。充气气球被放置于这个外形之中并开始充气。其后，混凝土或其他材料将会被灌注至气球和铸模之间的空隙之中。

另一种方法则是设计一种能利用材料的自组织特性，并对灌注过程进行回馈的铸模。经过对织物铸模进行多次测试之后，我们设计制造了一个刚性框架和一个刚性背面板。背面板支撑着一个可充气的模板，气泡则被置于两层橡胶之间。之后，混凝土被灌入两层橡胶之间以填充气泡之间的空隙。通过框架中的一层丙烯酸塑料镶嵌物，让我们能够利用肉眼观察控制灌注的过程，以确保气泡之间的空间被完全填满。最终形成的铸件拥有双曲外部表面和可以严格控制的孔隙率、密度与质量这两个特性。最终的成品是一个在气泡接触点连接的，密堆积球形空隙所形成的网络。球形空腔之间的连接是由气泡触点的变形造成的，这种变形使气泡顶端变平并在球形空隙之间形成一个圆形开口。这使我们能达到一定的孔隙率——材料并不会将两边完全隔离，两边的贯通程度只是受到了控制。这个表面能吸收热能并将吸收的热能散发至流通于空隙间的空气之中，而双曲表面则被用于阻挡热辐射和自身遮阳。

经过一些修改，这种材料能形成一面每个空腔不连接其他空腔或材料表面的空心墙。这种空心墙能拥有同连接空腔网络相似的性能却不允许气流通过。我们也能达到贯通和封闭这两个极端之间的一系列过渡体，从一个允许内外连接的球形空腔网络逐渐缩小圆形开口大小，直至最终形成互不连接的空腔。

其实，所谓的气泡楼板系统现在已经存在。系统利用球形气泡建造轻型混凝土灌注的表面，在SANAA建筑事务所2006年建于埃森管理与设计学院的项目可以说是迄今为止建筑界对气泡楼板最为人熟知的项目。这个

11.8

照片展示生产实物比例原型所用的设置。不同充气组件的参数设置由充气单元的布局和内部气压之间的联系定义，这使每个构件的形状、容积和厚度等参数都可被改变。参见2006年，盖布里埃尔·桑切斯·加林，第4期文凭课程毕业项目。课程主任：迈克尔·亨塞尔和阿希姆·门奇斯。

11.9

模板的两个半体，每个均有一系列充气单元。组装完毕后，它们之间会出现缝隙，系统则通过将材料浇注缝隙之中形成。参见2006年，盖布里埃尔·桑切斯·加林，第4期文凭课程毕业项目。课程主任：迈克尔·亨塞尔和阿希姆·门奇斯。

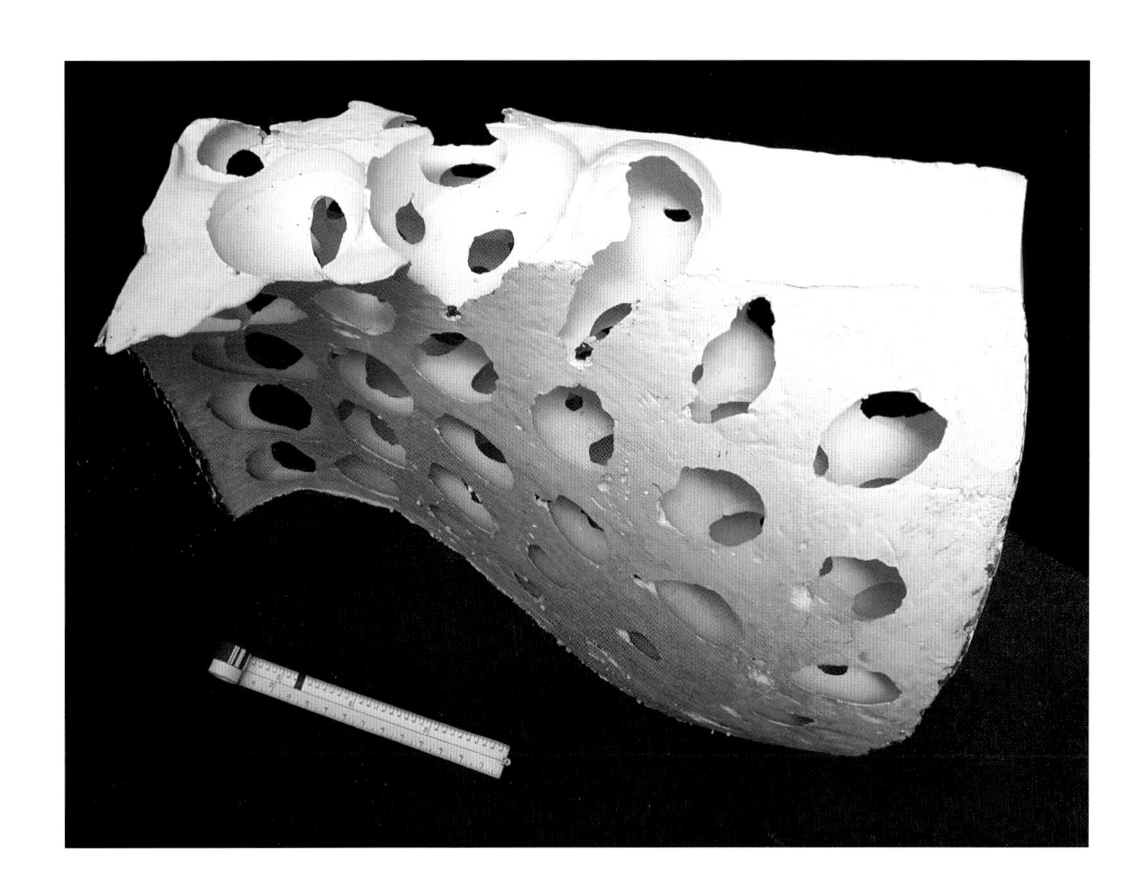

11.10

照片展示首个实物比例的原型并展示了系统提供不同程度多孔性的能力，由完全封闭的空腔至完全开启类似骨架的形态。参见2006年，盖布里埃尔·桑切斯·加林，第4期文凭课程毕业项目。课程主任：迈克尔·亨塞尔和阿希姆·门奇斯。

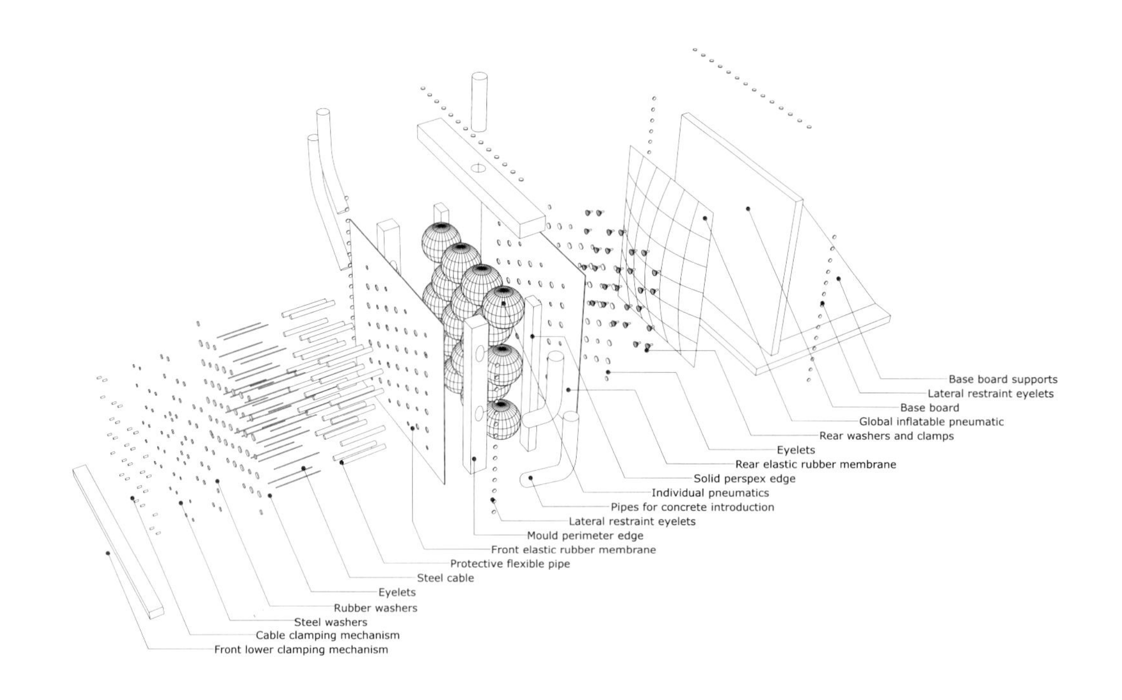

11.11

根据初步研究的成果，我们发展了第二种形成拥有可变化多孔性和可变密度的生产方式。根据图表，与其使用数控机床研磨的模板，这里使用一个由大型充气体构成，作为铸模本身一部分的充气模板。参见2007年10月，盖布里埃尔·桑切斯·加林，理科硕士论文。

系统的主要优势在于减少重量以加强结构的性能。盖布里埃尔·桑切斯·加林的研究则陈述了质量与其选择性的移除对结构的影响，如何通过它们达到更高结构和环境性能的一体化。因此，研究朝着一种测试性设计的方向前进。它围绕着一种利用充气模板形成的双层壳结构铸件展开。两层的壳界结构之间均有一定程度上的孔隙，孔隙由相互连接的球形空腔网络组成。利用电脑流体力学的分析，我们探索了壳结构两边的空气流动和交换。这种模拟必须考虑到壳体的整体形态和不断变化的各种变量，包括每层的厚度与它们间的距离、尺寸、密度和球体空腔网络的分布。

我们对同表面垂直和平行的空气流动都作了模拟。因为连通性的极微小变化都会造成空气流动和交换方式上极大的改变，所以必须使用全面的、多层次的分析方式，并将其与找形和生产过程相结合。我们也需要对系统中热能的储存能力进行研究。因材料表面厚度变化极大，且大量材料因球体空腔网络而被移除，所以不同区域的热能储存力差别极大。这需要比较高级的热力学分析和多标量电脑流体力学分析。虽然这个系统的实践难度较大，但因其变化繁多，且可以在一定范围之内达成设计具体需求的能力，这使得整个系统具备了调节不同空间、不同环境的能力。弗雷·奥托阐述了这种环境差异的必然性：

> 自然界中的个体存在着大量的不等性，而不同个体对有机或无机环境的需求也是不对等的。这说明我们永远无法成功地找到一种适应所有人类的完美环境，就像有些人天生就喜欢炎热一样。
>
> （1971年，奥托，27页）

虽然这好像并不是一个非常偏激的想法，但它同现代内部环境规格的要求还是格格不入的，继续对这个问题感叹并没有什么用处。与其如此，倒不如我们把精力放在现已存在的建筑或在建筑构件之中寻找指明未来道路的曙光。以上所说的研究正是这样，由一个生物模型开始，最终得出一个可在建筑中借鉴的想法。同样，我们可以从第三章“材料系统与环境动力学的反馈”中所说的伊斯兰穿孔幕墙开始。这种幕墙是一种拥有明显环境和文化关联的多功能系统。这个例子中的装饰性图案与其性能是不可分离的。这让我们对其所能适应的环境范围有了极大的兴趣并作出实践。虽然我们不希望利用现有所谓的舒适区，但还是希望能建立一个相对精确、考虑到各种不等性的舒适生存范围。如果这些幕墙以两种方法演变：第一

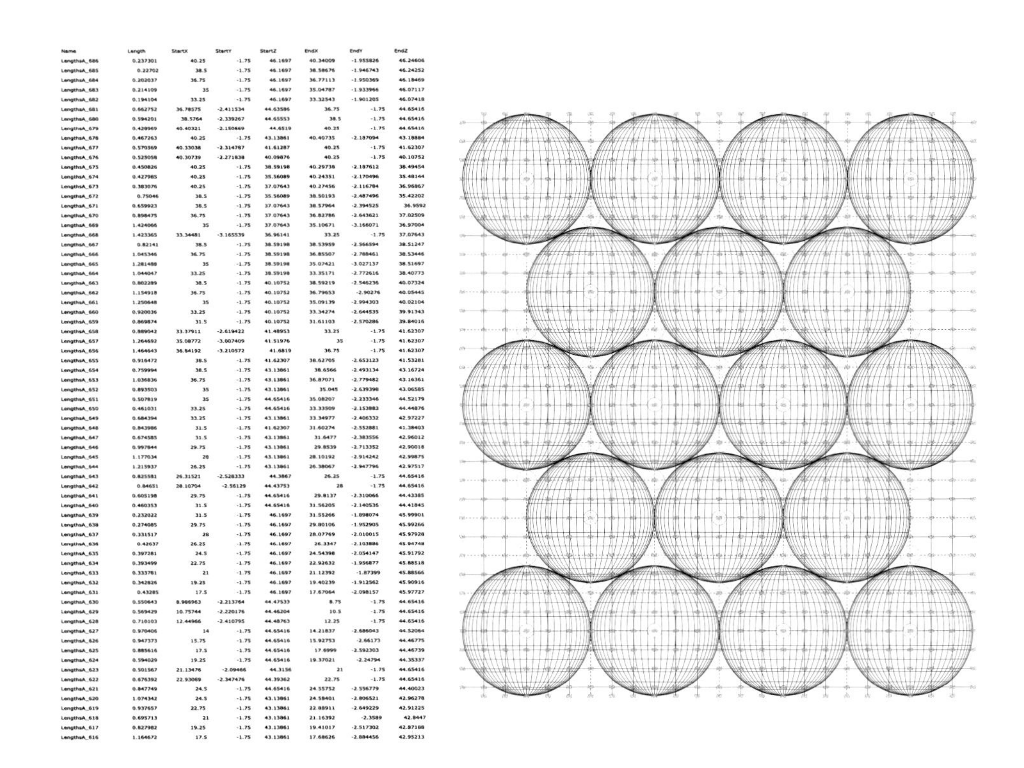

Name	Length	StartX	StartY	StartZ	EndX	EndY	EndZ
LengthsA_686	0.237301	40.25	-1.75	46.1697	40.34009	-1.955826	46.24606
LengthsA_685	0.22702	38.5	-1.75	46.1697	38.58676	-1.946743	46.24252
LengthsA_684	0.202037	36.75	-1.75	46.1697	36.77113	-1.950369	46.18469
LengthsA_683	0.214109	35	-1.75	46.1697	35.04787	-1.933966	46.07117
LengthsA_682	0.194104	33.25	-1.75	46.1697	33.32543	-1.901205	46.07418
LengthsA_681	0.662752	36.78575	-2.411534	44.63586	36.75	-1.75	44.65416
LengthsA_680	0.594201	38.5764	-2.339267	44.65553	38.5	-1.75	44.65416
LengthsA_679	0.428969	40.40321	-2.150669	44.6519	40.25	-1.75	44.65416
LengthsA_678	0.467263	40.25	-1.75	43.13861	40.40735	-2.187094	43.18884
LengthsA_677	0.570569	40.33038	-2.314787	41.61287	40.25	-1.75	41.62307
LengthsA_676	0.525058	40.30739	-2.271838	40.09876	40.25	-1.75	40.10752
LengthsA_675	0.450826	40.25	-1.75	38.59198	40.29738	-2.187612	38.49454
LengthsA_674	0.427985	40.25	-1.75	35.56089	40.24351	-2.170496	35.48144
LengthsA_673	0.383076	40.25	-1.75	37.07643	40.27456	-2.116784	36.96867
LengthsA_672	0.75046	38.5	-1.75	35.56089	38.50193	-2.487496	35.42202
LengthsA_671	0.659923	38.5	-1.75	37.07643	38.57964	-2.394525	36.9592
LengthsA_670	0.898475	36.75	-1.75	37.07643	36.82786	-2.643621	37.02509
LengthsA_669	1.424066	35	-1.75	37.07643	35.10671	-3.166071	36.97004
LengthsA_668	1.423365	33.34481	-3.165539	36.96141	33.25	-1.75	37.07643
LengthsA_667	0.82141	38.5	-1.75	38.59198	38.53959	-2.566594	38.51247
LengthsA_666	1.045346	36.75	-1.75	38.59198	36.85507	-2.788461	38.53446
LengthsA_665	1.281488	35	-1.75	38.59198	35.07421	-3.027137	38.51697
LengthsA_664	1.044047	33.25	-1.75	38.59198	33.35171	-2.772616	38.40773
LengthsA_663	0.802289	38.5	-1.75	40.10752	38.59219	-2.546236	40.07324
LengthsA_662	1.154918	36.75	-1.75	40.10752	36.79653	-2.90276	40.05445
LengthsA_661	1.250648	35	-1.75	40.10752	35.09139	-2.994303	40.02104
LengthsA_660	0.920036	33.25	-1.75	40.10752	33.34274	-2.644535	39.91343
LengthsA_659	0.869874	31.5	-1.75	40.10752	31.61103	-2.570286	39.84016
LengthsA_658	0.889042	33.37911	-2.619422	41.48953	33.25	-1.75	41.62307
LengthsA_657	1.264692	35.08772	-3.007409	41.51976	35	-1.75	41.62307
LengthsA_656	1.464643	36.84192	-3.210572	41.6819	36.75	-1.75	41.62307
LengthsA_655	0.916472	38.5	-1.75	41.62307	38.62705	-2.653123	41.53281
LengthsA_654	0.759994	38.5	-1.75	43.13861	38.6566	-2.493134	43.16724
LengthsA_653	1.036836	36.75	-1.75	43.13861	36.87071	-2.779482	43.16361
LengthsA_652	0.893503	35	-1.75	43.13861	35.045	-2.639398	43.06585
LengthsA_651	0.507819	35	-1.75	44.65416	35.08207	-2.233346	44.52179
LengthsA_650	0.461031	33.25	-1.75	44.65416	33.33509	-2.153883	44.44876
LengthsA_649	0.684394	33.25	-1.75	43.13861	33.34977	-2.406332	42.97227
LengthsA_648	0.843986	31.5	-1.75	41.62307	31.60274	-2.552881	41.38403
LengthsA_647	0.674585	31.5	-1.75	43.13861	31.6477	-2.383556	42.96012
LengthsA_646	0.997844	29.75	-1.75	43.13861	29.8539	-2.713352	42.90018
LengthsA_645	1.177034	28	-1.75	43.13861	28.10192	-2.914242	42.99875
LengthsA_644	1.215937	26.25	-1.75	43.13861	26.38067	-2.947796	42.97517
LengthsA_643	0.825581	26.31521	-2.528333	44.3867	26.25	-1.75	44.65416
LengthsA_642	0.84651	28.10704	-2.56129	44.43753	28	-1.75	44.65416
LengthsA_641	0.605198	29.75	-1.75	44.65416	29.8137	-2.310066	44.43385
LengthsA_640	0.460353	31.5	-1.75	44.65416	31.56205	-2.140536	44.41845
LengthsA_639	0.232022	31.5	-1.75	46.1697	31.55266	-1.898074	45.99901
LengthsA_638	0.274085	29.75	-1.75	46.1697	29.80106	-1.952905	45.99266
LengthsA_637	0.331517	28	-1.75	46.1697	28.07769	-2.010015	45.97928
LengthsA_636	0.42637	26.25	-1.75	46.1697	26.3347	-2.103886	45.94748
LengthsA_635	0.397281	24.5	-1.75	46.1697	24.54398	-2.054147	45.91792
LengthsA_634	0.393499	22.75	-1.75	46.1697	22.92632	-1.956877	45.88518
LengthsA_633	0.333781	21	-1.75	46.1697	21.12392	-1.87399	45.88566
LengthsA_632	0.342826	19.25	-1.75	46.1697	19.40239	-1.912562	45.90916
LengthsA_631	0.43285	17.5	-1.75	46.1697	17.67064	-2.098157	45.97727
LengthsA_630	0.550643	8.986963	-2.213764	44.47533	8.75	-1.75	44.65416
LengthsA_629	0.569429	10.75744	-2.220176	44.46204	10.5	-1.75	44.65416
LengthsA_628	0.710103	12.44966	-2.410795	44.48763	12.25	-1.75	44.65416
LengthsA_627	0.970406	14	-1.75	44.65416	14.21837	-2.686043	44.52064
LengthsA_626	0.947373	15.75	-1.75	44.65416	15.92753	-2.66173	44.46775
LengthsA_625	0.885616	17.5	-1.75	44.65416	17.6999	-2.592303	44.46739
LengthsA_624	0.594029	19.25	-1.75	44.65416	19.37021	-2.24794	44.35337
LengthsA_623	0.501567	21.13476	-2.09466	44.3156	21	-1.75	44.65416
LengthsA_622	0.676392	22.93069	-2.347476	44.39362	22.75	-1.75	44.65416
LengthsA_621	0.847749	24.5	-1.75	44.65416	24.55752	-2.556779	44.40023
LengthsA_620	1.074342	24.5	-1.75	43.13861	24.58401	-2.806521	42.96278
LengthsA_619	0.937657	22.75	-1.75	43.13861	22.88911	-2.649229	42.91225
LengthsA_618	0.695713	21	-1.75	43.13861	21.16392	-2.3589	42.8447
LengthsA_617	0.827982	19.25	-1.75	43.13861	19.41017	-2.517302	42.87188
LengthsA_616	1.164672	17.5	-1.75	43.13861	17.68626	-2.884456	42.95213

11.12

系统外型的定义基于系统变量，如布局、尺寸和充气单元与充气模板的内部压力等等之上。图表显示生产过程所需的参数信息。参见2007年10月，盖布里埃尔·桑切斯·加林，理科硕士论文。

11.13

照片展示第二个根据充气单元和充气模板之间互动形成的实物比例原型体的生产过程。生产所需的所有信息均直接使用电脑模型中的信息。参见2007年10月，盖布里埃尔·桑切斯·加林，理科硕士论文。

种将它们作为围护而不是局域性嵌板；第二种则允许幕墙上的孔隙和细柱的尺寸有更多变化。它们的形态与性能会不会同以上所述的铸件系统相似呢？答案是肯定的，它们可能会非常的相似。

哈桑·法特希对这些被叫做“马什拉比亚”的幕墙的一部分性能做出了如下的解说：

> 通过肉眼的直观，马什拉比亚细柱之间的距离非常接近，并没有多少孔隙的空间。这是为了阻挡直射的阳光并减少图案中明暗对比对人眼睛的刺激。而为了弥补室内亮度降低的缺陷，上部的孔隙较大……这使得反射光渗透并使室内上半部更加明亮，而一端挑出的屋顶是为了……防止直射光的射入……为了提供足够的新鲜空气，一个拥有较大孔隙的马什拉比亚可以保证无遮挡面积的最大化……但是，当对光照的考虑需要较小孔隙，且通风无法得到保证时，一个孔隙较大的图案可以被用于马什拉比亚的上半部挑出的屋顶附近……当这个解决方法只是为了减弱刺眼的阳光而还是不能够提供足够的空气流动时，我们可以增加马什拉比亚的尺寸，以此覆盖更大的面积，甚至整个建筑的一面……[等等]。
>
> （1986年，法特希，47—48页）

这些研究也让我们有些怀疑，这是不是在重蹈覆辙？当然，这也许存在再一次发现的可能性，但更重要的是发现在这种复杂，由参数定义的系统中，多个变量能同时受到改变并适应另一个完全不同的环境和动态之中。而一个正在飞速发展的电脑计算方法和工具使我们能更加快速的深入并系统化的了解并利用通过实验所得到的信息。这意味着我们不再需要花费几代人的努力逐渐发展一个新系统，一个经验丰富的设计师甚至能同时承担数个系统的发展工作。这时，我们有必要重新对以往的“功能”进行理解，因为它已从一个单方向因果关系演变成为一系列同时存在的性能。这时，生物学又重新回到了讨论之中，为眼前的研究目标提供了新的契机。

11.14（上）

实物比例原型体中因充气单元而形成的空隙。参见2007年10月，盖布里埃尔·桑切斯·加林，理科硕士论文。

11.15（对页）

电脑分析通过铸模框架和用来容纳充气单元的弹性薄膜所提供的信息显示局部的凹凸同基准面之间的关系。参见2007年10月，盖布里埃尔·桑切斯·加林，理科硕士论文。

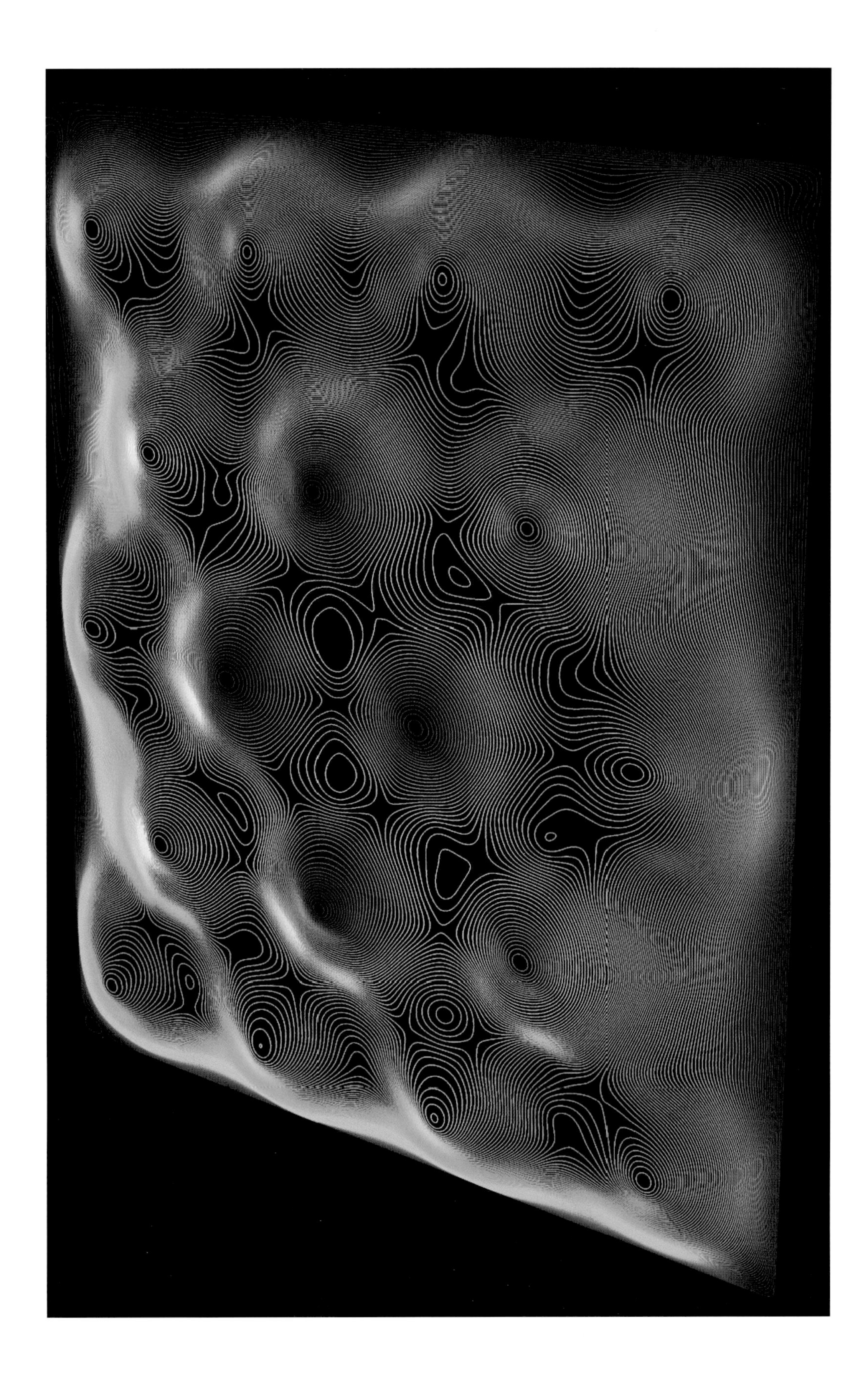

第十二章

聚集体

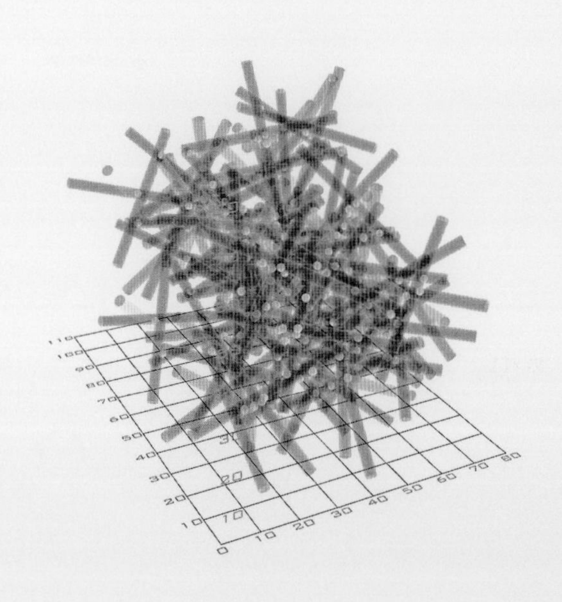

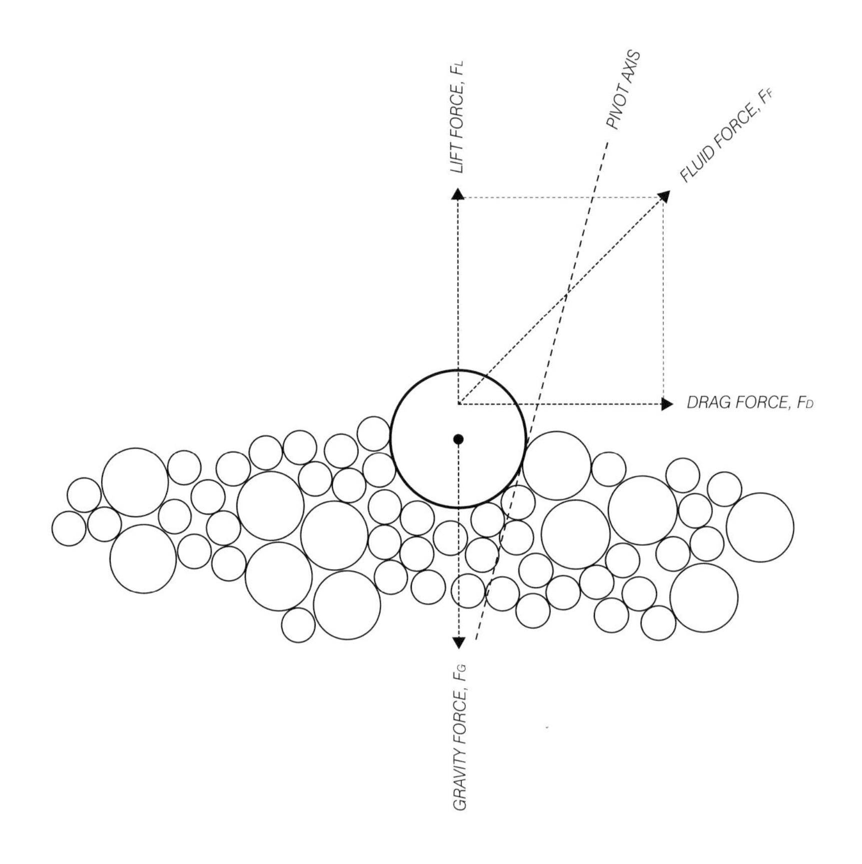
LIFT FORCE, F_L
PIVOT AXIS
FLUID FORCE, F_F
DRAG FORCE, F_D
GRAVITY FORCE, F_G

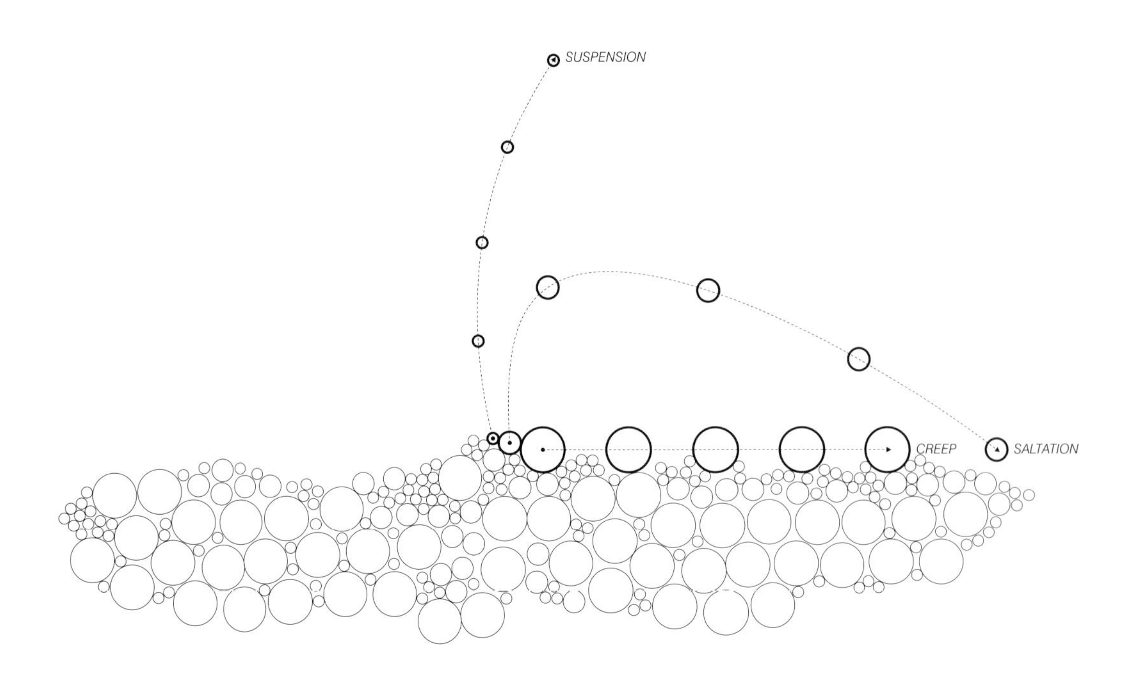
SUSPENSION
CREEP
SALTATION

聚集体指的是一种松弛堆积的颗粒状或微粒状聚集物。这在自然界中极为常见，例如沙子。束缚状态的聚集体组成现有建筑材料中最大的百分比，包括混凝土和沥青混合料。但是松散的非束缚态颗粒材料却很少在建筑中得到使用。少数使用它们的例子包括古希腊寺庙地基中用来减弱地震波而使用的沙子，或在轻型木屋顶或木墙中用来隔音的沙子。

颗粒材料属于所谓的“随机混合材料”。塞尔瓦托·托奎托将其形容为：

> 从最一般的意义上来说，混合材料是指一种由多种不同材料（如复合材料）组成或不同状态下的同一种材料（如多晶体）组成的……在大多数情况下，这种所谓“微小”的颗粒（如材料的平均尺寸）同分子大小相比要大得多（因此材料的特性可以使用肉眼观察）……在这种情况下，混合材料可以被看做微观的一种延续，可利用传统分析的方法分析，并得出肉眼可见的宏观特性……在多种情况下，存在利用统计学来归类。因此，这被称为随机混合材料。
>
> （2002年，托奎托，1—3页）

颗粒材料的不连续性和其所形成聚集体的不稳定性（同时也包括我们缺乏对其物理原理的理解），让它们得到研究或在建筑中直接受到使用的概率非常小。如菲利普·鲍尔所说的，“只在近些年来，科学家才开始发觉如果他们想要解释颗粒材料的行为，他们必须发明新的物理概念。工程师其实在很早以前便发展出了应对这种材料的方法，但是物理学家所要的是一个可以被广泛使用的原理。这个原理应能在大部分情况下使用，并从基本层面说明所观察到现象的存在原因”（1999年，鲍尔，199页）。因此，聚集体并不存在于生物学的范围之内，它其实起始于物理学领域之中。它是本书中最特殊的探讨目的之一，并需要大量的基础研究才能利用它所拥有的特性和性能来达到一个特定的目的。有趣的是，聚集体展现出的特性非常适合新兴科技与设计课程的研究目的：了解物质和结构及针对外来因素的反馈与随之产生的系统自组织行为，利用物理实验测试分析这种动态布局并最终辅助其产生生产过程。这样我们便能利用松散的聚集体中所固有的性能产生出一个辅助原有系统的设计。这种设计方法同常用的方法相比，设计组装结果或组装过程的方法极为不同。聚集体的排列并不决定于连接点的指定位置或构件间连接

12.1（对页）

风沙环境中的力对一颗沙子的影响。当气流在沙粒上施压时，升力（F_L）会因速度增加和压力减小产生。阻力（F_D）是对沙层流动产生的抗力。最终形成的力是流体作用力（F_F），这个力以沙粒接触的其他沙粒为核心对这颗沙粒进行旋转。（根据1988年，雷蒙德·西弗）参见2009年2月，卡罗拉·迪特里希，建筑硕士论文。

12.2（对页）

悬浮、跳跃和蠕动。风在撞击一颗沙粒时能产生这三个结果：沙粒可能像尘暴中的沙子一样悬浮，它能跳跃（saltate，拉丁语：salire，跳）或者蠕动，由沙粒大小、密度和风速决定。（根据1941年，拉尔夫·阿尔杰·拜格诺）参见2009年2月，卡罗拉·迪特里希，建筑硕士论文。

12.3

叙尔特岛上沙丘成形过程中的过程和模式得到更深一步的研究。参见2009年2月，卡罗拉·迪特里希，建筑硕士论文。

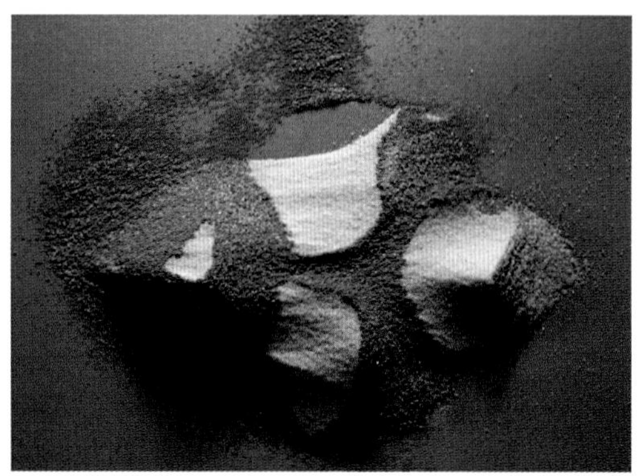

12.4

在实验室中进行的沙丘成形过程试验延时摄影记录中的其中一帧，通过使用不同颜色的沙子，我们能对这个过程进行分析并展示沉积和混合过程。参见2009年2月，卡罗拉·迪特里希，建筑硕士论文。

的位置，更不取决于潜在的某种黏结基质。作为大量分离颗粒的松散聚集体，它在外界影响下会形成一种动态平衡。这种影响能由多种原因造成，如地心引力、风力、荷载施加的压力或内部颗粒间的摩擦阻力。因此，设计的概念在这种情况下必须接受修改或延展它的定义。聚集体与人类基于将形状覆盖在材料之上并对其进行严格控制的建筑方式是背道而驰的。所以新兴科技与设计课程的研究，如本书接下来提及的项目，目的均超越以往将聚集体归类为一种无形状并需要复杂的封闭模板来控制的材料。那样会忽略它们天生根据外部影响和限制形成不同布局的能力。聚集体的最大潜力在于当不将这种颗粒材料放置于一个辅助的角色时，它们具有改变自身稳定性的能力。而颗粒材料最有趣的也是最特别的性质便是它们在固态和流态间瞬间改变的能力："当受到较小的平均应力时，切力也很小。这时，颗粒材料能像液体般流动……但当应力较高时，颗粒材料便能承受更高的荷载……"（1998年，伊舍，1页）。进而针对颗粒材料特性的设计研究最重要的部分便是它们流动后凝固的能力。正是这种在固态和流态间的转换能力让颗粒材料如此令人着迷，而这正是它们在应力下形成动态布局能力的基础。这种动态布局能由自然因素产生，如风或水产生沙丘；也有可能因人力介入而产生。有关沙丘外形的主要出版物包括拉尔夫·阿尔杰·拜格诺的《风沙和荒漠沙丘物理学》(1941年)。他在其中说道：

> 地貌学家很早便已经察觉到这个过程的存在，因此他们对物理学家和化学家在实验室里模仿这种现象的能力有所质疑是情有可原的。地貌学家一般是不支持这种研究方法，但是对我来说，沙子移动这个课题更接近于物理学而不是地貌学。
>
> （1941年，拜格诺，xix页）

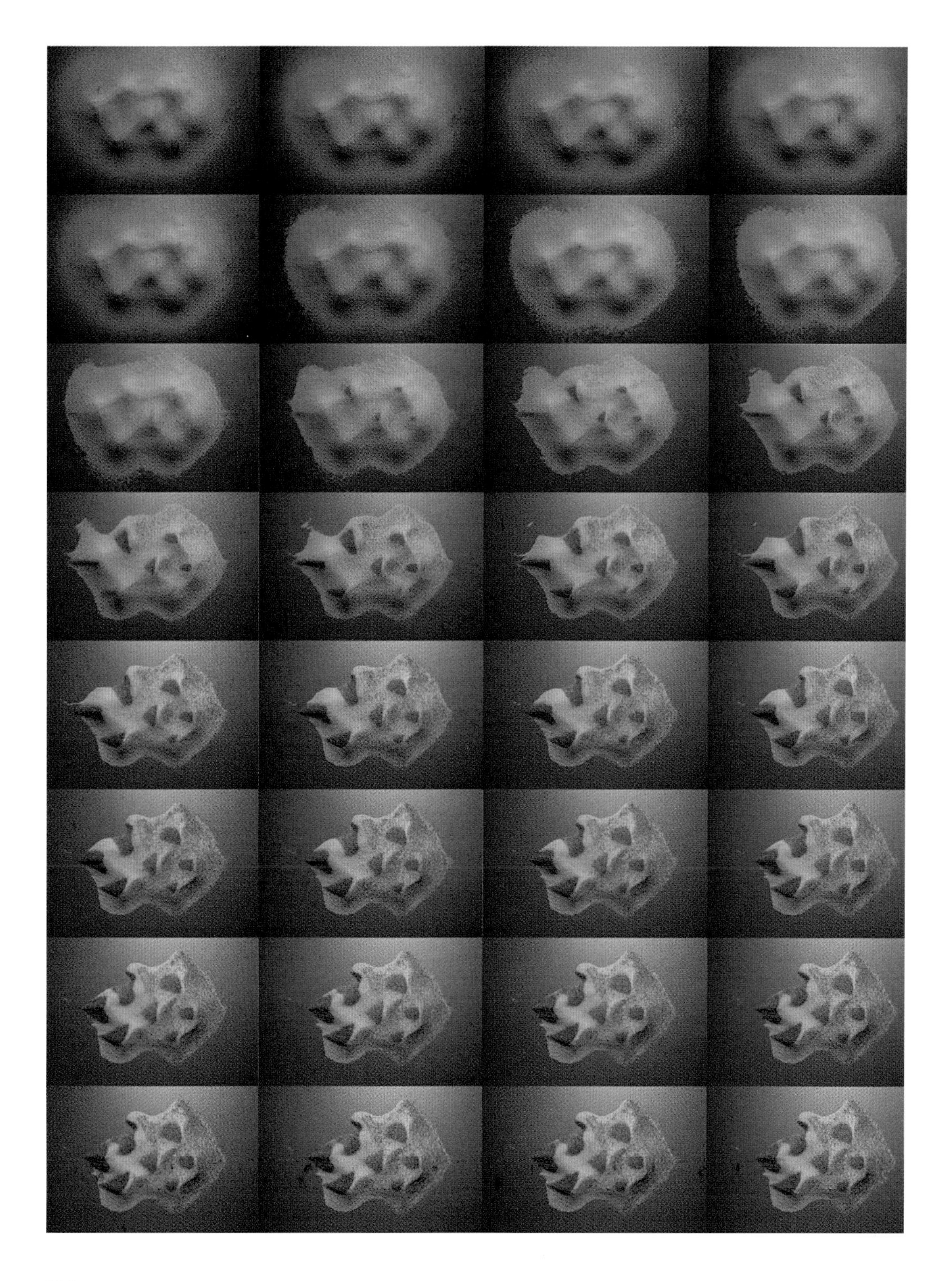

12.5

用来研究七个沙堆在不间断的每小时21公里风速下风蚀过程的延时摄影记录。迎风面和背风面在数秒内便已形成。这个过程可以利用特性完全相同却颜色较浅，背风面被吹走的沙子进行分析。参见2009年2月，卡罗拉·迪特里希，建筑硕士论文。

12.6

空气动力学表面粗糙度与沙丘的高度、密度和表面形态有关但并没有直接关系。图表展示一个计数系统用来绘制目前的沙丘同第一聚集周期中心形成的沙丘间粗糙度的关系。测试地点为德国北部的叙尔特岛。参见2009年2月，卡罗拉·迪特里希，建筑硕士论文。

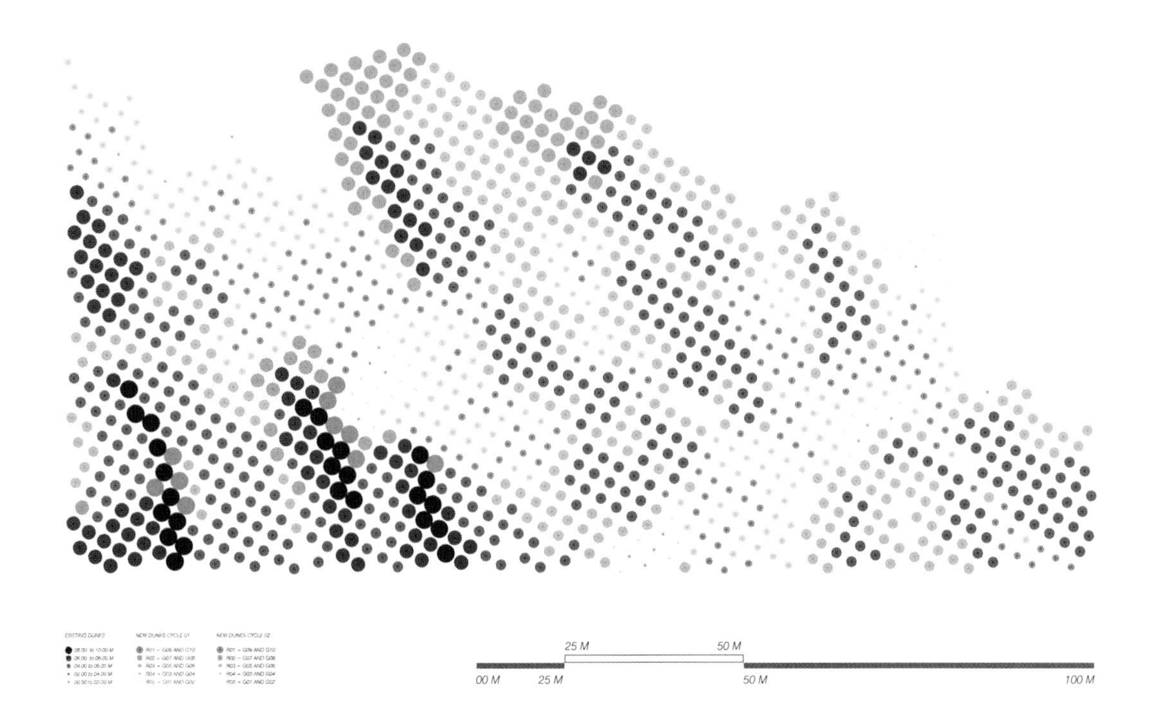

12.7

图表展示小区域中的一组沙丘。根据其可能生长方向塑造，我们可以利用它们确认一种沙丘组合以用来进行其余的实验室测试。参见2009年2月，卡罗拉·迪特里希，建筑硕士论文。

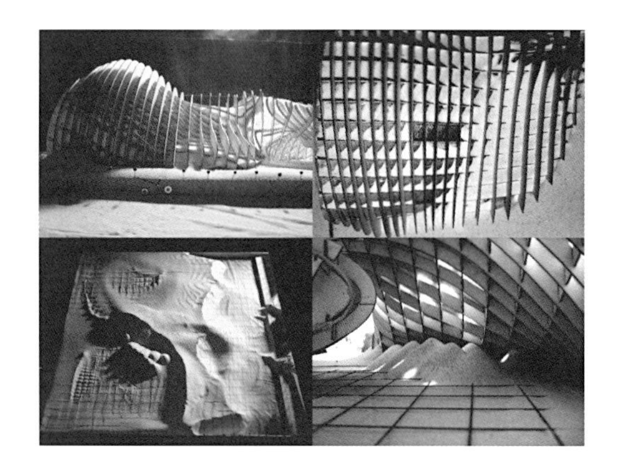

12.8

通过数个实验，我们对沙子的浇注和排泄与洞的布局之间的关系进行了研究。沙堆形态同包括基面的角度、浇注或排泄的量、浇注速度和漏斗的尺寸与构造等变量一起受到分析。通过改变参数的设置，我们生成了多种不同的沙丘布局。参见2006年，高桥玄，第4期文凭课程毕业项目。课程主任：迈克尔·亨塞尔和阿希姆·门奇斯。

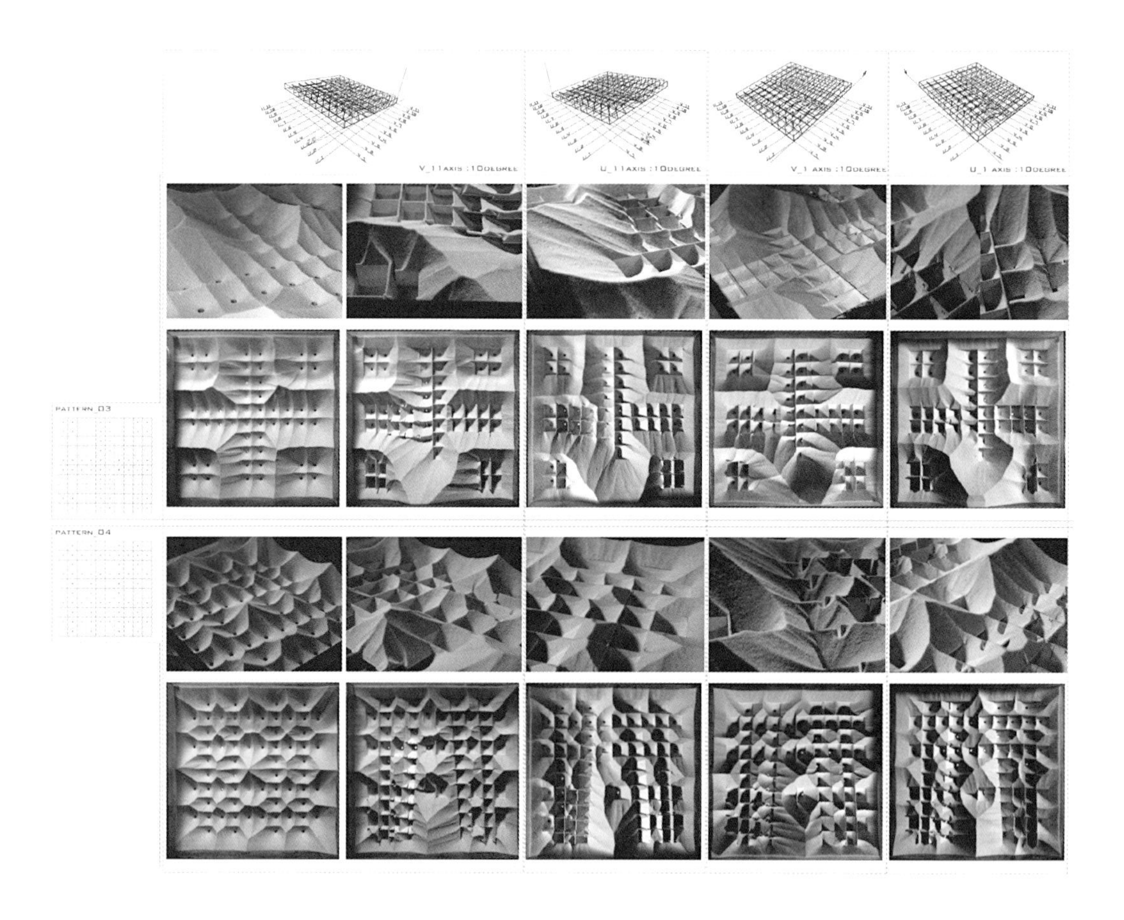

12.9

这项实验对结合由风造成的沙粒聚集过程和通过多层分化格栅排泄沙子的方法进行测试。这在低层和格栅基面上生成沙堆。因此，沙子以特定的方式被俘获、排泄并在格栅基面之上、之内和之下的一系列约束中形成沙堆。参见2006年，高桥玄，第4期文凭课程毕业项目。课程主任：迈克尔·亨塞尔和阿希姆·门奇斯。

颗粒材料行为的重要决定因素是它们的几何形状和物理特性，外形的布局和外部施加于布局之上的力。而当聚集体开始堆积时，如沙堆逐渐聚集时，它们最终会达到一个极限并产生剧烈的变化，例如全面的崩塌。但在这以后却又会以同样方法开始堆积，并在同一点达到极限。菲利普·鲍尔将这种特性形容为：

> 沙堆的这个特性非常特殊：它不断寻找自身最不稳定的状态……这种状态容易受到无论大小任何形式上的影响，即便是最微小的变化。物理学家很久以前便发现了这种特性。他们将这称为临界状态……我们不断的试图避免临界状态，但沙堆会不断尝试进入这种状态。包克（1987年，包克等）将这种现象称为自组织临界性。这意味着临界状态会不断将自身组织成一种尽量不稳定的状态。
>
> （1999年，鲍尔，213—214页）

有趣的是，颗粒材料也能拥有各向异性，这意味着“它们对应力的反应是由应力方向决定的，由颗粒的布局所造成”（1998年，伊舍，12页）。各向异性的形成是因为颗粒之间接触表面切线面的朝向非常多变，这导致大量不同的应力路径并造成机械性能的各向异性。这种特性能以数种方法进行利用，它可以将应力分散于多个路径之中，或在聚集体中的一些区域里释放应力让别的区域恢复流态以便移除特定区域的颗粒或粒子。例如，大部分情况下物质底部所承受的压力同其高度成正比，但一堆沙对其底部所施加的压力却同其高度毫无关系。更加有趣的是，在一堆沙子下的应力分布中，压力最低点恰恰直接处于沙堆的最高点之下。

总的来说，对颗粒材料的使用标志着设计方式上的一种决定性的转变。由一直以来常用的静态规划设计方法到一种构建拥有重构能力和自组织能力，其拥有多个稳定状态的结构。无论是对于探索这种松散聚集体潜力的研究员还是设计师来说，这都是一个学术上的挑战。

卡罗拉·迪特里希在2009年发表的建筑硕士论文中将其主要的注意力放在了位于德国北部的叙尔特岛上沙丘的形成过程。研究目的在于如何对这种地貌的变化过程进行影响。研究由对沙丘的分类与其相关生成过程开始。之后，我们以大量风洞试验来研究沙丘的形态生成和随着时间流逝颗粒的混合过程。为了研究颗粒的混合过程，我们使用了不同颜色的沙子。为了验证这些实验的结果，我们进行了现场试验并将结果同之前得到的结果进行对比。这些实验为我们提供了一种用来左右这些沙丘的方法，协助那些即将被水或风摧毁的沙丘。通过将沙子堆放在一些特定的位置，我们可以帮助沙丘的形成过程。其他的影响方式也包括一种黏合剂，通过将精确计算过一定重量的水泥混入沙子之中，就可以达到局部暂时的稳定沙丘并将其运用于建筑之中。同直接使用一些对沙丘生成过程产生影响却不参与其中的方法相比，这是一种更加繁琐的方式。高桥玄于伦敦建筑联盟在较早时进行的实验中展示了这种方法的一些可能性（2006年，亨泽尔和门奇斯，286—295页），利用晶格型结构对沙子进行收集和排出。如此能将建筑整个嵌入

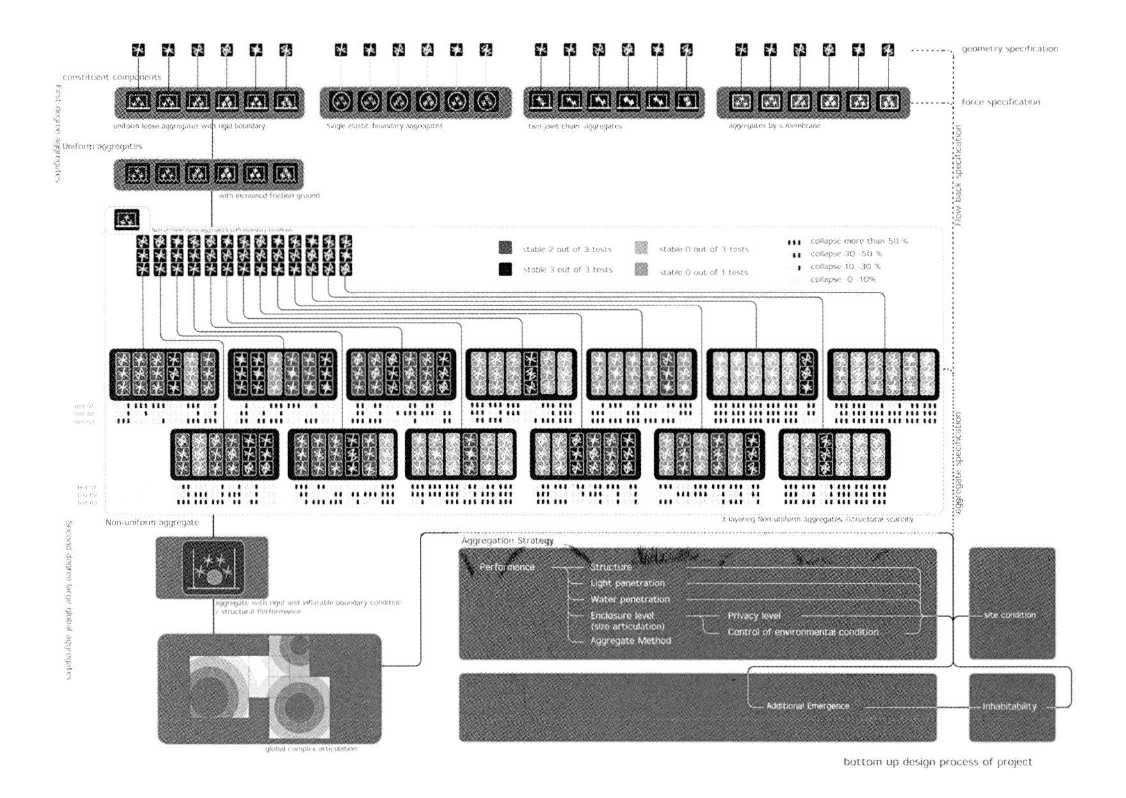

12.10

表格展示使用六种不同颗粒进行的测试，测试针对由它们组成的聚集体形成结构稳定构造的能力。每一对颗粒和环境的组合都会接受至少九项不同测试。参见2004年，松田英一（Eiichi Matsuda），第4期文凭课程毕业项目。课程主任：迈克尔·亨塞尔和阿希姆·门奇斯。

个由风驱动的沙子堆积过程和沙丘形成过程之中，利用自然颗粒材料和自然中的力来影响这种地形。而这还只是这种自然景观设计和建筑设计方法的开始，在未来，这将会是一个令人感兴趣的研究领域。

除了使用自然颗粒，对聚集体的组成构建进行设计也能产生出一些有趣的效果。有关研究由松田英一于伦敦建筑联盟首先开始主持（2006年，亨泽尔和门奇斯，262—271页），在莱斯大学建筑学院的安尼安妮·霍金斯和凯蒂·纽厄尔的合作下展开（2006年，亨泽尔和门奇斯，262—271页）。松田英一对数万种不同的三轴十字构件进行了深入的研究以推断它们在使用不同灌注方法时所产生的聚集体特性和规律。在这些实验中，我们发展出了一种充气模板，在完成灌注过程后，可以轻易地为模板放气。在模板的支撑被移除后，聚集体沉淀并形成一种稳定的状态。这种状态的形态取决于构件的接触点数量和构件间的摩擦力。这意味着形态由构件的形状、质量和表面粗糙度所决定。研究得以继续进行并逐渐开始探索产生不同聚集体密度的可能性，以此用来调节通过聚集体的日光强度、自身遮阳能力和通气性。

新兴科技与设计课程的学生对这种系统作了进一步研究，以探讨根据人体比例改变

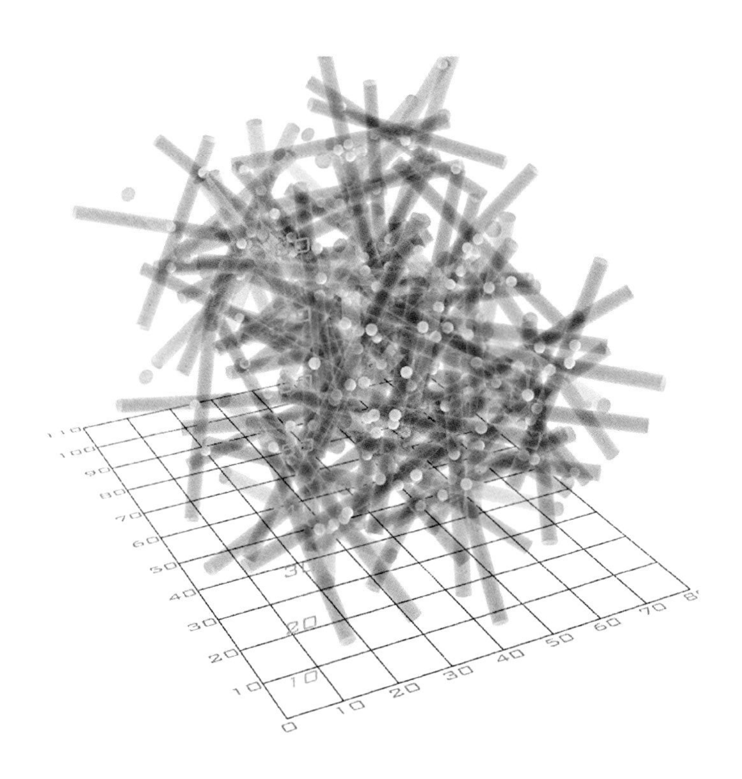

12.11

图表展示一个在物理模拟环境中进行的电脑实验。通过这个针对地心引力对聚集体影响的模拟，我们可以用电脑导出分布的构造。这使我们有能力找出聚集体构件之间的接触点和它们成形过程中的倾向和结构特性。参见2004年，松田英一，第4期文凭课程毕业项目。课程主任：迈克尔·亨塞尔和阿希姆·门奇斯。

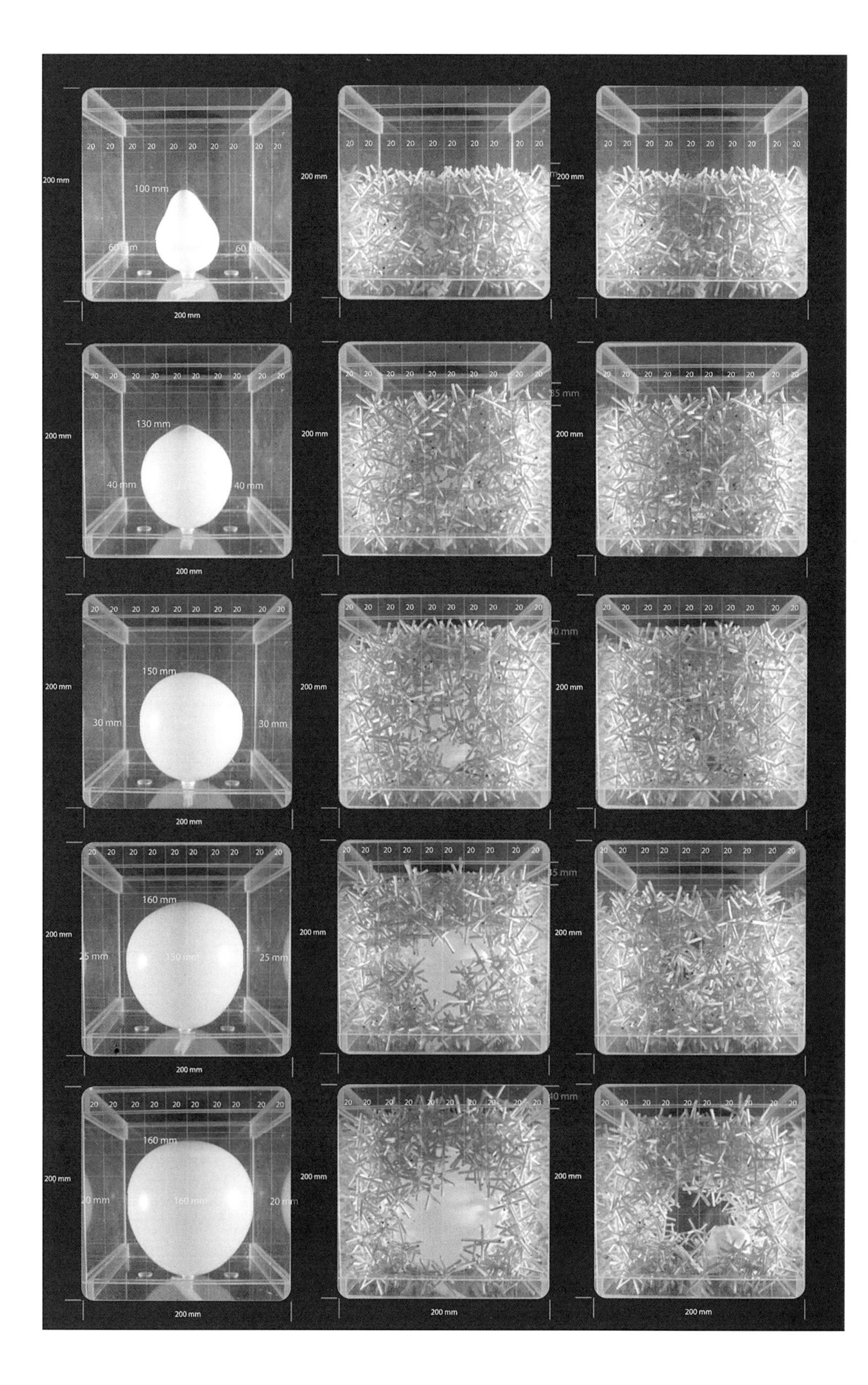
20 20 20 20 20 20 20 20 20 20
200 mm
100 mm
60 mm
60 mm
200 mm
200 mm
200 mm
130 mm
40 mm
40 mm
35 mm
200 mm
150 mm
30 mm
30 mm
40 mm
160 mm
25 mm
150 mm
25 mm
35 mm
160 mm
20 mm
160 mm
40 mm
200 mm

12.12（对页）

图标展示一项实验，实验将设计生成的聚集体构件倒入一个容器之中，容器中有一个充气气球。这个实验证明聚集体有能力在一个充气模板形成的空腔之上形成一个自我支持的结构。在将充气气球放气之后，聚集体逐渐下沉并形成覆盖于空腔之上稳定的结构。参见2004年，松田英一，第4期文凭课程毕业项目。课程主任：迈克尔·亨塞尔和阿希姆·门奇斯。

12.13（下）

为了调查每种构件形成聚集体时聚集体密度的倾向，我们进行了大量的聚集实验。表格展示不同构件种类（由上至下）形成聚集体中的不同密度区域（由左至右）。参见2004年，松田英一，第4期文凭课程毕业项目。课程主任：迈克尔·亨塞尔和阿希姆·门奇斯。

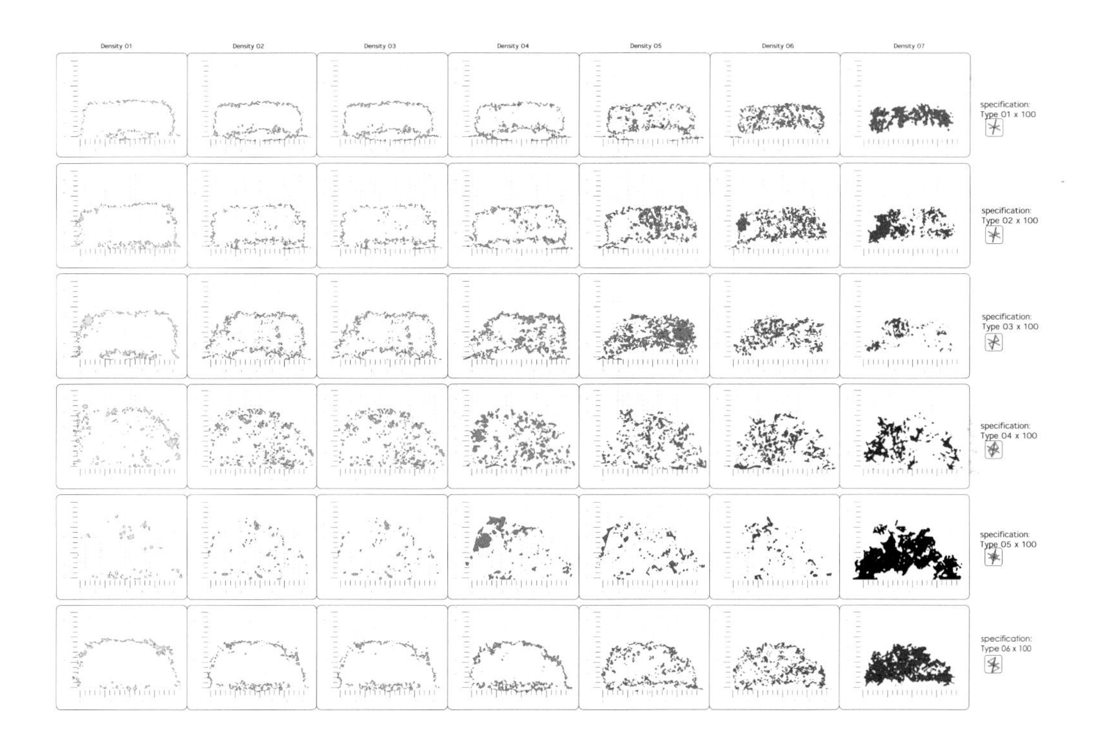

构件大小对系统所产生的影响。实验地点位于多塞特郡的虎克公园中的AA工作室。实验包括生产数百个900毫米×900毫米×900毫米，600毫米×600毫米×600毫米和300毫米×300毫米×300毫米的立方构件，依次测试多种不同聚集形式和多种静态与动态的负荷。这些构件被堆积于一个廉价的现成塑料袋制成的充气模板上。这个想法继续得到发展并最终被作为一个顶棚的计划准备建在建筑联盟的阳台上。为了防止结构的坍塌，聚集体首先经过压实以增加颗粒之间的接触面积和摩擦力，之后用细绳将它们固定于特定位置。虽然顶棚现在还未开始建设，它预定将被建于虎克公园的建筑联盟设施中以测试并分析聚集体长期承受横向荷载的后果及其他的连接方式。

以上的内容显示，现在大多数针对聚集体的实验还停留在物理测试中。这主要因为电脑模拟至今还不能完全捕捉颗粒材料的所有特性，以至我们必须结合多种研究结果，并逐渐评估它们对最终模型所希望达到目的用途。为了分析颗粒材料“在压实状态下同时承受静态和动态荷载”时的特性，伯纳德·伯特兰建议如下：

> 展现颗粒材料主要性质的实验分析，利用均化技巧或数值模拟（离散元法）进行微观力学分析，让我们通过对颗粒材料局部的认识来理解并模拟整体的特性；对现象的模拟必须通过数字工具如有限元分析，这让原本存在的许多边界问题迎刃而解。
>
> （1998年，伯特兰）

“离散元法”（DEM）包括许多不同的电脑计算方法。它们能同时计算大量颗粒的运动，即使这些颗粒并不是球体也没有问题。DEM因受电脑处理能力的限制，而这相应也界定了颗粒数量和模拟时间长度与复杂程度。它将颗粒材料当作一种连续体，如同液体一般。这让电脑流体力学分析（CFD）的使用成为可能。CFD则利用数值方法和算法分析液体流动。无论如何，建立一种电脑逻辑需要大量经验数据，以便用来对比确认电脑计算结果。这意味着受到研究的特性必须被独立出来，而这又会产生另一个问题，这将会是针对一个单独的，只能用于特定尺寸下的状态或特性，一种单独的见解。这不符合我们的研究目的。迄今为止，以现在新兴科技与设计课程对聚集体的了解程度，我们还无法找到一个与我们的目的完全相符的研究方法。

12.14

一系列图片展示一个由设计生成的聚集体构件的实物比例测试。这些构件于塞特的虎克公园生产并以当地木材为原料。聚集体颗粒被倒在一个充气模板之上。在为模板放气后，聚集体形成一个稳定的拱结构并拥有相当高的承重能力。参见2009年，第一阶段工作室，塞利姆·拜尔和凯尔·斯彻金格。

12.15

根据虎克公园的初始实验，我们为伦敦建筑联盟屋顶露台发展了一个聚集体顶棚。参见2009年，第一阶段工作室，塞利姆·拜尔和凯尔·斯彻金格。

参考书目

导论

Bertalanffy, L. von (1969) *General Systems Theory: Foundations, Development, Applications*. New York: George Braziller.

Bertalanffy, L. von (1976) *Perspectives on General System Theory*. New York: George Braziller.

Brown, J. H. (1994) 'Complex Ecological Systems', in G. A. Cowan, A. Pines. and S. Meltzer (eds), *Complexity: Metaphors, Models, and Reality*. Santa Fe Institute: Studies in the science of Complexity. Reading, MA: Addison-Wesley, 419–43.

De Wolf, T. and Holvoet, T. (2005) 'Emergence versus Self-organisation: Different Concepts but Promising when Combined', in *Engineering Self-Organising Systems: Methodologies and Applications*. Lecture Notes in Computer Science/Lecture Notes in Artificial Intelligence. New York: Springer, 1–15.

Otto F. (1971). *IL3 Biology and Building*. Stuttgart: IL University of Stuttgart. 27.

第一章

进化和电脑计算

Bateson, W. (1894) *Materials for the Study of Variation, Treated with Especial Regard to Discontinuity in the Origin of Species*. London: Macmillan & Company.

Berril, N.J. and Goodwin, B.C. (1996) *The Life of Form: Emergent Patterns of Morphological Transformation*. Rivista di Biologia-Biology Forum 89.

Darwin, C. R. (1859) *On the Origin of Species by Means of Natural Selection, or the Preservation of Favoured Races in the Struggle for Life*, 1st edn. London: John Murray.

Eldredge, N. (1995), *Reinventing Darwin*. London: John Wiley & Sons.

Gould, S. J. (1977) *Ontogeny and Phylogeny*. Cambridge, MA: Belknap Press.

Gould, S. J. (2002) *The Structure of Evolutionary Theory*. Cambridge, MA: Harvard University Press.

Thompson, D'Arcy Wentworth (1917), *On Growth and Form*. Cambridge: Cambridge University Press.

Weinstock, M. (2010 forthcoming) *The Architecture of Emergence: The Evolution of Form in Nature and Civilisation*. London: Wiley AD.

第二章

材料系统、形态计算、性能

Gaß, S. (1990) *Form-Kraft- Masse Experimente*. Stuttgart: Karl Krämer Verlag.

Goethe, J. W. ([1796] 1987) *Schriften zur Morphologie*. Frankfurt: Deutscher Klassiker Verlag.

Grafton, A. (2002) *Leon Battista Alberti: Master Builder of the Italian Renaissance*. Cambridge, MA: Harvard University Press.

Hensel, M. and Menges, A. (2006) *Morpho-Ecologies*. London: AA Publications.

Mayr, E. (2002) *Die Entwicklung der biologischen Gedankenwelt*. Berlin, London, New York: Springer.

Menges, A. (2008) 'Integral Formation and Materialisation: Computational Form and Material Gestalt', in B. Kolarevic and K. Klinger (eds), *Manufacturing Material Effects: Rethinking Design and Making in Architecture*. New York: Routledge.

Sasaki, M. (2007) *Morphogenesis of Flux Structures*. London: AA Publications.

Terzidis, K. (2006) *Algorithmic Architecture*. Oxford: Architectural Press.

Winfree, T. A. (1987) *When Time Breaks Down*. New York: Princeton University Press.

第三章

材料系统和环境动力学的反馈

Bettum, J. and Hensel, M. (1999) 'Issues of Materiality'. Unpublished Paper commissioned by Sanford Kwinter for a planned journal entitled *Rumble*.

Oke, T. R. (1987) *Boundary Layer Climates*, 2nd edn. London: Routledge.

Rosenberg, N. J., Blad, B. L. and Verma, S. B. (1983) *Micro-climate: The Biological Environment*, 2nd edn. London: John Wiley & Sons.

Weinstock, M. (2010 forthcoming) *The*

Architecture of Emergence: The Evolution of Form in Nature and Civilisation. London: Wiley AD.

第四章

纤维

Jeronimidis, G. (2004) 'Biodynamics', in M. Hensel, A. Menges and M. Weinstock (eds), *Emergence: Morphogentic Design Strategies*. *Architectural Design*, vol. 74, no. 3. London: AD Wiley Academy, 90–6.

Neville, A. C. (1993) *Biology of Fibrous Composites*. Cambridge: Cambridge University Press.

Turner, S. (2007) *The Tinkerer's Accomplice: How Design Emerges From Life Itself*. Cambridge, MA: Harvard University Press.

第五章

织物

Engel, H. (1999) *Structure Systems*, 2nd edn. Ostfildern-Ruit: Gerd Hatje.

Seiler-Baldinger, A. (1994) *Textiles: A Classification of Techniques*. Bathurst: Crawford House Press.

Semper, G. (1860) *Style in the Technical and Tectonic Arts; or, Practical Aesthetics: A Handbook for Technicians, Artists, and Friends of the Arts*. 2 vols. Frankfurt am Main: Verlag für Kunst und Wissenschaft.

Wolff, C. (1996) *The Art of Manipulating Fabric*. Iola, Wisconsin: Krause Publications.

第六章

网

Bach K., Burkhardt B., Graefe R., Raccanello R. (1975) *IL 8 Nets in Nature and Technics*. Stuttgart: University of Stuttgart.

Engel, H. (1999) *Structure Systems*, 2nd edn. Ostfildern-Ruit: Gerd Hatje.

Otto F. (ed.) (1967) *Tensile Structures: Design, Structure and Calculation of Buildings of Cables, Nets and Membranes*. Cambridge, MA: MIT Press.

第七章

晶格

Happold, E. and Liddell, I. (1978) 'The Calculation of the Shell', in B. Burkhardt (ed.), *IL 13 Multihalle Mannheim*. Stuttgart: Karl Krämer Verlag, 60–97.

第八章

枝杈

Ball, P. (1999) *The Self-made Tapestry: Pattern Formation in Nature*. Oxford, New York, Tokyo: Oxford University Press.

Engel, H. (1999) *Structure Systems*, 2nd edn. Ostfildern-Ruit: Gerd Hatje.

Jirasek, C., Prusinkiewicz, P., *et al.* (2000) 'Integrating Biomechanics into developmental plant models expressed using L-systems', in H. C. Spatz and T. Speck (eds), *Plant Biomechanics 2000: Proceedings of the 3rd Plant Biomechanics Conference 2000*. Stuttgart: George Thieme Verlag.

Mandelbrot, B. B. (1982) *The Fractal Geometry of Nature*. San Francisco: W. H. Freeman.

Mattheck C. (1998) *Design in Nature: Learning from Trees*. New York: Springer.

Prusinkiewicz, P. and Lindenmayer, A. (1990) *The Algorithmic Beauty of Plants*. New York: Springer.

Wagenführ, A. (2008) *Die strukturelle Anisotropie von Holz als Chance für technische Innovationen: Sitzungsberichte der Sächsischen Akademie der Wissenschaften zu Leipzig*. Technikwissenschaftliche Klasse 2, Heft 6. Stuttgart: Hirzel.

第九章

单元

Gibson, L. J. and Ashby, M. F. (1999) *Cellular Solids: Structure and Properties*. Cambridge: Cambridge University Press.

第十章

质量组件

Dieste, E. (1997) 'Architecture and Construction', in A. J. Torrecillas (ed.), *Eladio Dieste: 1943–1996*. Exhibition catalogue, Junta de Andalucia.

Fathy H. (1986) *Natural Energy and Vernacular Architecture: Principles and Examples with Reference to Hot Arid Climates*. Chicago: The University of Chicago Press.

Gates, C. (2003) *Ancient Cities: The Archeology of Urban Life in the Ancient Near East* and Egypt, Greece, and Rome*. London: Routledge.

第十一章
铸件

Fathy H. (1986) *Natural Energy and Vernacular Architecture: Principles and Examples with Reference to Hot Arid Climates*. Chicago: The University of Chicago Press.
Kull, U. (2005) 'Frei Otto and Biology', in W. Nerdinger (ed.), *Lightweight Construction – Natural Design: Frei Otto – Complete Works*. Basel, Boston, Berlin: Birkhäuser, 45–54.

第十二章
聚集体

Bagnold R. A. (2005 [1954, 1941]). *The Physics of Blown Sand and Desert Dunes*. Mineola NY: Dover.
Bak, P., Tang, C. and Wiesenfeld, K. (1987) 'Self-organised Criticality: An Explanation of 1/*f* noise'. *Physical Review Letters* 59.
Ball, P. (1999) *The Self-made Tapestry: Pattern Formation in Nature*. Oxford, New York, Tokyo: Oxford University Press.
Cambou, B. (1998) 'Experimental Behaviour of Granular Materials', in B. Cambou (ed.), *Behaviour of Granular Materials*. New York, Wien: Springer.
Hensel, M. and Menges, A. (2006) *Morpho-Ecologies*. London: AA Publications.
Hicher, P. Y. (1998) 'Experimental Behaviour of Granular Materials', in B. Cambou (ed.), *Behaviour of Granular Materials*. New York, Wien: Springer.
Siever, R. (1988) *Sand*. Scientific American Library. New York: W. H. Freeman.
Torquato, S. (2002) *Random Heterogeneous Materials: Microstructure and Macroscopic Properties*. Interdisciplinary Applied Mathematics, vol. 16: *Mechanics and Materials*. New York: Springer.

项目参与人

AA膜顶

2006—2007年，新兴科技与设计课程，建筑联盟，伦敦

项目协调

迈克尔·亨塞尔、迈克尔·温斯托克、阿希姆·门奇斯

设计协调和建设协调

电脑建模协调：奥米德·克瓦立·穆加达姆

结构协调：丹尼尔·卡赛塔

材料和制造协调：布鲁特·赛伯赛

公关和文档协调：卡罗拉·迪特里希

设计和建设

伊琳娜·巴达克翰诺亚、玛丽亚·贝塞、阿丽尔·布伦克—阿法克、布鲁特·赛伯赛、陈以文、卡罗拉·迪特里希、克里斯蒂娜·诺俄波提、安德烈斯·哈里斯·阿吉雷、奥米德·克瓦立·穆加达姆、斯达哈·马勒马古拉、西里尔·欧文·马尼亚拉、阿卡克沙·米塔尔、利玛窦·诺托、奥努尔·苏拉卡·奥斯卡耶、埃尔克·派多·贝特尔、盖布里埃尔·桑切斯·加林、丹尼尔·卡塞塔·瑟格夫、德弗妮·孙格若格鲁、玛妮雅·梵·沃德、克里斯蒂·维迪贾贾

工程顾问

布罗·哈普尔德公司，伦敦

项目协调：迈克·库克、沃尔夫·曼格尔斯多夫、托比·罗纳尔兹

工程队：凯文·贝里、杰米·戈金斯、克里斯·休姆斯、吉恩·皮尔·金、玛丽莎·克雷奇、汤姆·马金、伊凡·马斯喀特、格雷格·飞利浦、托比·罗纳尔兹、里卡多·塞克拉

软件合作

罗伯特·艾什，奔特力研究所主任

Generative Components，奔特力工程软件有限公司

膜技术顾问

W.G.Lucas and Son

膜的切割与标注

Automated Cutting Services Ltd

膜的缝纫

伦敦时装学院

镀镍

Fox Plating

赞助

AA工作室、奔特力工程软件有限公司、Kamkav Construction Ltd.、MPanel Support Team、OCEAN研究与设计协会、Online Reprographics

维护和观景台

智利，巴塔哥尼亚，艾森大区，科塔克房地产

2006—2007年，新兴科技与设计课程

客户代表

马丁·韦斯科特

客户协调小组

马丁·韦斯科特、梅拉妮·雷博安特、罗宾·韦斯科特

项目协调

迈克尔·亨塞尔、胡安·苏贝尔卡素斯

设计监理

迈克尔·亨塞尔、胡安·苏贝尔卡素斯、迈克尔·温斯托克、阿希姆·门奇斯

新兴科技与设计的设计小组

玛丽亚·贝塞、布鲁特·赛伯赛、克里斯蒂娜·诺俄波提、安德烈斯·哈里斯·阿吉雷、埃尔克·派多·贝特尔、德弗妮·孙格若格鲁、

玛妮雅·梵·沃普、克里斯蒂·维迪贾贾

工程顾问

布罗·哈普尔德公司：劳伦斯·弗里森、尼古拉斯·斯塔索普洛斯、德弗妮·孙格若格鲁

地震分析

奥韦·阿鲁普工程顾问公司：尼古拉斯·苏格拉特斯

分析软件：GSA8.3版本©Oasys 1997—2008年 Oasys Ltd.

建设协调

迈克尔·亨塞尔和胡安·苏贝尔卡素斯

施工小组

玛丽亚·贝塞、布鲁特·赛伯赛、迈克尔·亨塞尔、安德烈斯·哈里斯·阿吉雷、梅拉妮·雷博安特、埃尔克·派多·贝特尔、胡安·苏贝尔卡素斯、德弗妮·孙格若格鲁、玛妮雅·梵·沃德、克里斯蒂·维迪贾贾同杰米、胡安、塞贡多

索网桥

智利，巴塔哥尼亚，艾森大区，科塔克房地产
2007—2008年，新兴科技与设计课程

客户代表

马丁·韦斯科特

客户协调小组

马丁·韦斯科特、梅拉妮·雷博安特、罗宾·韦斯科特

项目协调

迈克尔·亨塞尔、胡安·苏贝尔卡素斯

设计监理

迈克尔·亨塞尔、胡安·苏贝尔卡素斯、迈克尔·温斯托克、阿希姆·门奇斯、丹尼尔·科尔|卡普德维拉、德弗妮·孙格若格鲁

第一步设计

普嘉·巴利、安东尼奥·卡彭、圣地亚哥·费尔南德斯·阿丘里

第二步设计

设计协调：圣地亚哥·费尔南德斯·阿丘里

建设协调：托马斯·麦林拉斯基

建设调度：埃文·格林伯格

设计小组：圣地亚哥·费尔南德斯·阿丘里、肖恩·阿尔奎斯特、希法·巴赫蒂亚、普嘉·巴利、安东尼奥·卡彭、莫里茨·弗莱希曼、雷娜塔·埃利桑多、迈赫兰·卡勒格、埃文·格林伯格、汤米·约翰逊、由纪夫·蓑部、托马斯·麦林拉斯基、埃利娜·帕维拉、阿明·萨迪吉、热纳罗·塞纳托雷

工程顾问

远征工程公司

蒂姆·哈里斯、朱莉娅·拉特克利夫、安德鲁·威尔

建设监理

迈克尔·亨塞尔、胡安·苏贝尔卡素斯、丹尼尔·科尔|卡普德维拉、德弗妮·孙格若格鲁

施工小组

安东尼奥·卡彭、圣地亚哥·费尔南德斯·阿丘里、肖恩·阿尔奎斯特、迈赫兰·卡勒格、埃文·格林伯格、汤米·约翰逊、托马斯·麦林拉斯基、埃利娜·帕维拉、热纳罗·塞纳托雷、迈克尔·亨塞尔、胡安·苏贝尔卡素斯、丹尼尔·科尔|卡普德维拉、德弗妮·孙格若格鲁、圣地亚哥·苏贝尔卡素斯、胡安·卡卡莫

赞助

伍兹·贝格、建筑联盟、OCEAN研究与设计协会

运输和物流

胡安·卡洛斯·塞尔曼、智力LAN

作者简历

迈克尔·亨塞尔

迈克尔·亨塞尔教授是一名建筑师、研究员和作者。他于2001—2009年担任伦敦建筑联盟新兴科技与设计硕士课程的联席主任。他与迈克尔·温斯托克于2000年共同发展了这项课程和它的研究目标。从1993—2009年，他于建筑联盟任教。自2008年于挪威奥斯陆建筑设计学院担任设计研究院教授。他在欧洲、美洲和澳大利亚多所大学担任客座教授并曾多次获得创新奖金。

迈克尔·亨塞尔是于1994年发起的OCEAN的起始者之一。OCEAN是于2008年在挪威注册成立，其目的在于通过设计进行研发。同时，迈克尔·亨塞尔也是工业可持续化仿生协会（BIONIS）董事会成员，《威立建筑设计》和《仿生工程学报（JBE）》的编委会成员和Arch+杂志的永久合作伙伴。

他于雷丁大学仿生学中心就读博士学位时的论文为《功能性设计：建筑设计和持续性发展的生态范式》提供了一个理论框架。

阿希姆·门奇斯

阿希姆·门奇斯教授是一名建筑师和斯图加特大学电脑设计学院主任。他现任哈佛大学设计学院研究生院和伦敦建筑联盟新兴科技与设计硕士课程的客座教授。

2002—2009年，他曾于建筑联盟学院担任新兴科技与设计硕士课程的工作室主任，并于2003—2006年担任第4期文凭课程的课程主任。2005—2008年，他担任德国奥芬巴赫设计学院形态生成和制造过程学教授，同时在欧洲和美国多所大学担任客座教授。

阿希姆·门奇斯的研究针对发展结合进化计算、算法设计、仿生工程和电脑辅助生产的一体设计过程，希望通过这个设计过程建立一种外形鲜明、功能强大的建筑环境。他的研究曾多次于全世界发布展览并荣获多个国际奖项。

阿希姆·门奇斯曾在多处教授课程并在过去五年的研究过程中发表超过50篇论文。

迈克尔·温斯托克

迈克尔·温斯托克是一名建筑师。他生于德国，年幼曾在远东和非洲西部居住，并于英语公立学校就学。他于17岁在阅读《康拉德》后离家出海。数年中，他在海上搭乘传统木制帆船并得到大量建船和造船厂工作经验。1982—1988年，他在建筑联盟学习建筑并从1989年开始于建筑联盟学院任教。

他的个人研究主要针对探索涌现的会聚性、自然系统、进化、电脑计算和材料科学。他自1989年便于欧洲和美国教授有关课题并对相关论文进行发表。他也是《威立建筑设计》的编委会成员之一。

译后记

本书是由世界级的建筑设计理论家和实践者，以英国伦敦建筑联盟学院举办的“新兴科技与设计课程”中提出的论点为基础，进而探讨了一种全新的如何看待建筑学的理论。学者们根据课程中列举的项目论述了对建筑思维、设计和生产过程中的构想。本书以多篇学术论文和具体项目示范所组成，向读者展示了与以往截然不同的建筑理念，例如涌现现象、自组织行为和一些当今世界最前沿的设计方式，以及制造与其施工科技之间的密不可分的关系。

本书着重阐述了当今国际建筑领域中的新型设计思维。学者们不落窠臼，以全新的观点介绍了在建筑领域中，从一系列复杂系统中产生的新型的、相互关联的结构、模式以及特性。

建筑一直被人们看作是一个单独的、固定的，无论怎样尝试与其周围环境进行融合却还是保持着其相对独立的个体。但是，本书则是从另一个角度认为建筑除拥有上述的特征外，还拥有其他的特性。建筑是一个具有生命的复杂能量系统和材料系统的结合体，它不但是自然环境中主动系统的一部分，并且还以进化的方式不断发展着……

随着中国社会日新月异的发展，未来在建筑领域更加绿色的、环保的发展理念必将取代以往的陈旧观念，建筑设计的基本概念同样也需要不断地与时俱进。我期待通过此书中多种与以往不同的创新思想，能为国内建筑领域的同行们提供一个更好地了解及借鉴当今国际建筑界的新兴科技与设计的发展平台。

承蒙2012年初春，我在北京的时候，多相工作室的朋友们同我一起探讨了英国AA建筑学院出版的《新兴科技与设计》一书。我对他们那段时间给予我的教诲与照顾表示真心的感谢，并为自己能与他们共事而深感荣幸。与此同时，我也深切地感谢中国建筑工业出版社的董苏华女士及段宁女士为此书的出版所付出的辛勤劳动。

陆潇恒

2013年10月于新加坡